软件加工中心系列丛书

软件项目管理

主　编　舒红平　曹　亮
副主编　唐　聃　王亚强　舒钟慧
参　编　陈　然　韦　强　任李娟
　　　　陈宏宇　詹沐樵

西南交通大学出版社
·成都·

图书在版编目（CIP）数据

软件项目管理 / 舒红平，曹亮主编. —成都：西
南交通大学出版社，2019.5
（软件加工中心系列丛书）
ISBN 978-7-5643-6576-9

Ⅰ．①软… Ⅱ．①舒… ②曹… Ⅲ．①软件开发－项
目管理－高等学校－教材 Ⅳ．①TP311.52

中国版本图书馆 CIP 数据核字（2018）第 246453 号

软件加工中心系列丛书

软件项目管理

主　编／舒红平　曹　亮

责任编辑／穆　丰
封面设计／曹天擎

西南交通大学出版社出版发行
（四川省成都市金牛区二环路北一段 111 号西南交通大学创新大厦 21 楼　610031）
发行部电话：028-87600564　　028-87600533
网址：http://www.xnjdcbs.com
印刷：四川森林印务有限责任公司

成品尺寸　185 mm×260 mm
印张　21.25　　字数　528 千
版次　2019 年 5 月第 1 版　　印次　2019 年 5 月第 1 次

书号　ISBN 978-7-5643-6576-9
定价　49.80 元

总　序

　　软件是人类在对客观世界认识所形成的知识和经验基础上，通过思维创造和工程化活动产出的兼具艺术性、科学性的工程制品。软件是面向未来的，软件使用场景设计虽先于软件实现，却源于人们的创新思想和设计蓝图；软件是面向现实的，软件虽然充满创造和想象，但软件需求和功能常常在现实约束中取舍和定型。

　　软件开发过程在未来和现实之间权衡，引发供需双方的博弈，导致软件开发出现交付进度难以估计、需求把控能力不足、软件质量缺乏保障、软件可维护性差、文档代码不一致、及时响应业务需求变化难等问题。为更好地解决问题，实现个性定制、柔性开发、快速部署、敏捷上线，人们从软件复用、设计模式、敏捷开发、体系架构、DevOps 等方面进行了大量卓有成效的探索，并将这些技术通过软件定义赋能于行业信息化。今天，工业界普遍采用标准化工艺、模块化生产、自动化检测、协同化制造等加工制造模式，正在打造数字化车间、"黑灯工厂"等工业 4.0 的先进制造方式，其自动化加工流水线、智能制造模式为软件自动化加工提供了可借鉴的行业工程实践参考。

　　软件自动生成与智能服务四川省重点实验室长期从事软件自动生成、智能软件开发等研究，实验室研发的"核格 Hearken™"软件开发平台与工具已在大型国有企业信息化、军工制造、气象保障、医疗健康、化工生产等领域上百个软件开发项目中应用，实验室总结了制造、气象等行业的软件开发实践经验，形成了软件需求、设计、制造及测试运维一体化方法论，借鉴制造业数字化加工能力和要求，以"核格 Hearken™"软件开发平台与工具为载体，提出了核格软件加工中心（Hearken™ Software Processing Center, HKSPC）的概念和体系框架（以下简称"加工中心"）。加工中心将成熟的软件开发技术和开发过程提炼成为软件生产工艺，并配置软件生成的工艺路径，通过软件加工标准化支撑平台生成自动化工艺；以软件开发的智能工厂为载体，将软件生产自动化工艺与软件流水线加工相融合，建立软件加工可视化、自动化生产流水线；以能力成熟度为准则，需求设计制造一体化方法论为指导，提供设计可视化、编码自动化、加工装配化、检测智能化的软件加工流水线支撑体系。

　　加工中心系列丛书立足于为建设和运营软件加工中心提供专业基础知识和理论方法，阐述了软件加工中心建设中软件生成过程标准化、制造过程自动化、测试运维智能化和共享服务生态化的相关问题，贯穿软件工程全生命周期组织编写知识体系、实验项目、参考依据及实施路径等相关内容，形成《软件项目管理》《软件需求工程》《软件设计工程》《软件制造工程》《软件测试工程》《软件实训工程》等 6 本书。

　　系列丛书阐述了需求设计制造一体化的软件中心方法论，总体遵从"正向可推导、反向可追溯"的原则，提出通过业务元素转移跟踪矩阵实现软件工程过程各环节的前后关联和有序推导。从需求工程的角度，构建了可视化建模及所见即所得人机交互体验环境，实现了业务需求理解和表达的统一性，解决了需求变更频繁的问题；从设计工程的角度，集成了国际国内软件工程标准及基于服务的软件设计框架，实现了软件架构标准及设计方法的规范性，解决了过程一致性不够的问题；从制造工程的角度，采用了分布式微服务编排及构件服务装配的方法，实现了开发模式及构件复用的灵活性，解决了复用性程度不高的问题；从测试工程的角度，搭建了自动化脚本执行引擎及基于规则的软件运行环境，实现了缺陷发现及质量保障的可靠性，解决了质量难以保障的问题；从工程管理的角度，设计了软件加工过程看板及资源全景管控模式，实现了过程管控及资源配置的高效性，解决了项目管控能力不足的问题。

　　本系列丛书由软件自动生成与智能服务四川省重点实验室的依托单位成都信息工程大学编写，主要作为软件加工中心人员专业技术培训的教材使用，也可用于高校计算机和软件工程类专业本科生或研究生学习参考、软件公司管理人员或工程师技术参考，以及企业信息化工程管理人员业务参考。

舒红平

2019 年 5 月

前　言

本书背景

软件研发是一个发展变化非常快的行业，从最初的命令行，到面向过程、面向对象、面向服务编程，再到面向业务计算，已经发生了翻天覆地的变化，成为社会经济发展与运转的命脉。为使软件项目开发获得成功，这就要求软件人员不能只是一味编程，需要站在更高的地方，从更远的角度看软件发展，促使了软件项目管理的产生与发展。项目管理原本只是一种局限于某些职能领域的管理理念，如今已经演变影响为公司所有职能的企业管理体系，变成一种业务流程，而不仅仅是一个项目的管理过程。

本书从软件项目管理的实际出发，遵循软件工程的思想和方法，为软件项目管理提供了一套切实可行的方法和思路。介绍了如何运用项目管理软件、通信软件和协同办公软件管理项目。

本书内容

本专著共有 13 章。舒红平编写第 1、2、3、4 章，曹亮编写第 5、6 章，唐聃编写第 7、8、9 章，王亚强编写第 10、11 章，舒钟慧编写第 12、13 章。第 1 章和第 2 章介绍软件项目管理的基本概念；第 3 章到第 13 章介绍项目管理 10 大知识领域。主要内容和结构如下：

1 引言。主要讲述：项目的特征、项目管理、软件项目的特征以及软件项目管理特征。

2 基本概念。主要讲述：项目经理、项目组织、项目干系人、项目团队、项目生命周期（软件项目常用的 11 个生命周期模型）。

3 软件项目立项。主要讲述：项目建议书、项目可行性分析、项目审批、项目招投标、项目合同谈判与签订、应用软件进行软件项目立项管理及本章案例。

4 软件项目整合管理。主要讲述：制订项目章程、制订项目管理计划、指导与管理项目工作、监控项目工作（周跟踪、月跟踪、不定期跟踪）、实施整体变更控制、结束项目或阶段、应用软件进行软件项目整合管理及本章案例。

5 软件项目范围管理。主要讲述：规划范围管理的方法和成果物、获取需求、定义范围的方法和成果物、创建工作分解结构、确认范围的方法和成果物、控制范围的方法和成果物、应用软件进行软件项目范围管理及本章案例。

6 软件项目进度管理。主要讲述：规划进度管理的方法和成果物、定义活动的方法和成果物、排列活动顺序的方法和成果物、估算活动资源的方法和成果物、制订进度计划的方法和成果物、控制进度的方法和成果物、应用软件进行软件项目进度管理及本章案例。

7 软件项目成本管理。主要讲述：规划成本管理的方法和成果物、估算成本、制订预算、控制成本的方法和成果物、应用软件进行软件项目成本管理及本章案例。

8 软件项目质量管理。主要讲述：规划质量管理的方法和成果物、实施质量保证的方法和成果物、控制质量的方法和成果物、应用软件进行软件项目质量管理及本章案例。

9 软件项目人力资源管理。主要讲述：规划人力资源的方法和成果物、组建项目团队的方法和成果物、建设项目团队（原则、指南、方法及成果物）、管理项目团队（方法、建议及成果物）、应用软件进行软件项目人力资源管理及本章案例。

10 软件项目沟通管理。主要讲述：规划沟通管理的方法和成果物、管理沟通的方法和成果物、控制沟通的方法和成果物、应用软件进行软件项目沟通管理及本章案例。

11 软件项目风险管理。主要讲述：规划风险管理的方法和成果物、识别风险的方法和成果物、实施定性风险分析、实施定量风险分析、规划风险应对的方法和策略（负面、正面）、控制风险的方法和成果物、应用软件进行软件项目风险管理及本章案例。

12 软件项目采购管理。主要讲述：规划采购管理的方法和成果物、实施采购的方法和成果物、控制采购的方法和成果物、结束采购的方法和成果物及本章案例。

13 软件项目干系人管理。主要讲述：识别干系人、规划干系人管理的方法和成果物、管理干系人参与的方法和成果物、控制干系人的方法和成果物和本章案例。

本书特色

本书有许多突出的特点，可以帮助读者强化学习效果，牢固掌握技能。

1. 事　例

实际的事例会经常出现在各个章节，配合软件项目管理的 10 大知识领域对一些关键部分进行深入讲解，以确保读者不断接触具体的、相关的以及可以激起兴趣的实践描述。

2. 图 表

本书中应用了大量的图表来说明要点和项目管理工具。

3. 案例分析

运用本章介绍的软件项目管理工具和方法，对章末的案例进行分析，强化读者对本章讲解的工具和方法的运用和理解。

4. 本章小结

本书在每章结束后提供本章内容小结，对本章有关内容进行简要总结，便于读者快速回顾本章内容。

5. 项目管理软件

本书 3~13 章为读者提供如何使用项目管理软件、通信软件和协同办公软件管理软件项目，进一步帮助读者在实际操作中理解软件项目管理。

适用范围

本书可以为多类读者服务，通俗易懂，案例丰富，非常适合作为高等院校计算机及相关专业本科生和研究生的"软件项目管理"相关课程教材，同时也适合作为软件公司培训员工的学习资料，读者可以根据自己的需求对本书中的内容有选择地进行学习。

致 谢

本书的出版得到很多人的帮助，感谢为本书的撰写提供过帮助的所有人。感谢陈然、韦强、任李娟、陈宏宇、詹沐樵等在编写过程中参与资料收集、图形绘制、案例实践，提供案例和模板，分享他们的工作经验，他们的努力形成了贯穿本书始末的案例分析。

有关本书的任何评论或者可能存在的任何不正确之处，欢迎广大读者不吝赐教，相关问题请发送到电子邮箱 len@cuit.edu.cn。

作 者

2019 年 5 月

目 录

1 引 言

本章介绍了项目和项目管理的定义，包括项目的特征、项目管理，以及软件项目的管理、软件项目的特征等描述。

1.1 项目与项目管理

1.1.1 项目及项目特征

项目是为达到特定目标，在一定的时间范围内，有效地利用一定的资源，临时性发起的一项或多项相关联活动的总称。

（1）目标：在时间和资源等的约束下需要达到的结果，以使客户满意。项目目标包括成果性目标和约束性目标。

成果性目标：通过项目产出的产品、系统、服务等成果性产物。例如：开发一个办公自动化系统是一个项目，最终产出的办公自动化系统就是成果性目标产物。

约束性目标：完成成果性目标所需的时间、成本及按照要求需要达到的质量。

项目的目标需要遵守 SMART 原则，即满足 Specific（具体的）、Measurable（可测量的）、Attainable（可以达到的）、Relevant（有相关性的）、Time-bound（有明确时限的）。

（2）时间范围：明确的项目开始时间和结束时间。

（3）资源：完成项目所需要的人力、物力及财力等成本性消耗。

这里说的目标、时间和资源，是从项目总体上而言，指的是总目标、总时间和总资源消耗。一个项目的开发过程会分为多个不同的阶段，每个阶段又有当前需要达成的目标、限定的时间范围和需要消耗的资源。但所有阶段的目标累加后必须要达到总目标的要求，所有时间和资源累加后需要在总时间和总资源消耗的限制范围内。

目前项目已经涉及了互联网技术（IT）业、建筑业、制造业、设计业等领域。虽然在不同的行业，项目的内容不尽相同，但从本质上可归纳出如下的共同特点：

（1）目标性：项目必须要有明确的目标。这个目标是指在一定的时间和资源的约束下，需要得到的成果性产物和必须满足的质量要求。例如，一个软件项目的目标可能是在 3 个月的时间，30 万元人民币的预算内，开发出一套基于 B/S 架构的 WEB 销售系统，能够满足事前约定的功能要求并能正常上线使用。

（2）周期性：项目有一定的时间周期，需要明确具体的开始时间和结束时间，制订具体的时间计划。

（3）相关性：一个项目是由多个不同的活动组成的，部分活动之间是有关联的。例如，制订需求文档和搭建开发环境可以同时进行，但是正式开发必须在搭建开发环境之后进行。

（4）独特性：每个项目都有自己独特的特点，没有两个完全一样的项目。项目之间会因为自身针对的业务需求的差异而有所区别。

（5）临时性：项目是一种临时性的活动，要在具体的时限内完成，有具体的开始时间和结束时间。当项目的目标达成时，就意味着项目任务完成。项目管理的主要工作就是制订项目进度表，明确什么时间做什么事，保证任务能按预计要求完成。

（6）不确定性：在项目开始前，会考虑时间、人力、具体任务等多方面因素制订一份计划，但是在具体的项目实施过程中，往往会存在很多不确定的因素，这些因素是在计划考虑之外的，可能会严重影响项目的实施。优秀的项目经理需要将这种不确定的风险降低到可控范围内。

1.1.2　项目管理

项目管理是管理学一门重要的分支，从 20 世纪 50 年代发展起来，主要应用于国防和军工领域。20 世纪 70 年代开始得到重视，广泛应用于工商、金融、信息等产业及行政管理领域。进入 21 世纪后，随着项目管理职业化进程的发展，项目管理的科学化运用显得十分重要。项目管理是指通过一个临时性的组织，把各种系统、方法和人员结合在一起，在相对最优的时间、预算和质量目标范围内完成项目的各项工作的方式。

对于一个组织而言，项目管理主要包括以下 3 个部分：

（1）战略管理（Strategy Management）。是从宏观上帮助企业明确和把握企业的发展方向的管理。

（2）运作管理（Operation Management）。是对日常的、重复性工作的管理。

（3）项目管理（Project Management）。是对一次性、创新性工作的管理。

项目管理的最终目标是为了提高工作效率。采取项目式管理的方式（Management by Project），可以灵敏地反映出项目实施过程中出现的问题，使管理更高效。好的项目管理必然使得在时间、资源、资金等各方面成本的消耗明显小于引入项目管理方式之前的消耗。

图 1-1 所示展示了 3 种管理之间的关系。

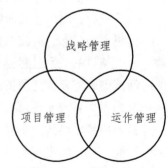

图 1-1　3 种管理关系

1．项目管理知识体系

项目管理的知识体系概括起来分为 10 大知识领域和 5 个过程组。

10 大知识领域为：

（1）项目整合管理（或集成管理）。侧重于整个项目管理生命周期内的重要整合工作。如：制订项目章程、制订项目管理计划、项目执行、项目监控、整体变更控制、项目或阶段结束工作。整合管理需要对项目的不同组成元素进行协调，以提高效率。

（2）项目范围管理。定义项目所需要完成的工作，控制项目包含什么内容和不包含什么内容，创建任务分解结构（WBS）以制订项目的范围基准，并在项目工作中参照范围基准来核实并控制范围。

（3）项目进度管理。进度管理是保证项目按时完成的关键，在管理过程中需要把项目划分为各种活动，并根据活动优先级排序，按照关键路径法制订进度计划，并在实际的项目实施过程中严格控制。

（4）项目成本管理。对整个项目进行估算，制订成本基准和预算，并在实际工作中控制成本。

（5）项目质量管理。决定项目是否能够实现满足各种需求的承诺。过程包括：规划质量管理、实施质量保证、控制质量。

（6）项目人力资源管理。要求充分发挥参与项目的人员的作用，激励团队成员热情，解决冲突，从而增强项目的性能。

（7）项目沟通管理。主要处理项目经理和项目干系人之间的沟通工作，确保项目信息能及时准确地传达和反馈。

（8）项目采购供应管理。为了满足项目需求，需要采购物品或服务。该项工作要求项目经理具备一定的合同管理知识。

（9）项目风险管理。决定采用什么方法规避风险，使消极因素产生的影响最小。

（10）项目干系人管理。主要通过沟通管理满足项目相关人员的需求和期望，同时解决问题。该项工作是一个持续沟通的过程，以便满足有变动的需求和期望，解决不确定性问题。

图 1-2 所示展示了 10 大知识领域之间相互联系，推动项目成功的过程。图 1-3 所示展示了项目管理涉及的 10 大知识领域相关概要明细。

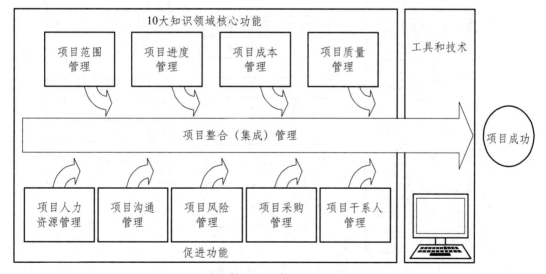

图 1-2 PMBOK（项目管理知识体系）的 10 大知识领域关系图

5 个过程组为：

（1）启动过程组。由正式批准开始一个新项目或一个新的项目阶段所必需的一些过程组成。

（2）计划过程组。定义和细化目标，规划最佳的技术方案和管理计划，以实现项目或阶段所承担的目标和范围。

（3）实施过程组。整合人员和其他资源，在项目的生命期或某个阶段执行项目管理计划，并得到输出与成果。

（4）控制过程组。要求定期测量和监控进展，识别实际绩效与项目管理计划的偏差，必要时采取纠正措施或管理变更以确保项目或阶段目标达成。

（5）收尾过程组。正式接受产品、服务或工作成果，有序地结束项目或阶段。

图 1-3　项目管理知识领域

图 1-4 所示展示了过程组之间的流转关系。各个过程组的实行虽有先后顺序，但在时间上可以有重合部分，即前一过程组完成部分工作后，后一过程组就可在此基础上开始启动执行。时间交点如图 1-5 所示。

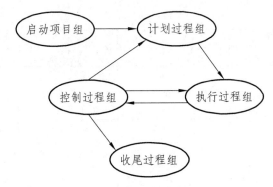

图 1-4 过程组流转图

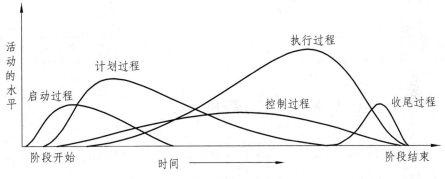

图 1-5 项目管理过程组时间跨度

表 1-1 整合展示了 PMBOK 第 5 版完整的知识领域和过程图，一共有 47 个管理过程。每个过程组包含不同知识领域的不同过程并相互协调，提供了科学系统的项目管理知识理论体系。

表 1-1　PMBOK 第 5 版完整的知识领域和过程

	启动过程组（2）	规划过程组（24）	执行过程组（8）	监控过程组（11）	收尾过程组（2）
整体管理（6）	制订项目章程	制订项目管理计划	指导与管理项目执行	监控项目工作、实施整体变更控制	结束项目或阶段
范围管理（5）		规划范围管理、收集需求、定义范围、创建工作分解结构		核实范围、控制范围	
时间管理（6）		规划进度管理、定义活动、排序活动顺序、估算活动资源、估算活动持续时间、制订进度计划		控制进度	
成本管理（3）		规划成本管理、估算成本、制订预算		控制成本	
质量管理（3）		规划质量	实施质量保证	实施质量控制	

	启动过程组（2）	规划过程组（24）	执行过程组（8）	监控过程组（11）	收尾过程组（2）
人力资源管理（4）		规划人力资源管理	组建项目团队、建设项目团队、管理项目团队		
沟通管理（3）		规划沟通	管理沟通	控制沟通	
干系人管理（4）	识别干系人	规划干系人管理	管理干系人参与	控制沟通	
风险管理（6）		规划风险管理、识别风险、实施稳定性风险分析、实施定量风险分析、规划风险应对		监控风险	
采购管理（4）		规划采购	实施采购	管理采购	结束采购

1.2 软件项目与软件项目管理

项目与软件项目、项目管理与软件项目管理是总分关系，梳理清楚它们的共性与个性，才能将其更好地应用到实践中。

软件项目是为解决信息化需求而产生的，是与计算机软件系统的开发、应用、维护与服务等相关的各类项目。

软件项目管理是为使软件项目能够按照预定的成本、进度、质量顺利完成，而对人员（People）、产品（Product）、过程（Process）和项目（Project）进行分析和管理的活动。

软件项目管理的根本目的是为了让软件项目的整个软件生命周期（从分析、设计、编码到测试、维护全过程），都能在管理者的控制之下，以预定成本，按期、按质量地完成软件，交付用户使用。研究软件项目管理，是为了从已有的成功或失败的案例中，总结出能够指导今后开发的通用原则及方法，同时避免前人的错误。

1.2.1 软件项目的特征

软件项目除了具备项目的基本特征（见第1.1.1节）外，还有如下特征：

1. 阶段性

软件项目不可能一蹴而就，需要分阶段完成。每个阶段的侧重点有所差异，致使各阶段的主要工作也不尽相同。例如软件项目的需求分析阶段、开发阶段、测试阶段等，需要根据实际情况灵活安排阶段任务，调整阶段预计时间。

2. 不确定性

不同于项目基本特征中的不确定性，这里的不确定性是指软件项目不可能完全在规定的时间按规定的预算和方案由规定的人员完成。在软件项目的实施过程中，需要制订切实的计划，并根据实际情况灵活调整，尽量保证所有变动都在总计划的控制中。不能因为存在这样的变动，而完全不制订计划或过度考虑后制订计划，这是不可取的。

3. 目标渐进性

软件项目的产品和服务事先是不可见的，客户也只能提出大概的想法，没有确切的需求。这种情况需要项目团队根据经验去分析出客户可能想要表达的需求，并在项目的进行过程中去明确和完善需求，这种情况使得软件项目的目标具有渐进性特点。明确和完善需求的过程存在很多修改和变更，甚至可能会推翻重做，加大了项目管理和进度控制的难度。

4. 智力密集性

软件项目技术性强，需要高强度的脑力劳动持续作战，这对项目成员的组成结构、责任心和工作能力有较高要求，通过激励手段保证团队的稳定性是人力资源必须具备的能力。

软件项目是一种特殊的项目，它创造的唯一产品或者服务是逻辑载体，没有具体的形状和尺寸，只有逻辑的规模和运行的效果。软件项目由相互作用的各个系统组成，"系统"包括彼此相互作用的部分。软件项目中涉及的因素越多，彼此之间的相互作用就越大。

1.2.2 软件项目管理特征

软件项目管理和其他项目管理相比有以下特殊性：

1. 软件是纯知识产品

软件项目开发进度和质量难以估计，生产效率也难以预测和保证。软件项目的成果事先无法预计，客户很难描述清楚自己的需求，造成需求的不明确。而负责与客户谈判的大多是市场销售人员，其目的是尽快签约，因为对技术的不了解可能存在过度承诺的情况。等项目经理接手后，一些没有说清楚的问题将暴露出来，并由项目经理承担。

2. 项目周期长，复杂度高，不确定性强

软件项目的交付周期一般比较长，有的甚至需要几年的时间。在这样长的时间跨度内，会发生很多情况的改变。政策的变化、人事的变动、技术的更新，都有可能造成整个系统的大幅变更，直接影响项目的成败。

3. 软件需要满足一群人的期望

软件项目提供的是一种服务，服务质量除了最终的交付质量，还要满足客户的体验。这样的客户可能来自不同的部门、领域，对项目关注点不同，而项目需要满足这一群人的需求。

所以，软件项目管理是一项必要的活动。其根本的目的是让软件项目能够在管理者的控制下，以预期的成本按时、按质地完成软件项目交付。

图 1-6 所示是一种标准化的软件项目管理过程。

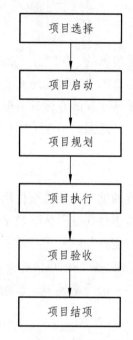

图 1-6　软件项目管理标准化过程

1.3　本章小结

本章针对项目与项目管理、软件项目与软件项目管理做了详细的介绍。其中项目管理主要介绍了 PMBOK 第 5 版所列明的最新的 10 大知识领域和 5 个过程组，这是项目管理中最基础性的知识点，贯穿项目管理的整个过程。还介绍了项目管理体系中的软件项目管理，对项目和软件项目、项目管理和软件项目管理的共性与个性做了简要阐述。

2　基本概念

本章介绍了项目经理、项目组织、项目团队、项目干系人、项目生命周期等概念。包括项目经理的责任、地位、影响、知识结构和素质等，以及项目常用软件生命周期模型等描述。

2.1　项目经理

项目经理是由执行组织委派，领导团队实现项目目标的个人。在项目管理的过程中，项目经理扮演着整合者、沟通交流人、团队领导、决策者、氛围营造者等多个角色，每个角色都要求项目经理具有相应的职业技能，承担相应的职业责任。

2.1.1　项目经理的责任

1．对企业

与企业经营目标一致，管理和利用资源，与企业高层领导及时有效沟通；确保全部工作在预算范围内按时优质地完成，使客户满意。

2．对项目

对项目成功负主要责任，保证项目整体性；领导项目的计划、组织和控制工作，以实现项目目标；严格执行公司对项目管理的规范，在软件开发项目中执行公司制订的统一的软件开发规范；负责整个项目干系人（客户、上级领导、团队成员等）之间关系的协调。

3．对项目小组

提供良好的工作环境和氛围，进行绩效考评，激励项目成员并为成员将来打算；对项目组成员进行工作安排、督查；项目结束时，组织项目组成员进行结项工作，整理各种相关文件。

2.1.2　项目经理的定位

1．项目经理与部门经理

项目经理：通才，促成者（做什么、如何做、获取资源），资格经理制，其工作是随项目而定的，工作期间的经理是职位，其资格是职称，有没有工作其职称都是在的。

部门经理：管理岗位，领域专家，直接技术监督者，是非资格的、任命式的。

2. 项目经理与公司经理

项目经理：取得支持，由高层任命，权力由总经理决定。

公司经理：包括总经理在内，是公司的管理者和领导者，根据职能划分具有一定权限。

2.1.3 项目经理产生的影响

项目经理所能产生的影响来源于其职位具备的权力。

1. 权力的定义

让员工做不得不做的事的潜在影响力。

2. 权力的来源

正式权力：职位赋予。

奖励权力：使用激励手段引导团队做事情。

惩罚权力：职位赋予，很有力，但会对团队气氛造成破坏。

专家权力：由于具有专门知识或者技能而拥有较高的声望。

潜示权力：与更权威的人有联系，如总裁。

个人魅力：利用个人魅力来让别人做事情。

3. 权力的体现

挑选项目成员，决策，分配资源。

2.1.4 项目经理的知识结构

一个合格的项目经理，需要具备 5 个方面的知识，如图 2-1 所示。

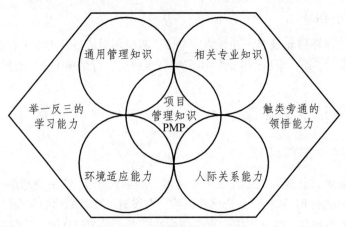

图 2-1 项目管理知识体系

1. 项目管理知识

以 PMBOK 为基础的项目管理知识体系（1.1.2 节 10 大知识领域和 5 个过程组）为主，包括专有术语、工具和方法。

2. 通用管理知识

项目管理是管理学的一个重要分支，需要具备管理学所涉及的财务、法律、营销、人事等方面相关的基础知识。这些通用管理知识需要在工作实践中学习积累，所以一些项目管理相关的资质考试都会要求参考人员具备一定年限的管理经验。

3. 相关专业知识

所在领域或行业所要求的专业知识。不管担任什么行业的项目经理，至少应该具备相关行业的基础从业知识，不能一窍不通。

4. 环境适应能力

对项目所处的社会、政治、自然环境有较强的理解能力和适应能力。例如一个软件项目，可能主场开发，也可能驻场开发，在不同的场合需要遵守的规定是不同的，项目经理需要根据具体的环境约束调整计划安排。

5. 人际关系能力

要求管理者具有较强的人格魅力，体现在表达能力、理解能力、谈判能力、领导力、说服力、观察力、判断力、决策力、问题解决能力等多个方面。

2.1.5　项目经理的素质

一个好的项目经理，除了具有知识结构中提到的各项能力外，还要具备如下的职业素质：

（1）有管理经验。

（2）拥有成熟的个性，具有个性魅力。

（3）与高层领导有良好的关系。

（4）有较强的技术背景。

（5）有丰富的工作经验，曾经在不同岗位、不同部门工作过。

（6）具有创造性思维。

（7）具有灵活性、组织性、纪律性。

（8）有真诚、自信、坚强、善解人意的性格。

项目经理要对开发产品所使用的技术很熟悉，要拥有建构软件的技术领导能力，是维系团队灵魂的关键人物。

2.2 项目组织

组织是对实体（人员或部门）的系统化安排，以便通过项目开展达到某个目标。组织文化、风格和结构对项目实施产生影响，组织的项目管理成熟度及项目管理系统也影响项目。涉及外部企业（如合资方或合伙方）的项目，会受到不止一个组织的影响。

2.2.1 组织制度

以项目为主业的组织，是业务主要由项目构成的组织。采取了按照项目进行管理的组织，这些组织往往都已有现成的管理制度，便于实施项目管理。不以项目为主业的企业往往缺少为有效与高效率支持项目的需要而设计的管理制度，为项目管理增加困难。项目管理团队应当认识到组织结构和制度会对项目产生何种影响。

1921 年，被称为"现代组织之父"的美国通用汽车公司总裁斯隆为了提高公司的竞争力进行了组织机构的改革，提出了"集中政策、分散管理"的事业部制，这是一次管理体制的伟大变革，它是以组织机构形式固定下来的决策与执行的专门化的纵向分工。分工，同时意味着分权，因此，这又是一次集权与分权之间的组织革命。

1. 通用汽车公司的管理史，集权与分权的平衡

通用汽车公司的管理史，实际上是试图在不断变化发展的工业环境之中，设法在集权和分权这两个极端之间达成相互平衡的领导体制发展史。

通用汽车公司最初采用的是分权制。杜兰特把许多小企业并入了通用汽车公司，并且允许它们的经营管理一如从前，只要在很模糊的意义上有一点公司的整体观念就行了。这点儿整体的观念可以在现金的控制方法上窥见一斑。每一个业务单位均可处置管理的现金，所有收入都存在本单位的账户名下，并从那里支付一切开销。公司没有直接收入，也没有实在的现金调拨程序，它不能随便命令一个部门调出现金给另一个需要现金的部门。如果公司需要用现金来支付股息、税款或其他费用，那么公司的司库便只有向各业务单位提出索取现金的要求以敷急用。但是，各个单位均希望保持尽可能多的现金来满足自身的需要，而且它们的所有财会人员都非常精于拖延向上级汇报手头现金余额的伎俩。因此，司库就只好自己推测一个部门手里有多少现金，以此决定他能向这个部门索取的数额。他得去找到这些部门的负责人，先讨论一些其他的一般问题，然后在谈话快结束时假装漫不经心地提起关于现金的话题。部门负责人会对他提出的索取数额表示吃惊，有时候还会试图抵制，借口拿不出如此巨额的现款。

分权的优点是能使企业的决策在接近实际工作的各基层单位进行。但是，它也能引起某种现实的危险，这些决策有可能只是根据某一特定工作部门自身的最佳利益做出的，而对公司整体上的最佳利益却未予以考虑。由于存在着讨价还价、相互扯皮的局面，要使公司能以一个整体有效地做出全部现金的决策是件伤脑筋的事。事实上，各部门主管都像是独立部落的酋长，完全不听"王命"了，通用汽车公司的组织科是一盘散沙。

后来，通用汽车公司不得不建立一个高度集权的现金管理体制，即以通用汽车公司的名义开立账户，由总会计室负责控制，所有收入一律记入公司贷方，招兵买马有支出也都在公

司名下的各户头上支付。这样，各户头的主管会计之间便可以在全国范围内迅速而简便地调拨现金。当一个单位急需现金时，就从另一个存有现金的单位调拨过去。至于各地分公司收付金额上下限的规定，公司间结算手续的简化，以及现金预约计划的制订等业务，全部都在公司总会计室的控制之下。

集权方式有着指挥灵活和决策迅速等优点，但它同时给最高负责人背上了极为沉重的担子。在许多决策上，这位最高负责人可能表现得像一位天才人物，然而在另一些决策上，他又可能是任意的、非理性的和迟钝的。集权能建立起一系列的协调机制，如协调购置设备、统一广告宣传活动、监督设计和施工等。但是如果不想让总部的管理人员窒息各部门的管理积极性，那么分权就显然又是必要的。

2. 发动机事件与斯隆革命

通用汽车公司饱受分权之苦而采用了高度集权管理，然而随之而来的又是一大堆问题，20 年代初关于引擎冷却问题的一场争论使该公司出现的裂痕，充分说明了这一点。

那时，通用汽车公司总部的研究部门搞出了一种革新型的风冷发动机，并且得到了当时董事长埃尔·杜邦的大力支持。于是，总部决定在全公司范围内推广，硬性要求各分厂全部改型生产这种新式发动机。然而，各生产单位的主管人员却对此表示抵制，他们的理由是这一新型发动机尚未在生产和使用上得到检验。

斯隆自己没有足够的能力在技术上去考察这一新型发动机的优劣之处，但他从管理人员的角度进行了一番分析，他得出的结论是公司的指挥中心如果强行要求下级管理部门执行改型的决定，而毫不顾及后者的抵触情绪，那么便无异于越俎代庖。这种程度的集权管理显然是不合适的，也是根本不切实际的。因此，他转而全力支持各生产单位的立场，并建议在公司的研究发展部下面组织一个特别机构，以这种新型发动机为基础，迅速研究与之配套的汽车。这个建议被采纳了，而且实际进行的结果终于证明这种发动机在当时的技术条件下是很不实用的。

发动机事件引起了斯隆的思考，他认为高层管理的基本任务是给高级行政人员提供努力工作的动力和个人发展的机会。所谓"动力"主要是通过优先购股权等办法给他们的工作以某种刺激性的补偿；而"机会"则指通过分权化的管理体制使他们得以充分发挥自己的聪明才智。好的管理是建立在集权与分权的和谐一致的基础之上的。

为了在这两个极端中达成正确的结构平衡，斯隆提出了"集中政策，分散管理"的事业部制。这是一次管理体制的伟大变革。公司的最高层——董事会或总经理——负责企业大政方针的经营决策，而计划、组织、财务、销售等日常管理工作则由各事业部负责。其实质是经营权和管理权的分开，即决策与执行的纵向分工，领导与管理的分离。决策与执行的分离使组织决策和执行都更为有效，既保证了上层统一领导，又保证了下层根据自己的实际情况充分行使自主权，调动了下属执行者的积极性，也使决策能够更有效地付诸实施。这种新的管理体制使通用汽车公司超过当时最大的福特汽车公司而跃居汽车工业之首。

2.2.2　组织文化与风格

大多数组织都已形成了独特、可以言表的文化。这些文化反映在众多因素之中，包括但不限于下列方面：

（1）共同的价值观、规范、信念和期望。

（2）方针和办事程序。

（3）对权力关系的看法。

（4）工作道德与工作时间。

组织文化往往对项目有直接影响。例如：提出不寻常或者风险较高方案的项目团队，在一个进取心较强或具有开拓精神的组织中比较容易获得赞许。工作作风中有强烈参与意识的项目经理，在等级界线泾渭分明的组织中会遇到麻烦；而作风专横的项目经理在鼓励参与的组织中无法得到响应。

可以看下面一个组织文化分析的例子：

1. 南铁物流下元货场概况

中铁二十五局集团南铁物流拥有广州黄埔、白云，广西柳州，湖南长沙和株洲四个铁路货场，主要经营钢材、石油、面粉、植物油、树脂等各种各样的货物运输及原材料的运输。实业公司下元物流事业部位于广州市萝岗区笔岗新村，占地面积 75 亩（1 亩 $\approx$ 666.667 m^2），货场北连广深铁路，南接黄埔港，东临广州经济开发区，西靠华南快速干线，坐拥市场经济最发达的珠江三角洲腹地，物流辐射全国，联通国内、国际两个市场，区位优势十分明显，是广州东南方向理想的物流节点，有三条主要铁路专用线，经营铁路运输、集装箱运输、仓储、中转、配送代理、销售代理等业务。实业公司下元货场自今年初成为集团公司企业文化建设示范点以来，公司党委高度重视，主要领导亲自上手，审定方案，组织实施，通过一段时间的努力，事业部以形象促品牌，向管理要内涵，各项工作进展顺利，货场形象大为改观，经济纠纷得以解决，内部管理逐步理顺，在经济普遍不景气的情况下，物流收入保持稳定。

2. 南铁物流下元货场的企业文化分析

下元货场作为集团南铁物流五大货场之一，对整个南铁物流的发展起着推动作用。为应对激烈的市场竞争和多变的市场环境，事业部按照实业公司党委提出的企业文化建设方案做了大量工作。

（1）外树形象，着力打造南铁物流品牌。为达到最佳宣传效果，事业部在最大的仓库上制作了长 60 m、高 5 m 的大型户外广告，响亮地打出了中铁二十五局集团南铁物流的品牌。同时在最高的建筑水泥罐上打出巨幅广告，从广园快线到开发大道，这两条广州主干道上经过的车辆行人都看得清清楚楚。事业部还在货场大门制作了以延伸铁路图案为背景的醒目招牌，打出了南铁物流欢迎您的大型标语，让过路的八方客人都能看到南铁物流，还印发了 1 000 多份公司宣传手册，进行对外的派发和宣传，让更多的客户知道南铁物流。还在货场里面醒目的位置悬挂大幅标语，客户一进入货场就能看到诚信经营、专业管理、优质服务、和谐共赢的经营理念和主动、热情、快捷、高效的服务理念，让新老客户都能真真切切地感受到企业的文化，了解货场的规模、环境和服务理念。同时，事业部还在货场里面安装上了平面分布图和明确的指示牌，让客户能更快地找到自己需要的服务，提高服务效率。通过这些努力，取得了一定成效，越来越多的客户知道了南铁物流下元货场，也增加了不少上门谈生意的客户。下元物流事业部把企业理念这一企业文化的核心作为宣传推广的重点，建立了具有货场特色的南铁物流企业文化墙，把企业宗旨、企业方针、经营理念、服务理念、员工行为准则和公司下属跨越三省的五大货场及其物流业务辐射网络制作成精美的牌匾，作为文化墙的主要内容。一方面，向社会各界特别是客户宣传公司的实力，展示南铁物流的形象，把企业文化建设当作市场开发的重要工具；另一方面，力求把这些思想和理念贯彻到每一位员工的实际行动中，并在工作中逐步落实、深化，融为一体，使员工对物流文化的认识上升到一个高度，从而以优质的服务来吸引客户，以服务留住客户。优美的货场环境，处处洋溢着浓厚的企业文化氛围，给客户留下了深刻的印象，也受到客户和车站领导的交口称赞。同时还吸引了一批新的客户，每当客户步入货场，就被干净整洁的作业环境和浓厚的文化氛围所感染，都连声叹道："一看你们的现场就知道你们是正规军，中国铁建是上市公司，世界五百强企业，和你们做生意心里踏实"。良好的企业形象，给了客户长期合作的莫大信心。

（2）内强管理，不断提高企业文化内涵。企业文化建设的关键在于促进现代管理理念的制度化，提高文化内涵。下元事业部积极践行人才强企、效益兴企、文化立企、和谐建企的企业方针，通过培育团队精神、提高队伍素质、强化服务意识、提升管理水平来整合各种资源，创造经济效益，不断为企业注入生机活力。带好队伍，发挥团队战斗力，实现事业部的经营目标，做好各项工作，首先要营造一支能和谐共事的队伍，充分发挥团队精神，靠团队的力量实现目标。事业部组建伊始，领导班子就树立了以企为家、企兴我荣的理念，班子成员以身作则、勤政廉洁、团结协作、相互补位，在班子中形成了共事讲感情、大事讲原则、小事讲风格的良好氛围。班子成员深入生产经营和管理工作实际，深入群众，始终坚守在生产第一线，及时处理经营生产中出现的问题，在员工中享有较高的威信。

2.2.3　组织结构

在软件开发项目中，项目失败有一个很主要的原因就是由于项目组织结构设计不合理、责任分工不明确、沟通不畅、运作效率不高造成的。

项目组织结构的本质是反映组织成员之间的分工协作关系，设计组织结构的目的是为了更有效地、更合理地将企业员工组织起来，形成一个有机整体来创造更多的价值。

常见的项目团队组织结构主要有4种类型：职能型、项目型、矩阵型和复合型。

1. 职能型组织结构

职能型组织结构是目前最普遍的项目组织形式，是按照职能以及职能的相似性来划分部门而形成的组织结构形式，如图2-2所示。

这种组织具有明确的等级划分，每一个员工都有一个明确的上级。

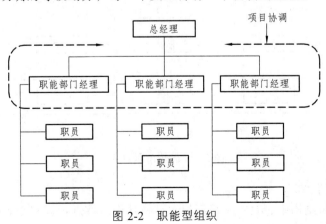

图 2-2　职能型组织

2．项目型组织结构

项目型组织结构就是将项目的组织独立于公司职能部门之外，由项目团队自己独立负责项目主要工作的一种组织管理模式，如图 2-3 所示。

每个项目以项目经理为首，项目经理有高度的独立性，享有高度的权力。项目的行政事务、人事、财务等在公司规定的权限内进行管理。

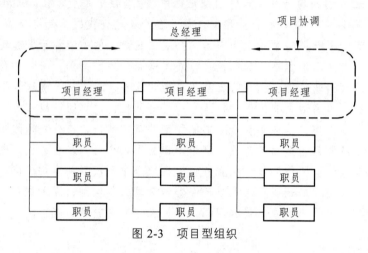

图 2-3　项目型组织

3．矩阵型组织结构

矩阵型组织结构又细分为弱矩阵、强矩阵和平衡矩阵组织结构。

1）弱矩阵型组织结构

弱矩阵型组织结构保持了较多的职能型组织结构的特征，项目经理扮演的角色更像协调者而非一个项目经理。对于技术简单的项目适合采用弱矩阵型组织结构，如图 2-4 所示。

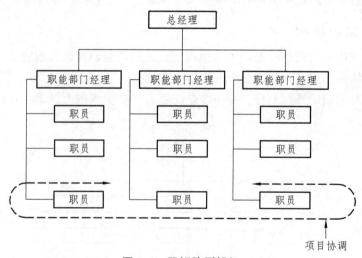

图 2-4　弱矩阵型组织

2）强矩阵型组织结构

在强矩阵型组织结构中，具有项目型组织结构的许多特点：拥有专职的、具有较大权限的项目经理以及专职的项目管理人员。对于技术复杂而且时间相对紧迫的项目，适合采用强矩阵型组织结构，如图 2-5 所示。

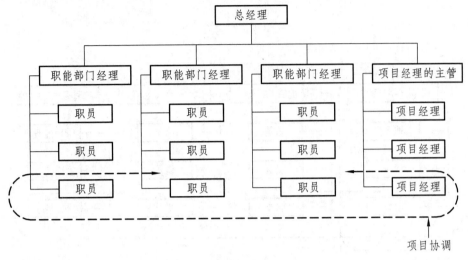

图 2-5　强矩阵型组织

3）平衡矩阵型组织结构

平衡型矩阵组织结构是对弱矩阵型组织结构的改进，为强化对项目的治理，从职能部门参与本项目活动的成员中任命一名项目经理。项目经理被赋予一定的权力，对项目整体与项目目标负责，一旦项目结束，项目经理的头衔就随之消失。对于有中等技术复杂程度而且周期较长的项目，适合采用平衡型矩阵组织。如图 2-6 所示。

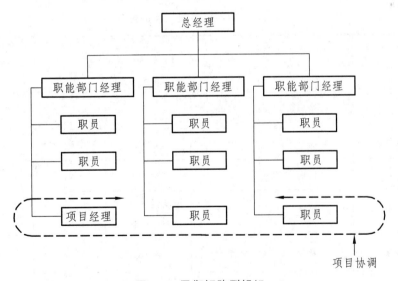

图 2-6　平衡矩阵型组织

4．复合型组织结构

很多组织在不同的组织层级上用到了上述所有的结构，这种组织通常被称为复合组织。

即使那些典型的职能型组织，也可能建立专门的项目团队，来实施重要的项目。该团队可能具备项目型组织中项目团队的许多特征。复合型组织如图 2-7 所示。

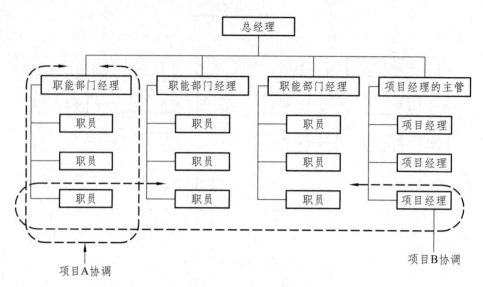

图 2-7 复合型组织

组织结构是一种事业环境因素（指项目团队不能控制的，将对项目产生影响、限制或指令作用的各种条件），它可能影响资源的可用性和项目的执行方式。表 2-1 列出了几种组织结构对项目的影响。

表 2-1 组织结构对项目的影响

项目特征	组织结构				
	职能型	矩阵型			项目型
		弱矩阵	平衡矩阵	强矩阵	
项目经理的职权	很少或者没有	有限	小到中	中到大	大到几乎全权
可用的资源	很少或者没有	有限	少到中	中到多	多到几乎全部
项目预算控制者	职能经理	职能经理	职能经理与项目经理	项目经理	项目经理
项目经理的角色	兼职	兼职	全职	全职	全职
项目管理行政人员	兼职	兼职	兼职	全职	全职

在不同的组织结构中，项目经理的任命不同，所扮演的角色、掌握的权力、可调动的资源有很大的差异。表 2-2 列举了各类组织结构的优缺点。

表 2-2 组织结构优缺点比较

组织结构	优 点	缺 点
职能型	职权限定义清晰，利于专业发展； 同一部门内，资源充分，沟通顺畅； 每个人都有一个"家"	PM 向职能经理汇报，基本没有权限； 对跨部门项目沟通复杂，资源协调困难； 项目激励小，团队成员部门工作优先
矩阵型	改善了项目经理对资源的控制； 有利于创建项目管理技术和技能； 可以广泛征求意见，解决问题	责权不明、双重汇报； 资源、沟通冲突增加； 项目管理更为复杂，决策周期长
项目型	项目经理全权负责资源； 沟通有效，利于项目； 团队成员对项目忠诚度高	资源浪费； 不利于专业发展； 人员没有"家"的感觉
复合型	方式灵活，公司可根据具体项目与公司的情况确定项目的组织形式	项目的信息流、沟通容易产生障碍；在公司的项目管理方面容易造成管理混乱

根据前文对各类型组织结构的优缺点比较，表 2-3 列出了组织类型选择的建议。

表 2-3 项目组织选择分析

组织结构	适用条件
职能型	主要由一个部门完成的项目； 技术比较成熟的项目
项目型	研发等技术风险比较大的项目； 进度、成本、质量等指标有严格要求的项目
矩阵型	一般用在跨职能部门的项目； 用在管理规范、分工明确的公司

对照表格中的使用条件，结合实际情况进行分析，选择合适的组织结构，降低组织结构对项目产生的影响。

2.2.4 组织过程资产

在制订项目章程及以后的项目文件时，任何一种或所有影响项目成功的资产都可以作为组织过程资产（Organizational Process Assets）。任何一种或所有参与项目的组织都可能有正式或非正式的方针、程序、计划和原则，所有这些影响都必须考虑到。组织过程资产还反映了组织从以前项目中吸取的教训和学习到的知识，如完成的进度表、风险数据和实际价值数据。组织过程资产的累积程度是衡量一个项目组织管理体系成熟度的重要指标，项目组织在实践中形成自己独特的过程资产，构成组织的核心竞争力。

组织过程资产主要包括但不限于以下内容：

（1）项目组织在项目管理过程中指定的各种规章制度、指导方针、规范标准、操作程序、工作流程、行为准则和工具方法等。

（2）项目组织在项目操作过程中所获得的经验和教训，既包括已经形成文字的档案，也包括留在团队成员脑子中没有形成文字的思想。

（3）项目组织在项目管理过程中形成的所有文档，包括知识资料库、文档模板、标准化的表格、风险清单等。

（4）项目组织在以往的项目操作过程中留下的历史信息。

组织过程资产是组织所特有并使用的，可来自任一或所有参与项目的组织，用于帮助项目成功。组织过程资产目录如图 2-8 所示。

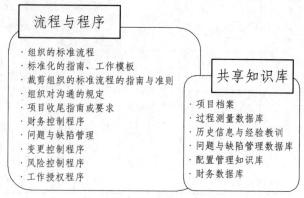

图 2-8　组织过程资产目录

2.3　项目干系人

项目干系人是指能影响以及会受到或自认为会受到项目影响的个人、群体或组织。干系人包括所有项目团队成员，以及组织内外部与项目有利益关系的实体。项目管理团队必须明确项目干系人，确定其需求和对项目的影响力。为了项目的成功，项目经理应该针对项目的要求管理干系人对项目的影响。

图 2-9 所示展示了干系人与项目的关系。不同干系人在项目中的责任和职权各不相同，并且可随项目生命周期的进展而变化。项目经理需要持续地去识别各种干系人，有的干系人可能从偶尔参与变为长期参与，有的则可能中途离开团队，有的仅仅提供资金、政治或其他不可或缺的支持。项目经理在整个项目生命周期中需要特别关注那些起决定性作用或对项目有重大影响的关系人，平衡干系人的要求、需求、渴望和利益关系，保持其稳定性，避免对整个项目造成影响。

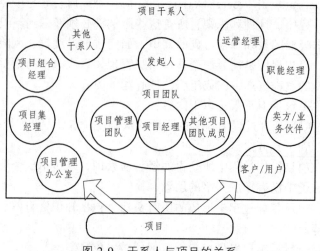

图 2-9　干系人与项目的关系

以下是一个项目中可能存在的干系人。

1. 发起人

发起人是为项目提供资源和支持的个人或团体，负责为成功创造条件。发起人可能来自项目经理所在组织的内部或外部。从提出初始概念到项目收尾，发起人一直都在推动项目的进展，包括游说更高层的管理人员，以获得组织的支持，并宣传项目可能给组织带来的利益。在整个启动过程中，发起人始终领导着项目，直到项目正式批准。发起人对制订项目初步范围与章程也起着重要的作用。对于那些超出项目经理控制范围的事项，将向上汇报给发起人。发起人可能还参与其他重要事项，如范围变更审批、阶段末评审等，以及当风险很大时对项目是否继续进行做出决定。项目发起人还要保证项目结束后项目可交付成果能够顺利移交给相关组织。

2. 客户和用户

客户是指将要批准和管理项目产品、服务或成果的个人或组织。用户是指将要使用项目产品、服务或成果的个人或组织。

3. 卖　方

卖方又称为供应商、供方或承包方，是根据合同协议为项目提供组件或服务的外部公司。

4. 业务伙伴

业务伙伴是与本企业存在某种特定关系的外部组织，这种关系可能是通过某个认证过程建立的。业务伙伴为项目提供专业技术支持或填补某种空白。

5. 组织内的团体

组织内的团体是受项目团队活动影响的内部干系人。例如，市场营销、人力资源、法律、财务、运营、制造和客户服务等业务部门，都可能受项目影响。它们为项目执行提供业务环境，项目活动又对它们产生影响。因此，在为实现项目目标而共同努力的过程中，业务部门和项目团队之间通常都有大量的合作。为了使项目成果能顺利移交并生产或运营，业务部门可以对项目需求提出意见，并参与项目可交付成果的验收。

6. 职能经理

职能经理是在行政或职能领域（如人力资源、财务、会计或采购）承担管理角色的重要人物。职能经理配有固定员工，以开展持续性工作；对所辖职能领域中的所有任务有明确的指挥权。职能经理可为项目提供相关领域的专业技术，或者，职能部门可为项目提供相关服务。

7. 其他干系人

其他干系人，如采购单位、金融机构、政府机构、主题专家、顾问和其他人，是指可能在项目中有财务利益、可能向项目提供建议，或者对项目结果感兴趣的组织或个人。

2.4 项目团队

项目团队包括项目经理、项目管理人员，以及其他执行项目工作但不一定参与项目管理的团队成员。项目团队由来自不同团体的个人组成，拥有项目工作所需的专业知识或特定技能。项目团队的结构和特点可以相差很大，但项目经理作为团队领导者的角色是固定不变的。

项目团队中的角色有：

1. 项目管理人员

开展项目管理活动的团队成员，例如，规划进度、制订预算、报告与控制、管理沟通、管理风险、提供行政支持。项目管理办公室可以履行或支持这些工作。

2. 项目人员

执行工作以创造项目可交付成果的团队成员。

3. 支持专家

支持专家为项目管理计划的制订或执行提供支持。取决于项目的规模大小和所需的支持程度，支持专家可以全职参与项目工作，或者只在项目需要他们的特殊技能时才参与团队工作。

4. 用户或客户代表

将要接受项目可交付成果或产品的组织，可以派代表或联络员参与项目，来协调相关工作，提出需求建议，或者确认项目结果的可接受性。

5. 卖　方

卖方又称为供应商、供方或承包方，是根据合同协议为项目提供组件或服务的外部公司。通常，项目团队负责监管卖方的工作绩效，并验收卖方的可交付成果或服务。如果卖方对交付项目结果承担着大部分风险，那么他们就在项目团队中扮演着重要角色。

6. 业务伙伴成员

业务伙伴成员可以派代表参与项目团队，来协调相关工作。

7. 业务伙伴

业务伙伴也是外部组织，但是与本企业存在某种特定关系，这种关系可能是通过某个认证过程建立的。业务伙伴为项目提供专业技术或填补某种空白，如提供培训或支持等特定服务。

组建项目团队的过程包括获得所需的人力资源（个人或团队），将其分配到项目中工作。在大多数情况下，可能无法得到"最理想"的人力资源，但项目管理小组必须保证所用的人员能符合项目的要求。

项目经理应该在项目进度计划、项目预算、项目风险计划、项目质量计划、培训计划及其他相关计划中，说清楚缺少所需人力资源的后果。

2.4.1 项目团队建设原则

以项目进度计划为基础，将内外部与项目相关的干系人组织成一个团队，可视项目的大小，对项目团队进行分组设置，确保项目相关团队可以有效合作，包括协调问题的有效解决方案。

2.4.2 项目团队的特征

不论是开展什么项目，一个项目团队都应该具有以下特征：
（1）共同认可的明确的目标。
（2）合理的分工与协作。
（3）积极的参与态度。
（4）互相信任。
（5）良好的信息沟通。
（6）高度的凝聚力与民主气氛。
（7）学习是一种经常性的活动。

2.4.3 项目团队建设指南

1. 确定项目团队的结构

确定最能满足项目目标和约束的团队结构。工作内容包括：
（1）确定所开发的产品的风险。
（2）确定可能的资源需求以及资源的可用性。
（3）建立基于工作产品的责任。
（4）利用组织过程资产，考虑时机、约束和可能影响团队结构的其他因素。
（5）体现对组织共同愿景、项目共同愿景、组织标准过程和组织过程资产应用于团队结构的理解。
（6）识别可选的团队结构。
（7）评估可选方案，选择团队结构。

2. 建立与维护项目团队

1）按照团队的结构建立和维护团队
（1）选择团队的领导人。

（2）为每个团队分配责任和需求。

（3）给每个团队分配资源。

（4）创建团队。

（5）周期性的评估和修改团队的构成和结构，最大程度地满足项目的需求。

（6）当团队领导人变更或者团队成员发生重大变化时，评审团队的构成和其在整个团队结构中的位置。

（7）当一个团队的责任发生变化时，对团队的构成和任务进行评审。

（8）对整个团队的绩效进行管理。

2）项目团队的建立

在立项申请后，开始组建项目团队，并进行项目团队中核心团队任命。核心团队全权代表项目团队全面统筹及监管项目自启动到发布的运行过程。

3）项目团队的维护

每个具体人员承担项目角色和职责后，不可能完全符合规划的人员配备要求，因此可能要对人员配备管理计划进行变更；改变人员配备管理计划的其他原因还包括晋升、退休、疾病、绩效问题和变化的工作负荷。从项目开工到发布阶段整个项目生命周期由团队核心全权统筹负责，项目完成后，项目团队宣告解散。

4）项目团队的建设

项目团队的建设是培养团队成员的能力及团队成员之间的交互作用，从而提高项目绩效。目的在于：

（1）提高团队成员的技能，以便提高其完成项目活动的能力。

（2）提高团队成员之间的信任感和凝聚力，以通过更多的团队协作提高生产力。

项目团队的建设通过实施团队内部的培训、奖励与表彰等多种形式体现。

5）项目团队的管理

跟踪团队成员的绩效、提供反馈、解决问题、协调变更事宜以提高项目绩效。随着项目的开展，角色与岗位的互配性或其他相关原因都会导致团队项目成员的新增和调整，都属于人力资源变更，需做好变更管理记录。

6）项目团队的解散

项目团队的解散分为正常解散和异常解散两种情况。正常解散是项目（产品）研发任务顺利完成，项目团队完成历史使命而宣告解散；异常解散是指项目（产品）撤项或转向情况下的项目团队的解散。

7）项目团队的授权与决策

在项目的各个阶段决策点给项目团队分配资源并授予团队对该产品开发过程中所有具体事务执行上的决策权，以保证项目团队获得充分授权。获得充分授权的项目团队决策过程是一种集体决策行为，确保产品过程决策更具效率及效果。

3. 获取人力资源的依据

1）项目人力资源计划

人力资源计划包含的基本内容如下：

角色和职责：角色和职责定义了项目需要的人员的类型以及所需要的技能和能力。

项目的组织结构图：组织结构图提供了项目所需人员数量及其汇报关系。

人员配备管理计划：人员配备管理计划和项目进度一起确定了每个项目团队成员工作时间段，以及有助于项目团队参与的其他重要信息。

2）事业环境因素

当招募（即获取）人员时，还要考虑事业环境因素，如：

（1）现有人力资源情况，包括可用性、能力水平、以往经验、对本项目工作的兴趣和成本费率。

（2）项目实施单位的人事管理政策，如影响外包的政策。

（3）项目实施单位的组织结构。

（4）集中办公或多个工作地点。

3）组织过程资产

参与项目的一个或多个组织可能已有管理员工工作分配的政策、指导方针或过程。这些过程资产可用来帮助人力资源部门和项目经理招募、招聘或者培训项目团队成员。

2.4.4　项目团队的组建方法

1．事先分派

在某些情况下，可以预先将人员分派到项目中。这些情况常常是：由于竞标过程中承诺分派特定人员进行项目工作，或者该项目取决于特定人员的专业技能，如表 2-4 所示。

表 2-4　项目人员分配表

项目人员分配表			
姓名	类别	部门	职务
张汉	项目组成员	研发中心	初级研发工程师
庞宏	项目组成员	研发中心	中级研发工程师
黄宇	项目组成员	研发中心	中级研发工程师
赵宇	项目组成员	研发中心	中级研发工程师
庞宏	项目组成员	研发中心	中级研发工程师

*书中图、表、文中人物均为虚构。

2．谈　判

人员分派在多数项目中必须通过谈判协商进行。例如项目管理团队可能需要与以下人员协商：

（1）负有相应职责的部门经理。目的是确保所需的员工可以在需要的时间到岗并且工作到各自的任务完成。

（2）项目执行组织中的其他项目管理团队。目的是适当分配稀缺或特殊的人力资源，多个项目都需要这些稀缺的人力资源。如同组织中关系学的重要性一样，管理团队影响他人的能力在人员分配协商中起着十分重要的作用。例如，一个部门经理在决定把一位各项目都抢着要的出色人才分派给哪个项目时，除考虑项目的重要紧急程度外，也会权衡从项目中能得到哪些回报。

（3）外部组织、卖方、供应商、承包商等。项目经理通过协商谈判获取合适的、稀缺的、特殊的、合格的、经认证的或其他诸如此类的特殊人力资源。特别需要注意与外部谈判有关的政策、惯例、流程、指南、法律及其他标准。

3. 招　募

当执行组织缺少内部工作人员去完成这个项目时，就需要从外部获得必要的服务，包括聘用或分包。

4. 虚拟团队

虚拟团队为团队成员的招募提供了新的途径。虚拟团队可以被定义为有共同目标、在完成各自任务过程中很少有时间或者没有时间能面对面工作的一组人员。现代沟通技术如基于Internet（互联网）的 Email、QQ 群、微信群或视频会议使这种团队成为可能。通过虚拟团队的形式可以是：

（1）在公司内部建立一个由不同地区员工组成的团队。

（2）为项目团队增加特殊技能的专家，即使这个专家不在本地。

（3）把在家办公的员工纳入虚拟团队，以协同工作。

（4）由不同班组（早班、中班和夜班）员工组成一个虚拟团队。

（5）把行动不便或残疾的员工纳入团队。

（6）可以实施那些原本因为差旅费用过高而被忽略的项目。

虚拟团队也有一些缺点，例如，可能产生误解、有孤立感、团队成员之间难以分享知识和经验、采用通信技术也要花费成本等。

在建立一个虚拟团队时，制订一个可行的沟通计划就显得更加重要。可能需要额外的时间以设定明确的目标，制订方案以处理冲突，召集人员参与决策过程，并与虚拟团队一起通力合作，确保项目成功。

2.4.5　项目团队汇报机制

项目团队汇报工作可以以晨会和项目周例会形式展开。

1. 晨　会

项目团队每天召开晨会，由项目经理主持，以短会形式，团队成员汇报前一天工作情况、当天任务计划、需要协调事项等。最后由项目经理对项目的总体情况进行通报，并对项目成员提出的问题进行答疑及解决跟进。

2. 周例会

项目经理根据项目成员每周任务完成情况汇总为项目周报，并对项目的总体情况进行描述。该过程对项目的进展情况按定期与不定期，会议、报告等多种方式，对项目及团队成员的情况进行监督及控制管理。

以上为软件项目管理最常用的两种汇报方式，其他汇报方式可以使用邮箱、电话、QQ以及第 10 章介绍的沟通渠道等都可作为汇报方式。

2.4.6　项目团队的组成

项目团队的组成因各种因素而异，如组织文化、范围和位置等。项目经理和团队之间的关系因项目经理的权限而异。

1. 专职团队

（1）所有或大部分项目团队成员都全职参与项目工作。
（2）集中办公或虚拟团队。
（3）团队成员直接向项目经理汇报工作。
（4）团队成员专注于项目目标。

2. 兼职团队

（1）项目经理和团队成员一边在本来的部门从事本职工作，一边在项目团队从事项目工作。
（2）职能经理控制着团队成员和项目资源，项目经理可能同时肩负其他管理职责。
（3）兼职的团队成员也可能同时参与多个项目。

2.5　项目生命周期

项目生命周期指项目从启动到收尾所经历的一系列阶段。不论项目涉及的具体工作是什么，生命周期都可以为管理项目提供基本框架。

项目的规模和复杂性各不相同，但都有下列通用的生命周期结构：
（1）启动项目。
（2）组织和准备。
（3）执行项目。
（4）结束项目。

2.5.1 项目阶段的特征

一个项目可以划分为任意数量的阶段。项目阶段是一组具有逻辑关系的项目活动的集合，通常以一个或多个可交付成果的完成为结束。

项目阶段通常按顺序进行，但在某些情况下也可重叠。各阶段的持续时间或所需投入通常都有所不同。具备这种宏观特性的项目阶段是项目生命周期的组成部分。

采用项目阶段结构，把项目划分成合乎逻辑的子集，有助于项目的管理、规划和控制。阶段的名称和数量取决于参与项目的一个或多个组织的管理与控制需要、项目本身的特征及其所在的应用领域。可以在总体工作范围内或根据财务资源的可用性，按职能目标或分项目标、中间结果或可交付成果，或者特定的里程碑，来划分阶段。阶段通常都有时间限制，有一个开始点、结束点或控制点。但不论项目被划分成几个阶段，所有的项目阶段都具有以下类似特征：

（1）各阶段的工作重点不同，通常涉及不同的组织，处于不同的地理位置，需要不同的技能组合。

（2）为了成功实现各阶段的主要可交付成果或目标，需要对各阶段及其活动进行独特的控制或采用独特的过程。

（3）阶段的结束以作为阶段性可交付成果的工作产品的转移或移交为标志。阶段结束点是重新评估项目活动，并变更或终止项目的一个时间点。这个时点可称为阶段关口、里程碑、阶段审查、阶段门或关键决策点。在很多情况下，阶段收尾需要得到某种形式的批准，阶段才算结束。

目前还没有适用于所有项目的最佳结构。尽管行业惯例常常引导项目优先采用某种结构，但同一个行业内甚至同一个组织中的项目仍然有所不同。有些项目仅有一个阶段，有些项目则有两个或多个阶段，如图 2-10，图 2-11 所示。

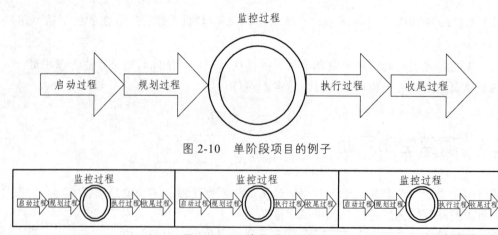

图 2-10　单阶段项目的例子

图 2-11　三阶段项目的例子

2.5.2 项目生命周期特征

通用的生命周期具有以下特征：

（1）成本与人力投入开始时较低，在执行期间达到最高，在项目快要结束时迅速回落。

（2）风险与不确定性开始时最大，在整个生命周期中随着决策的制订与可交付成果的验收而逐步降低。

（3）在不影响显著成本的前提下，改变项目产品最终特性的能力在最开始时最大，随着项目的进展而减弱。这表明变更项目的成本随着项目开展越来越高。

图 2-12 所示展示了生命周期中成本、风险与不确定性与项目进展的关系。

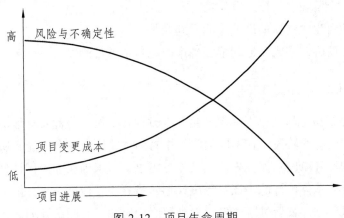

图 2-12　项目生命周期

2.5.3　常用软件生命周期模型

软件生命周期模型有瀑布模型、V 模型、增量模型、原型模型、螺旋模型、喷泉模型、快速应用开发 RAD 模型、渐近式阶段模型、敏捷开发模型、软件包模型、遗留系统维护模型等。下面介绍几个常用的软件生命周期模型。

1. 瀑布模型（Waterfall Model）

瀑布模型（见图 2-13）是一个经典的软件生命周期模型，也称预测型生命周期或完全计划驱动型生命周期。在这个模型里，在项目生命周期的前期阶段，要确定项目范围及交付此范围所需的时间和成本。

该一般将软件开发分为可行性分析（计划）、需求分析、软件设计（概要设计、详细设计）、编码（含单元测试）、测试、运行维护等几个阶段。

瀑布模型适合的项目：在项目开始前，项目的需求和解决方案都很明确的项目。如短期项目。

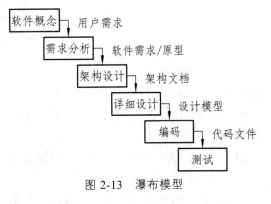

图 2-13　瀑布模型

瀑布模型中每项开发活动具有以下特点：

（1）从上一项开发活动接受其成果作为本次活动的输入。

（2）利用这一输入，实施本次活动应完成的工作内容。

（3）给出本次活动的工作成果，作为输出传给下一项开发活动。

（4）对本次活动的实施工作成果进行评审。若其工作成果得到确认，则继续进行下一项开发活动；否则返回前一项，甚至更前项的活动。尽量减少多个阶段间的反复，降低开发成本。

瀑布模型也有以下不足之处：

（1）在项目各个阶段之间极少有反馈。

（2）只有在项目生命周期的后期才能看到结果。

（3）通过过多的强制完成日期和里程碑来跟踪各个项目阶段。

2．V 模型（V-shaped）

V 模型（见图 2-14）的左边下降部分是开发过程各阶段，与此相对应的是右边上升的部分，是各测试过程的各个阶段。在不同的组织中对测试阶段的命名可能有所不同。

在模型图中的开发阶段一侧，先从定义业务需求、需求确认或测试计划开始，把这些需求转换到总体设计、总体设计的验证及测试计划，将总体设计进一步分解到详细设计、详细设计的验证及测试计划，最后进行开发，得到程序代码和代码测试计划。接着是测试执行阶段一侧，执行先从单元测试开始，然后是集成测试、系统测试和接收测试。

V 模型适合的项目：在项目开始前，项目的需求和解决方案都很明确的项目；对系统的性能安全要求严格的项目。如航天飞机、公司的财务系统等。

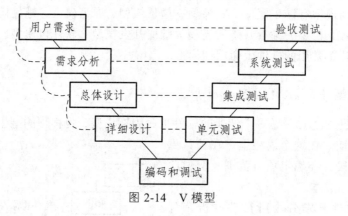

图 2-14　V 模型

V 模型的价值在于它非常明确地标明了测试过程中存在的不同级别，并且清楚地描述了这些测试阶段和开发各阶段的对应关系：

（1）单元测试的主要目的是针对编码过程中可能存在的各种错误，例如用户输入验证过程中的边界值的错误。

（2）集成测试主要目的是针对详细设计中可能存在的问题，尤其是检查各单元与其他程序接口上可能存在的错误。

（3）系统测试主要针对总体设计，检查系统作为一个整体是否有效地得到运行，例如在产品设置中是否能达到预期的高性能。

（4）验收测试通常由业务专家或用户进行，以确认产品能真正符合用户业务上的需要。在不同的开发阶段，会出现不同类型的缺陷和错误，所以需要不同的测试技术和方法来发现这些缺陷。

3. 原型模型（Prototyping）

原型模型是为弥补瀑布模型的不足而产生的。

原型模型（见图 2-15）的第一步是建造一个快速原型，实现客户或未来的用户与系统的交互，经过和用户针对原型的讨论和交流，弄清需求以便真正把握用户需要的软件产品是什么样的。充分了解后，再在原型基础上开发出用户满意的产品。

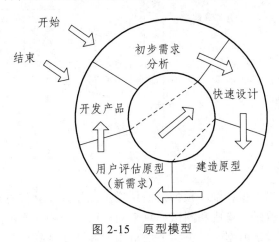

图 2-15 原型模型

在实际中原型模型经常在需求分析定义的过程进行。原型模型减少了瀑布模型中因为软件需求不明确而给开发工作带来的风险，因为在原型基础上的沟通更为直观，也为需求分析和定义提供了新的方法。原型化模型的应用意义很广，瀑布模型和 V 模型将原型化模型的思想用于需求分析环节，来解决因为需求不明确而导致产品出现严重后果的缺陷。

原型模型适合的项目：在项目开始前，项目的需求不明确的项目；用户无信息系统经验的项目；需求分析人员技能不足，不利于与客户交流的项目；交互性要求高的项目。如网站开发、科研项目等。

4. 螺旋模型（Spiral）

螺旋模型（见图 2-16）是瀑布模型、原型模型的有机结合，同时增加了风险分析。螺旋线代表随着时间推进的工作进展，开发过程具有周期性。4 个象限分别标志每个周期所划分的 4 个阶段：制订计划、风险分析、实施工程和客户评论。螺旋模型强调了风险分析，特别适用于庞大而复杂的、高风险的系统。

螺旋模型适合的项目：客户始终参与每个阶段的开发，保证了项目不偏离正确方向，保证了项目的可控；适合于需求动态变化，事先难以确定并且开发风险较大的系统；大型复杂的系统。如企业资源计划管理系统（ERP）。

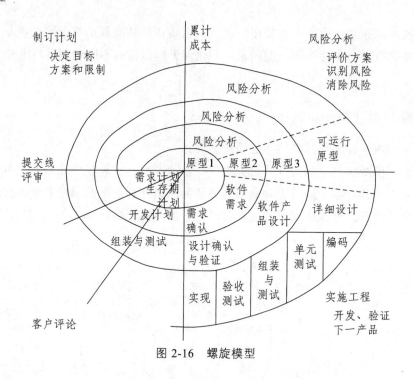

图 2-16　螺旋模型

5. 增量模型

增量模型（见图 2-17）也称渐增模型。使用增量模型开发软件时，把软件产品作为一系列的增量构件来设计、编码、集成和测试。每个构件由多个相互作用的模块构成，并且能够完成特定的功能。使用增量模型时，第一个增量构件往往实现软件的基本需求，提供最核心的功能。

把软件产品分解成增量构件时，应该使构件的规模适中，规模过大过小都不好。最佳分解方法因软件产品特点和开发人员的习惯而异。分解时唯一必须遵守的约束条件是，当把新的构件集成到现有软件中时，所形成的产品必须是可测试的。

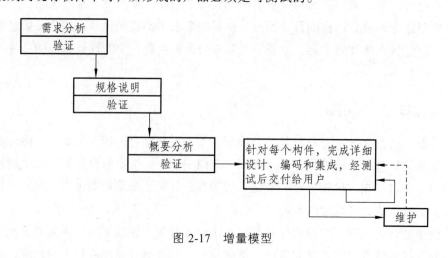

图 2-17　增量模型

增量模型的使用范围：

（1）进行已有产品升级或新版本开发。

（2）对完成期限严格要求的产品。

（3）对所开发的领域比较熟悉而且已有原型系统。

增量模型的缺点：

（1）并行开发构件有可能遇到不能集成的风险，软件必须具备开放式的结构。

（2）增量模型的灵活性可以使项目适应变化的能力大大优于瀑布模型和快速原型模型，但也很容易退化为边做边改模型，从而使软件过程的控制失去整体性。

6. 迭代式模型

迭代模型（见图 2-18）是 RUP（Rational Unified Process，统一软件开发过程或统一软件过程）推荐的周期模型。在 RUP 中，迭代被定义为：迭代包括生产到产品发布（稳定、可执行的产品版本）的全部开发活动和要实现发布必须的所有其他外围元素。所以，在某种程度上，开发迭代是一次完整地经过所有工作流程的过程：（至少包括）需求工作流程、分析设计工作流程、实施工作流程和测试工作流程。实质上，它类似小型的瀑布式项目。RUP 认为，所有的阶段（需求及其他）都可以细分为迭代。每一次的迭代都会产生一个可以发布的产品，这个产品是最终产品的一个子集。迭代的思想如图 2-18 所示。

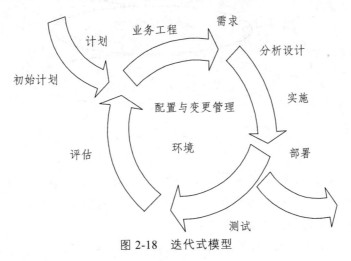

图 2-18 迭代式模型

迭代和瀑布的最大的差别就在于风险的暴露时间上。任何项目都会涉及一定的风险。有许多风险直到已准备集成系统时才被发现，如果能在生命周期中尽早避免风险，那么计划自然会更趋于精确，但不管开发团队经验如何，都绝不可能预知所有的风险。由于瀑布模型的特点，很多的问题在最后才会暴露出来，为了解决这些风险花费是巨大的。在迭代式生命周期中，需要根据主要风险列表选择要在迭代中开发的新的增量内容。每次迭代完成时都会生成一个经过测试的可执行文件，这样就可以核实是否已经降低了目标风险。

7. 喷泉模型

喷泉模型（见图 2-19）是一种以用户需求为动力，以对象为驱动的模型，主要用于描述面向对象的软件开发过程。该模型认为软件开发过程是自下而上周期进行的，各阶段是相互迭代和无间隙的。

喷泉模型主要用于采用面向对象技术的软件开发项目。软件的某个部分常常被重复工作多次，相关对象在每次迭代中随之加入渐进的软件成分。无间隙指在各项活动之间无明显边界，如分析和设计活动之间没有明显的界线，由于对象概念的引入，表达分析、设计、实现等活动只用对象类和关系，从而可以较为容易地实现活动的迭代和无间隙，使其开发自然地包括复用。

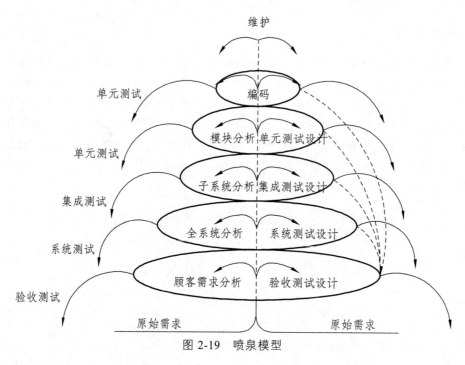

图 2-19　喷泉模型

以喷泉模型为基础，可以尽早地实现全面的展开测试，同时将测试工作进行迭代。另外，改进的喷泉将需求纳入，使得模型完全实现了整个开发过程的无边界与交互性。

该模型每一次测试过程包括 4 个阶段：

第 1 阶段为测试需求阶段，包括提取和验证需求。这一阶段的测试主要是采用静态测试。

第 2 阶段为测试分析阶段，又分为制订测试计划、测试设计与开发两个步骤。测试计划包括确定测试策略和测试系统，预估测试工作量等。测试设计与开发包括开发测试用例，验证并调试测试等。

第 3 阶段为测试执行阶段，强调测试人员和开发人员的配合。该阶段的测试方法包括单元测试、集成测试、系统测试及验收测试。除了对程序进行测试外，还要对文档等进行测试。记录测试结果并写出测试总结报告，为下一轮的迭代测试打下基础。

第 4 阶段为测试维护阶段。开发者的维护包括修复顾客操作和为满足不断变化的顾客需求而对产品功能进行增强时发现的缺陷；测试组的维护意味着对缺陷的修复进行验证，测试增强的功能以及产品的新发布版本运行回归测试，以确保修改前的产品具有的功能不因产品的新变化而被破坏。

喷泉模型的优点：喷泉模型不像瀑布模型那样，需要分析活动结束后才开始设计活动，设计活动结束后才开始编码活动。该模型的各个阶段没有明显的界线，开发人员可以同步进行开发。其优点是可以提高软件项目开发效率，节省开发时间，适应于面向对象的软件开发过程。

喷泉模型的缺点：由于喷泉模型在各个开发阶段是重叠的，因此在开发过程中需要大量的开发人员，因此不利于项目的管理。此外这种模型要求严格管理文档，使得审核的难度加大，尤其是面对可能随时加入各种信息、需求与资料的情况。

8．RAD 模型

RAD（Rapid Application Development，快速应用开发，见图 2-20）模型是增量型的软件开发过程模型，强调极短的开发周期，是瀑布模型的一个"高速"变种，通过大量使用可复用构件，采用基于构件的建造方法进行快速开发。

如果正确地理解了需求，而且约束了项目范围，利用该模型可以很快开发出功能完善的软件系统。流程从业务建模开始，随后是数据建模、过程建模、应用生成、测试交付。

与瀑布模型相比，RAD 模型不采用传统的第三代程序设计语言来创建软件，而是采用基于构件的开发方法，复用已有的程序结构，使用、创建可复用构件，并使用自动化工具辅助软件开发。RAD 模型项目上的时间约束需要"一个可伸缩的范围"。如果一个业务能够被模块化并使得其中每一个主要功能均可以在不到三个月的时间内完成，则是 RAD 的一个候选。每一个主要功能可由一个单独的 RAD 组来实现，最后集成起来形成一个整体。

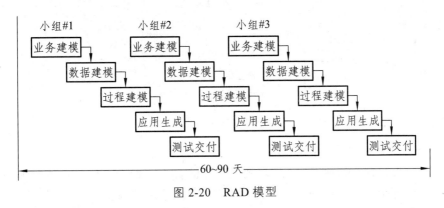

图 2-20　RAD 模型

各个阶段完成的任务如下：

（1）业务建模。确定驱动业务过程运作的信息、欲生成的信息，如何生成信息流的去向及其处理等，可以辅之以数据流图。

（2）数据建模。为支持业务过程的数据流查找定义数据对象集合、属性，并与其他数据对象的关系构成数据模型，可辅之以 E-R 图。

（3）过程建模。使数据对象在信息流中完成各业务功能，创建过程以描述数据对象的增加、修改、删除、查找，即细化数据流图中的处理。

（4）应用生成，即应用程序生成。利用第四代语言（4GL）写出处理程序，重用已有构件或创建新的可重用构件，利用环境提供的工具自动生成以构造出整个应用系统。

（5）测试交付，即包含测试与交付两个过程。由于大量重用，一般只做总体测试，但新创建的构件要进行其他测试。测试完成后进行系统集成，然后交付用户使用。

RAD 模型通过大量使用可复用构件加快了开发速度，对软件项目开发特别有效。但是与所有其他软件过程模型一样，该模型也有缺陷：

（1）并非所有应用都适合 RAD。RAD 模型对模块化要求比较高，如果哪一个功能不能被模块化，那么建造 RAD 所需要的构件就会有问题。

（2）开发人员和客户必须在很短时间内完成一系列的需求分析。任何一方配合不当都会导致 RAD 项目失败。

（3）RAD 不适合技术风险很高的软件项目。当一个新应用要采用很多新技术，软件要求与已有的计算机程序具有高互操作性时，技术风险较高，不宜采用 RAD。

9. 软件包模型

软件包模型（见图 2-21）主要用于开发依赖于外购（协）软件产品和重用软件包的系统。

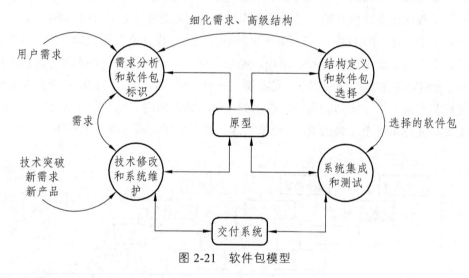

图 2-21　软件包模型

软件包模型一般遵循下述步骤：

（1）需求分析和软件包标识。在需求定义和分析期间，确定要使用的外购（协）软件包，构造原型系统以评价产品的功能和性能，并确定初步的系统结构。

（2）结构定义和软件包选择。一旦原型的结果适合使用外购（协）软件，则应确定它与系统其余部分的接口，并确定系统的最终结构。否则选择其他外购（协）软件包，重新定义结构。

（3）系统集成和测试。在实现期间，由于外购（协）软件包没有源代码，不能进行单元测试，因而直接进行系统集成和测试。

（4）技术修改和系统维护。根据用户的使用情况，对交付后的系统进行技术修改和系统维护以改进系统。

软件包模型的优点：与从头开发等价的功能相比，开发费用低、开发周期短；可以提高最终产品的质量。

软件包模型的缺点：可能会产生期望功能和外购软件提供功能之间的折中；可维护性面临更大的挑战，因为外购软件的来源可能并不是同一个开发机构（例如，外购软件制造有发布更新版本时，需要第三方更改，并造成软件配置管理问题）。

软件包模型适用情况：外购软件可以提供支持开发软件项目的大部分系统功能。

10. 遗留系统维护模型

遗留系统维护模型（见图 2-22），主要用于纠错性维护或者对一个运行系统稍加改进。如果需要改变软件结构，应使用瀑布模型或者增量模型。在维护期间，也可以执行某些在软件中经过选择的活动。遗留系统维护模型在本质上类似于瀑布模型，主要差别是该模型已经建立了结构设计。

遗留系统维护模型的优点：定义清楚，易于建模和理解，便于计划和管理；有支持该模型的多种工具；适用于一个运行系统的纠错性维护或局部改进。

遗留系统维护模型的缺点：不适用于需要改变软件结构的适应性维护；不适用于需要改变软件结构的完善性维护；不适用于新软件的开发。

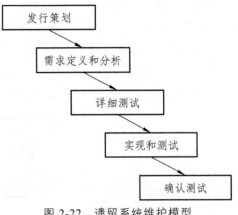

图 2-22　遗留系统维护模型

遗留系统维护模型的适用情况：包含纠错及少量改进的维护项目。

遗留系统维护模型的适用情况：

（1）产品复杂，不断有新的需求加入。

当产品的开发受市场影响较大时，业务需求的变动就十分常见了，为了不影响项目开发进度，需求管理必不可少。有些团队会一个个排需求、做需求，而敏捷开发是通过任务分解把工作拆分为半天到几天的工作量，然后制订里程碑时间点，将复杂的需求细化成一个个小任务，再根据轻重缓急梳理优先级，帮助开发人员化繁为简，提高效率。

（2）团队庞大，沟通协作效率低

有时一款新产品的开发，需要多部门联动协作，然而每个成员的岗位和职责不同，所以每个人关注的项目信息不一样，关注信息的频率其实也不一样，有的比较频繁，有的则可能整个项目过程就只需沟通两三次。由于每个人的习惯不同，所以获取信息的手段也不太一样，有些人喜欢微信、QQ，有些人喜欢邮件，还有些人喜欢以会议的形式获取信息。这就导致了团队内部沟通效率低下，许多重要的信息难以实时传递。

（3）希望高效地管理开发进度。

产品经理为了掌握项目的进展，掌握各项工作的状况，就必须对项目过程进行监控和跟踪。只有这样，出现了问题才能及时进行资源调整和进度计划调整，重新规划某一个任务开始和结束的时间，并记录实际的进度情况。

11. 敏捷开发模型

敏捷开发以用户的需求进化为核心，采用迭代、循序渐进的方法进行软件开发。在敏捷开发中，软件项目在构建初期被切分成多个子项目，各个子项目的成果都经过测试，具备可视、可集成和可运行使用的特征。换言之，就是把一个大项目分为多个相互联系、但也可独立运行的小项目，并分别完成，在此过程中软件一直处于可使用状态。敏捷开发模型如图 2-23 所示。

敏捷开发模型核心是快速迭代、拥抱变化。因为最终目标是让客户满意，所以能够主动接受需求变更，这就使设计出来的软件有灵活性、可扩展性。

敏捷开发模型主张：

（1）"个体和交互"胜过"过程和工具"。

（2）"可以工作的软件"胜过"面面俱到的文档"。

（3）"客户合作"胜过"合同谈判"。

（4）"响应变化"胜过"遵循计划"。

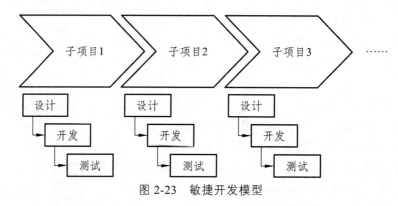

图 2-23   敏捷开发模型

敏捷开发模式有以下显著的特点：

（1）story（可测试的小功能点）细化。

（2）简单设计，避免过度设计。

（3）重复迭代。

（4）减少不必要的文档。

（5）客户最关心的功能最先完成。

（6）要求客户有时间对每次迭代的成果进行确认，提出改进意见。

（7）沟通是非常重要的，所有的开发人员对项目活动的理解应该是一致的。加强团队之间和客户之间的沟通。

（8）测试驱动开发（TDD）。

（9）需要更强的个人和团队能力。

（10）敏捷的管理是团队的自我管理和项目经理的服务式管理。

（11）敏捷开发不能在一开始就给出项目完整的成本计划。

（12）在有技术问题还没有解决的情况下不适合展开迭代。

敏捷模型的优点：短周期开发；增量开发；由程序员和测试人员编写的自动化测试来监控开发进度；通过口头沟通、测试和源代码来交流系统的结构和意图；编写代码之前先写测试代码，也叫做测试先行。

敏捷模型的缺点：团队的组建较难，人员素质要求较高；对测试员要求完全掌握各种脚本语言编程，会单元测试。

2.6　事业环境因素

事业环境因素是指围绕项目或能影响项目成败的任何内外部环境因素，这些因素来自任何或所有项目参与单位。事业环境因素可能提高或限制项目管理的灵活性，并可能对项目结果产生积极或消极影响，它们是大多数规划过程的输入。

事业环境因素包括但不限于：

（1）组织文化、结构和流程。

（2）政府或行业标准（如监管机构条例、行为准则、产品标准、质量标准和工艺标准）。

（3）基础设施（如现有的设施和固定资产）。

（4）现有人力资源状况（如人员在设计、开发、法律、合同和采购方面的技能、素养与知识）。

（5）人事管理制度（如人员招聘和留用指南、员工绩效评价与培训记录、加班政策和时间记录）。

（6）公司的工作授权系统。

（7）市场条件。

（8）干系人风险承受力。

（9）政治氛围。

（10）组织已有的沟通渠道。

（11）商业数据库（如标准化的成本估算数据、行业风险研究资料和风险数据库）。

（12）项目管理信息系统（如自动化工具，包括进度计划软件、配置管理系统、信息收集与发布系统或进入其他在线自动系统的网络界面）。

2.7　本章小结

本章介绍了项目管理过程中的基本定义，包括项目经理、项目组织、项目干系人、项目团队、项目生命周期和事业环境因素。具体介绍了项目经理的地位、影响、知识结构、素质；项目组织制度、风格与文化、组织结构；项目团队的特征、组成和它所扮演角色；项目生命周期的特征、模型和项目阶段的特征；以及项目干系人和事业环境因素的具体作用。

通过本章学习，读者可以了解到项目经理、项目组织、项目干系人、项目团队和项目生命周期在项目中所扮演的角色和它们的作用。

3 软件项目立项

在项目选择过程中，关键是对项目的定义有明确的描述，包括明确的目标、时间表、项目使用的资源和经费，而且得到执行该项目的项目经理和项目发起人的认可，这个阶段称为立项阶段。本章介绍了项目立项的过程，包括项目建议书、可行性分析、项目审批、招投标、合同签订等。

3.1 项目建议书

项目建议书（Project Proposal）是由项目筹建单位或项目法人根据国民经济的发展、国家和地方中长期规划、产业政策、生产力布局、国内外市场、所在地的内外部条件，就某一具体新建、扩建项目提出的关于项目的建议文件，是对拟建项目提出的框架性的总体设想。它要从宏观上论述项目设立的必要性和可能性，把项目投资的设想变为概略的投资建议。

项目建议书是由项目投资方向其主管部门上报的文件，目前广泛应用于项目的国家立项审批工作中。项目建议书的呈报可以供项目审批机关做出初步决策。它可以减少项目选择的盲目性，为下一步可行性研究打下基础。

在项目建设阶段，项目要依次完成项目建议书的编写、申报、审批等环节，然后才能进行后续的项目可行性分析阶段的工作。

3.1.1 项目建议书概念

项目建议书，又称立项申请，是项目建设单位向上级主管部门提交项目申请时所必需的文件，是该项目建设筹建单位或项目人，根据国民经济的发展、国家和地方中长期规划、产业政策、生产力布局、国内外市场、所在地的内外部条件、本单位的发展战略等，提出的某一具体项目的建议文件，是对拟建项目提出的框架性的总体设想。由于项目条件还不够成熟，仅有规划意见书，对项目的具体建设方案还不明晰。项目建议书主要论证项目建设的必要性，建设方案和投资估算也比较模糊，投资误差为30%左右。

另外，对于大中型项目和一些工艺技术复杂、涉及面广、协调量大的项目，还要编制可行性研究报告，作为项目建议书的主要附件之一，同时涉及利用外资的项目，只有在项目建议书批准后，才可以开展对外工作。

因此，可以说项目建议书是项目发展周期的初始阶段基本情况的汇总，是选择和审批项目的依据，也是制作可行性研究报告的依据。

3.1.2 项目建议书内容

对于软件项目的项目建议书可以参考如下内容：

第一章 项目简介

1．项目名称

2．项目建设单位概况和负责人．项目责任人

3．项目建议书编制依据

4．项目概况

5．主要结论和建议

6．项目建设内容、规模、目标

第二章 项目建设的必要性

1．项目建设单位与职能

2．项目实施机构与职责

3．项目建设的必要性

第三章 需求分析

1．业务需求分析

2．功能和性能需求

3．运行环境需求

第四章 总体建设方案

1．总体目标与分期目标

2．总体建设任务与分期建设内容

第五章 投资估算和资金筹措

1．投资估算和构成

2．资金来源．落实情况和主要用途

第六章 效益与风险分析

1．经济效益和社会效益分析

2．风险分析与控制措施

3．风险对策和管理

3.2 项目可行性分析

　　项目可行性分析是项目前期的主要内容，可行性研究是在投资项目拟建之前，通过对与项目有关的市场、资源、工程技术、经济和社会等方面的问题进行全面分析、论证和评价，从而确定项目是否可行或选择最佳实施方案的工作。

3.2.1 项目可行性研究的要求

可行性研究报告应当对拟建项目的一个总体轮廓提出设想，要根据国家、行业关于信息化建设的规划以及国家产业政策，经过调查研究及技术分析，着重就项目建设的必要性做出分析，并初步分析项目建设的可能性。在此基础上必须对拟建目的用户的需求状况、建设条件、工作方式、协作方式、IT技术、设备、投资、经济效益和社会影响以及风险等问题，进行深入调查研究，充分进行技术经济论证，得出项目是否可行的结论，选择并推荐优化的建设方案，为项目决策单位提供决策依据。

软件项目可行性研究要注意以下几点：

1. 资料数据准确可靠

信息是决策分析与评价的基础和必要条件，全面准确地了解和掌握决策分析与评价有关资料数据是决策分析与评价的最基本要求。要充分了解客户对软件的应用现状与长期规划的要求，要结合目前及今后对软件建设需求的发展情况，着重建设适合用户特点的软件系统。

2. 选择科学合理的方法

准确、可靠的数据只是报告的基本条件。选择合理的方法，才能最终保证决策的准确性。软件开发项目科研报告中，需要确定应用范围及投入、基础设施建设规模、系统架构、技术路线选择等。

3. 分析要逻辑化，有说服力

（1）要选择合适的目标，根据明确的质量数量指标，按照实现目标的顺序，确定目标的方向和涉及的幅度，并确定目标实现的时限，客观分析并掌握实现目标所面临的限制条件和不利因素。

（2）应该将定性分析和定量分析相结合，以定量分析为主，力求能够正确反映项目实施中的费用（如投资、日常运维、投入费用等）与效益（社会效益与经济效益等），对不能直接进行定量分析比较的，则应实事求是地进行定性分析。

（3）应该根据工作阶段和深度要求的不同，采用静态分析与动态分析相结合，以动态分析为主、静态分析为辅的决策分析原则。

（4）应该进行多方案比选，通过比较，发现各个方案的优缺点，取长补短，才能得出最优方案。在软件开发项目可行性研究中，在选择系统架构或技术路线问题时要充分考虑所有目前的应用现状，并与软件应用的长期规划进行多方案比选，技术路线选择也要考虑多方案比选，不仅能够有利于项目的建设和运维管理，还要注重其可持续发展需要，尤其要注意该技术路线的生命力。

4. 符合审批部门的要求

除了共性论述之外，不同的主管部门对软件开发可行性报告的编写一般都有个性化的要求，很多主管部门还提供了可行性报告的编写模板，在编写时要注意内容要贴切，应符合相关主管部门要求。

3.2.2 项目可行性研究的内容

项目建议书通过批复后或者项目建议与项目可行性阶段进行合并后，项目建设单位应该开展项目可行性研究方面的工作。项目可行性研究内容一般应包括以下内容：

1. 投资必要性

主要根据市场调查及预测的结果，以及有关的产业政策等因素，论证项目投资建设的必要性。

2. 技术可行性

主要从项目实施的技术角度，合理设计技术方案，并进行比较、选择和评价。

3. 财务可行性

主要从项目及投资者的角度，设计合理财务方案，从企业理财的角度进行资本预算，评价项目的财务盈利能力，进行投资决策，并从融资主体（企业）的角度评价股东投资收益、现金流量计划及债务偿还能力。

4. 组织可行性

制订合理的项目实施进度计划，设计合理的组织机构，选择经验丰富的管理人员，建立良好的协作关系，制订合适的培训计划等，保证项目顺利执行。

5. 经济可行性

主要是从资源配置的角度衡量项目的价值，评价项目在实现区域经济发展目标、有效配置经济资源、增加供应、创造就业、改善环境、提高人民生活等方面的效益。

6. 社会可行性

主要分析项目对社会的影响，包括政治体制、方针政策、经济结构、法律道德、宗教民族、妇女儿童及社会稳定性等。

7. 风险因素及对策

主要对项目的市场风险、技术风险、财务风险、组织风险、法律风险、经济及社会风险等因素进行评价，制订规避风险的对策，为项目全过程的风险管理提供依据。

3.2.3 项目可行性研究阶段

1. 机会可行性研究

机会可行性研究的主要任务是对投资项目或投资方向提出建议，并对各种设想的项目和投资机会做出鉴定，其目的是激发投资者的兴趣，寻找最佳的投资机会。

2. 初步可行性研究

初步可行性研究是介于机会可行性研究和详细可行性研究的一个中间阶段，是在项目意向确定之后，对项目的初步估计。如果就投资可能性进行了项目机会研究，那么项目的初步可行性研究阶段往往可以省去。

经过初步可行性研究，可以形成初步可行性研究报告。该报告虽然比详细可行性研究报告粗略，但是对项目已经有了全面的描述、分析和论证，所以初步可行性研究报告可以作为正式的文献供决策参考，也可以依据项目的初步可行性研究报告形成项目建议书，通过审查项目建议书决定项目的取舍，即通常所称的"立项"决策。

对于不同规模和类别的项目，初步可行性研究可能出现4种结果，即：

（1）肯定，对于比较小的项目甚至可以直接"上马"。

（2）肯定，转入详细可行性研究，进行更深入更详细的分析研究。

（3）展开专题研究，如建立原型系统，演示主要功能模块或者验证关键技术。

（4）否定，项目应该"下马"。

3. 详细可行性研究

详细可行性研究是在初步可行性研究基础上认为项目基本可行，对项目各方面的详细材料进行全面的搜集和分析，对不同的项目实现方案进行综合评判，并对项目建成后的绩效进行科学的预测，为项目立项决策提供确切的依据。详细可行性研究需要对一个项目的技术、经济、环境及社会影响等进行深入调查研究，是一项费时、费力且需要一定资金支持的工作，特别是大型的或比较复杂的项目更是如此。

4. 项目可行性研究报告的编写、提交和获得批准

项目通过项目建议书批准环节后，项目建设单位应依据项目建议书批复意见，通过招标选定或委托具有相关专业资质的工程咨询机构编制项目可行性研究报告，报送项目审批部门。项目审批部门委托有资格的咨询机构评估后审核批复。

5. 项目评估

项目评估指在项目可行性研究的基础上，由第三方根据国家颁布的政策、法规、方法、参数和条例等，从项目（或企业）、经济、社会角度出发，对拟建项目建设的必要性、建设条件、生产条件、产品市场需求、工程技术、经济效益和社会效益等进行评价、分析和论证，进而判断其是否可行的一个评估过程。项目评估是项目投资前期进行决策管理的重要环节，其目的是审查项目可行性研究的可靠性、真实性和客观性，为银行的贷款决策或行政主管部门的审批决策提供科学依据。

3.3 项目审批

项目审批部门对软件项目的项目建议书、可行性研究报告、初步设计方案和投资概算的

批复文件是后续项目建设的主要依据。批复中核定的建设内容、规模、标准、总投资概算和其他控制指标原则上应严格遵守。

项目可行性研究报告的编制内容与项目建议书批复内容有重大变更的，应重新报批项目建议书。项目初步设计方案和投资概算报告的编制内容与项目可行性研究报告批复内容有重大变更或变更投资超出已批复总投资额度10%的，应重新报批可行性研究报告项目初步设计方案。投资概算报告的编制内容与项目可行性研究报告批复内容有少量调整且其调整内容未超出已批复总投资额度10%的，需在提交项目初步设计方案和投资概算报告时以独立章节对调整部分进行补充说明。

3.4 项目招投标

软件项目一般是通过招投标形式开始的，作为软件的客户（甲方）根据自己的需要，提出基本需求，在编写招标书同时将招标书以各种方式传递给竞标方。企业在甲（需）方合同环境下的关键要素是提供准确、清晰和完整的需求，选择合格的乙（供）方并对采购对象（包括产品、服务、人力资源等）进行必要的验收。企业在乙方合同环境下的关键要素是了解清楚甲方的需求并判断企业是否有能力满足这些需求。

甲（需）方在招投标阶段的主要任务是招标书定义、供方选择、合同签署。乙（供）方在招投标阶段的主要任务是进行项目选择。项目选择是项目型企业业务能力的关键核心，是指从市场上获得商机到与客户签订项目合同的过程。项目选择开始于收集项目商机并进行简单评估，确定可能的项目目标，初步选择适合本企业的项目，然后对项目进一步分析，与客户进行沟通，制订项目方案和计划，通常还需要与客户进行反复交流，参加竞标，直到签订合同才算完成项目的选择过程。

3.4.1 招标管理

启动一个项目主要由于存在一种需求。招标书定义主要是甲方的需求定义，也就是甲方定义采购的内容。软件项目采购的是软件产品，需要定义采购的软件需求，即提供完整清晰的软件需求和软件项目验收标准，必要的时候明确合同的要求，最后潜在的乙方可以得到这个招标文件。

1. 确定招标方式

针对不同的系统，招标方式有 3 种。小型系统的特点是费用低、实施简单、周期短，可采用单一来源采购；中型系统，一般来说供应商很多，为了能选择质量优、价格低的供应商，可采用公开招标的方式；大型系统，一般供应商都比较少，可采用邀请招标。

2. 确定招标程序

软件项目招标的一般程序如下：

（1）明确招标的技术内容。

（2）成立招标机构，聘请有关专家担任顾问。

（3）准备招标文件。

（4）确定标底。

（5）发表招标公告、通知或邀请书。

（6）资格审查。

（7）发布招标文件或招标任务书。

其中，资格审查是指招标人审查投标人是否具备投标资格。资格审查又分为资格预审和资格后审。资格预审是指在投标前对潜在投标人进行的资格审查；资格后审是指在开标后对投标人进行的资格审查。进行资格预审的，一般不再进行资格后审，但招标文件另有规定的除外。

3. 拟定招标文件

招标文件也称招标任务书，是由招标单位制订的，向投标人（乙方）说明有关事项、提出技术要求和条件的文件。招标文件是招标单位的行动指南和准则。招标文件主要包括以下内容：

（1）项目招标公告。

（2）招标单位的要求。

（3）投标人须知。

（4）招标章程。

（5）各种附件。

（6）技术相关资料。

招标人（甲方）应当根据软件项目的特点和需要编制招标文件。招标文件应当包括招标项目的技术要求、对投标人资格审查的标准、投标报价要求和评标标准等所有实质性要求和条件以及拟签订合同的主要条款。对招标项目的技术、标准有规定的，招标人应当在招标文件中提出相应要求。招标项目需要划分标段、确定工期的，招标人应当合理划分标段、确定工期，并在招标文件中载明。招标文件不得要求或者表明特定的生产供应者以及含有或者排斥潜在招标人的其他内容。

招标人对已发出的招标文件要进行必要的澄清或者修改的，应当在招标文件中要求提交投标文件截止时间 15 日前，以书面形式通知所有招标文件收受人。该澄清或者修改的内容为招标文件的组织部分。

4. 确定标底

标底是招标单位确定的价格底数、决定技术价格的因素，主要是新增利润的预测值。招标单位必须采用科学方法，或者参考该项目可行性研究报告中的结论测算出预期新增的利润数额。在新增利润中提出属于技术形成的那一部分，这一部分则是投标人应得的利润。标底的数值应略低于测算出来的价格数值。对于测算出来的标底，招标单位必须绝对地保守秘密。

招标单位在进行软件项目招标前或招标过程中，要按照程序制订完整、具体、规范的软件项目招标文件，使招标过程按企业的预期目标进行。

5．发布招标公告

如果是邀请招标，则要制订招标邀请书。招标公告或招标邀请书是介绍招标事项的主要文件，是投标人进行投标的依据。招标公告应当载明招标人的名称和地址、招标项目的性质、数量、实施地点和时间以及获取招标文件的方法等事项。其中，软件项目招标公告应包括以下内容：

（1）招标人名称、地址、联系方式等。

（2）招标内容。

（3）招标目标。

（4）招标项目的实施时间及地点。

（5）招标单位必备条件。

（6）开标日期及地点。

（7）招标文件的发售与价格。

6．避免流标

流标是指按照相关法律规定，在招投标活动中，有效投标人不足三家或由于对招标文件实质性响应的投标人不足三家，而不得不重新组织招标或采取其他方式进行采购的现象。

流标分为两类：参加投标的有效单位本身不足三家和某些单位在开标评审中被废标，最后剩下的单位不足三家。

流标的影响：增加招标代理机构的招标成本，延误招标人的工程项目建设工期，挫伤投标人的积极性。

在公开招标的过程中甲方为了避免流标，采取了以下措施：

（1）增加投标人数：多邀请符合条件的潜在投标人。

（2）制订招标文件范本：内容不漏项、不粗糙、不错误；废标条款要求：公平、公正、客观；评标办法：内容准确详尽、准确无歧义。

（3）加强管理：对评标专家的监督管理，防止作假。

通过以上措施，可以有效地降低流标现象的发生，但并不意味着完全可以避免流标，因为问题总是层出不穷的，各种法律法规具有滞后性。这就要求在每次流标情况发生后，及时总结和分析产生流标的原因，以便做出正确的处理对策，只有"对症下药"，才能从根本上解决流标这一问题。

3.4.2　投标管理

投标人（乙方）将投标过程当作一个单独的工作进行。但是投标中的一些具体工作可能会授权给组织中的一些分支机构办理。原因在于这种投标过程表面看起来好像很简单，实际却是非常复杂，对一个软件开发项目投标有时需要投入大量的人力、物力、财力。

乙方软件公司看到软件项目的招标公告后，或收到招标人的通知后，如果有意参加投标，需要按照投标组织过程进行投标。投标组织过程如图 3-1 所示。

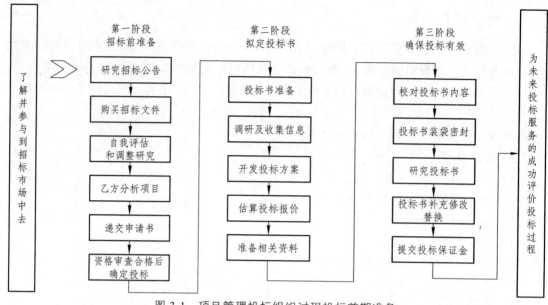

图 3-1　项目管理投标组织过程投标前期准备

投标前期准备主要是决策是否投标、购买投标书以及资格审查等工作。

1. 研究招标公告

得到有关招标公告的消息后，要仔细研究招标公告。研究的内容按顺序主要包括以下几个方面：

（1）招标单位必备条件。如果单位不符合必备条件的要求，则没有进一步研究的必要，只有放弃投标。

（2）招标内容。招标所要完成的工作是否适合本单位，如果有类似的成功项目，可以进一步研究，如果是新的领域，与本单位目前业务关系不大，则考虑放弃投标。

（3）招标目标。研究以本单位实力，能否达到招标目标，如果能够达到，可以进一步研究，否则考虑放弃投标。

（4）招标项目的实施时间和地点。如果实施时间较紧迫，或实施地点较远，差旅费等花费较大，在经济上得不偿失，应放弃投标。

（5）开标日期及地点。如果在开标日期前能做完投标的全部工作可进一步研究，如果时间紧迫，不能完成相关工作，应放弃投标。

通过以上研究，初步得出是否投标的结论，从而决定是否购买招标文件。

2. 购买招标文件

向招标人购买招标文件需要支付一定的费用，通常可到招标人现场购买或邮购，按《招标投标法》第十六条的规定，在招标公告中应载明获取招标文件的方法。

3. 自我评估和调查研究

购买到招标文件后，要进行较为详细的自我评估和调查研究，评估本单位是否具有该项目的投标能力，进而进行较为详细的可行性研究，最终得出投标是否可行的结论。调查研究应着眼于项目当前的研究情况、未来的发展情况以及招标文件中对项目的特殊要求，也可以到项目应用实施单位实地调查。可行性研究应从技术和经济两个方面开展。

（1）技术方面。重点研究项目开发的风险，如能否在规定的时间期限内实现系统的功能和性能；研究人力资源的有效性，如开发队伍是否可以建立，是否存在人力资源不足，是否可以在市场上或通过培训获得需要的人员等；研究技术能力的可行性，如技术的发展趋势以及本公司当前技术是否能够完成开发等。

（2）经济方面。主要研究项目的支出以及收入，最终完成项目后是否有收益，收益是否能够达到预期；其次还要研究采购资金是否充足，一般的软件项目中包含硬件采购，硬件采购需要很多资金，通常硬件采购都是货到付款，即开发或采购单位垫付资金购买，设备运到经使用单位验收合格后，再支付购货款。

通过可行性研究，如果得出的结论是可以投标，则进行后面的工作，否则放弃投标。

4．乙方分析项目

项目分析是乙方分析用户的项目需求，并据此开发出一个初步的项目规划的过程，为下一步编写投标书提供基础。项目分析过程如图 3-2 所示。

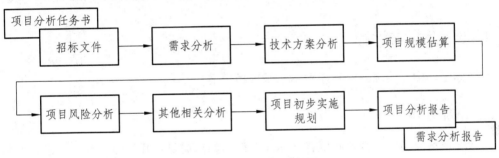

图 3-2　项目分析过程图

乙方在项目分析中的具体活动描述如下：

（1）确定需求管理者。

（2）需求管理者负责组织人员分析项目需求，并提交需求分析结果。

（3）邀请用户参与对项目需求分析结果的评审。

（4）项目管理者负责组织人员根据输入和项目需求分析结果确定项目规模。

（5）项目管理者负责组织人员根据需求分析结果和规模及估算结果，对项目进行风险分析。

（6）项目管理者负责组织人员根据项目输入、项目需求和规模要求，分析项目的人力资源要求、时间要求及实现环境要求。

（7）项目管理者根据分析结果制订项目初步实施计划，并提交合同管理者评审。

（8）合同管理者负责组织对项目初步实施规划进行评审。

项目分析的工作要点是完成需求分析，确定做什么、研究技术实现、明确如何做、估算项目工作量、估计团队现有的能力、分析项目可行性等。

5. 递交投标申请书

是否需要递交投标申请书，以及申请书采用何种格式，要根据投标文件的具体要求决定，有些投标不需要递交投标申请书。投标申请书主要包括以下内容：

（1）投标单位名称、地址，负责人姓名、职务和技术职称，单位所有制性质，开户银行、账号等。

（2）投标单位简介。

（3）保证单位名称、性质及保证人姓名、职务等。

在递交投标申请书时，允许投标人与报标人使用单位直接接触，投标人应该利用这个机会去实现效果的最大化。在投标单位简介中，要特别注重反映技术实力，侧重领域内的专业技术问题，向招标人传递这样的信息：本投标人的技术是最先进和适用的，是使用单位唯一的选择。从而取得对其他投标人的技术优势，为提高中标率打下坚实基础。

一般说，如果乙方竞标一个软件开发项目而不是一个软件产品，这个过程的关键是编写并提交建议文档。此建议文档是指在项目初期为竞标或签署合同而提交的文档，在双方对相应问题有共同认识的基础上清晰地说明项目的目的及操作方式，可以决定项目有无足够吸引或是否可行。它是乙方描述甲方需求并提出解决方案的文档。通过建议书可以展示对项目的认识度和解决问题的能力，也是甲方判断乙方能否成功完成任务的重要依据。

3.4.3 开标与评标

在开标工作中要明确开标程序和不予受理投标书。

1. 开标程序

招标人视情况确定是否有必要召开标前会议。如果需要召开开标前会议，报标人将向所有已在记备案并领取了招标文件的潜在投标人发出通知。

根据《招标投标法》及相关规定，开标应当遵守如下程序：开标应当在招标文件确定的提交投标文件截止时间的同一时间公开进行，开标地点应为招标文件中预先确定的地点。开标由招标人主持，邀请所有投标人参加。开标时，由投标人或者其推荐的代表检查投标文件的密封情况，也可以由招标人委托的公证机构检验公证。经确认无误后，由工作人员当众拆封，宣读投标人名称、投标价格和投标的其他主要内容。招标人在招标文件要求提交投标文件截止时间前收到的所有投标文件，开标时都应当众拆封、宣读。开标过程应当记录，并存档备查。

2. 不予受理投标书

投标文件有下列情形之一的，招标人不予受理：

（1）逾期送达或者未送达指定地点的。

（2）未按招标文件要求密封的。

另外，投标人已经参与投标，并于开标后对招标文件提出质疑的，其质疑应当被视为无效质疑。

评标步骤如图 3-3 所示。初步评标，是指评标委员会审查每份投标文件是否符合招标文件；详细评标，是指评标委员会对通过初步评标的招标文件进行详细的评价和比较，评审严格按照招标文件的要求和条件进行。

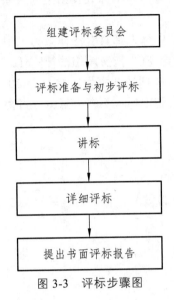

图 3-3　评标步骤图

3.4.4　定　标

1.　推荐中标候选人

评标委员会推荐的中标候选人应当限定在 1～3 人，并标明排列顺序。中标人的投标应当符合下列条件之一：

（1）能够最大限度地满足招标文件中规定的各项综合评价标准。

（2）能够满足招标文件的实质性要求，并且经审评的投标价格最低，但是投标价格低于成本的除外。

评标委员会经过评审，认为所有的投标都不符合招标文件要求的，可以否决所有投标。对招标项目的所有投标均被否决的，依法招标人应当重新招标。

2.　确定中标人

确定中标人需遵守如下程序：

（1）评标委员会提出书面评价报告后，招标人一般应该在 15 日内确定中标人，最迟应当在投标有效期结束日 30 个工作日前确定。

（2）招标人应当接受评标委员会推荐的中标候选人，不得在评标委员会推荐的中标候选人之外确定中标人。

（3）依法必须招标的项目，招标人应当确定排名第一的中标候选人为中标人。排名第一的中标候选人放弃中标、因不可抗力不能履行合同或者招标文件规定应当提交履约保证金而在规定期限内未能提交的，招标人可以确定排名第二的中标候选人为中标人，依次类推。

招标人可以授权评标委员会直接确定中标人。

3. 发放中标通知书

根据《招标投标法》的有关规定，招标人发放中标应遵守如下规定：

（1）中标人确定后，招标人应当向中标人发出中标通知书，并同时将中标结果通知所有未中标的投标人。

（2）中标通知书对招标人和中标人都具有法律效力。中标通知书发出后，招标人改变结果，或者中标人放弃中标项目的，应当依法承担法律责任。

（3）招标人和中标人应当自中标通知书发出之日起 30 日内，按照招标文件和中标人的投标文件订立书面合同。招标人和中标人不得再行订立背离合同实质性内容的其他协议。

中标通知

公司：

××公司××招标项目（项目编号：××），经评标委员会评审审定，确定贵公司为本项目的中标公司。

特此通知。

联系人：××

联系方式：********

　　年　　月　　日

4. 中标无效

根据《招标投标法》第五章法律责任的规定，中标无效有以下几种情况。

（1）招标代理机构违反本法规定，泄露应当保密的与招标投标活动有关的情况和资料，或者与招标人、投标人串通损害国家利益、社会公共利益或者他人合法权益，影响中标结果的，中标无效。

（2）依法必须进行招标的项目的招标人，向他人透露以获取招标文件的潜在投标人的名称、数量或者可能影响公平竞争的其他情况，或者泄露标底，影响中标结果的，中标无效。

（3）投标人相互串通投标或者与招标人串通投标的，投标人以向招标人或者评标委员会成员行贿的手段谋取中标的，中标无效。

（4）投标人以他人名义投标或者以其他方式弄虚作假，骗取中标的，中标无效。

（5）依法必须进行招标的项目，招标人违反法律规定，由投标人就投标价格、投标方案等实质性内容进行谈判，影响中标结果的，中标无效。

（6）招标人在评标委员会依法推荐的中标候选人以外确定中标人的，依法必须进行招标的项目在所有投标被评标委员会否决后自行确定中标人的，中标无效。

依法必须进行招标的项目违反本法规定，中标无效的，应当依照本法规定的中标条件从其余投标人中重新确定中标人或者按照《招标投标法》重新进行招标。

3.5　项目合同谈判与签订

如果甲方选择了合适的乙方（软件开发商），而且被选择的开发商也愿意为甲方开发满足需求的项目，那么为了更好地管理和约束双方的权利和义务，以便更好地完成软件项目，甲方应该与乙方（软件开发商）签订一个具有法律效力的合同。签署之前需要起草一个合同文本。双方就合同的主要条款进行协商，达成共识，然后按模板共同起草合同。双方仔细审查合同条款，确保没有错误和隐患，双方代表签字，合同生效，使之成为具有法律效力的文件。同时，根据签署的合同，分解出合同中甲、乙方的任务，并下达任务书，指派相应的项目经理。

3.5.1　合同谈判

合同谈判是甲、乙双方之间关于合同细节的谈判，在双方都投入了一定资源后才进行这个阶段，双方都想通过谈判取得对自己最有利的条件。在软件项目中，一边开始准备软件开发工作，一边进行合同细节谈判的情况并不罕见。当然，这并不是甲、乙双方希望见到的情况，双方还是应该在项目的所有工作开始之前签署完项目合同。双方要签署合同文件，必须就合同中的条款和条件达成全面共识。

合同谈判主要集中在以下几个方面：

（1）软件种类。

（2）项目内容和范围确认。

（3）技术要求、技术规范以及技术方案。

（4）技术成果归属。

（5）价款、报酬或者使用费及其他支付方式。

（6）验收标准。

（7）工期和维护期。

（8）软件质量控制。

3.5.2　合同签订

招标人和中标人应当自中标通知书发出这日的 30 日内按照招标文作和中标人的投标文件订立书面合同。合同签署也就是正式签订合同，使之成为具有法律效力的文件。

1．正式合同文件

正式合同文件应包含如下内容：

（1）合同协议书。

（2）软件工作量、硬件清单、网络工程及价格单。

（3）合同条件，由合同一般条件和合同特殊条件两部分组成。

（4）投标人须知。

（5）合同技术条件。

（6）发包人须知。

（7）双方代表共同签署的合同补遗（有时也以合同谈判纪要的形式）。

（8）投标人投标时所递交的主要技术和商务条件（包括原投标书的方案、承包人提价的技术建议书和投标文件的附图）。

（9）其他双方认为应该作为合同的一部分的文件。如投标文件阶段发包人发出的变动和补遗，发包人要求投标人澄清问题的函件和承包人所做的文字答复，双方往来函件以及投标时的降价信件等。

2. 无效的技术合同

在以下情形下订立的技术合同是无法生效的：

（1）违反法律、法规的技术合同。指订立合同或者依据合同所进行的活动是法律法规明文禁止的行为。

（2）损害国家利益和社会公共利益的技术合同。指订立合同的目的或者履行合同的后果严重污染环境、损害珍贵资源、破坏生态平衡以及危害国家安全和社会公共利益。

（3）非法垄断技术、妨碍技术进步的技术合同。指通过合同条款限制另一方在合同标的技术的基础上进行新的研究开发，限制另一方从其他渠道吸收技术，或者阻碍另一方根据市场的需求、按照合理的方式充分实施专利和使用非专利技术。

（4）侵犯他人合法权益的技术合同。技术合同的任何一方，均不得侵犯另一方或第三方的专用权、专利申请权、专利实施权以及非专利技术使用权、转让权或发明权、发现权及其他科技成果权。

合同负责及签署人员在订立技术合同之前，既要充分了解相关的法律法规，保护自身的合法权益，又要避免因违反法律而遭受不必要的损失。

3.6 应用软件进行软件项目立项管理

当项目签订了项目合同并任命了项目经理之后，项目已经在线下立项，为了方便线上的管理，需要在线上进行项目的立项，在项目管理软件上创建项目，并且关联到相应产品，创建项目如图 3-4 所示。

图 3-4　创建项目

3.7 "招投标管理系统"项目立项案例分析

3.7.1 项目建议书案例分析

项目建议书是项目发展周期的初始阶段，是主管部门选择项目的依据，也是可行性研究的依据。通过建议书才能更加方便明确地了解到项目建设的必要性等，项目建议书内容必须包括 6 大部分。以下是招投标管理系统建议书目录：

目录

3.7.2　项目可行性案例分析

根据当前形势，企业急切需要一款招投标管理系统，项目组召开可行性分析会议，并论证"招投标管理系统"的项目可行性，市场和政策是否满足。项目经理和小组团队成员经过前期得到的内容以及反映情况的数据，分析讨论了数据的真实可靠性，反复核实，以确保内容的真实性。项目经理曹元伟和小组人员综合了以上的所有可行性分析过后提交了项目可行性分析书，并经总经理刘德确认过后，发布可行性分析报告，并和甲方人员进行了确认。以下是可行性分析书的目录：

第一章　总论

1．项目名称

2．项目建设单位及负责人．项目责任人

3．可行性研究报告编制单位

4．可行性研究报告编制依据

5．项目提出的理由与过程

6．项目建设目标．规模．内容．周期．建设条件

7．与其他项目的关系

8．项目总投资及效益情况

9．主要结论与建议

第二章　项目建设单位概况

1．项目建设单位与职能

2．项目实施机构与职责

第三章　需求分析和项目建设的必要性

1．业务功能．业务流程和业务量分析

2．系统功能和性能需求分析

3．项目建设的意义

4．现状与差距

5．项目建设的必要性和紧迫性

第四章　总体建设方案

1．建设原则和思路

2．总体目标与分期目标

3．总体建设任务与分期建设内容

4．总体设计方案

第五章　系统技术方案

第六章　项目招标方案

1．招标遵循的适用法规与原则

2．项目招标的范围

3．招标组织形式

第七章　项目实施进度

1．项目建设期

2．实施进度计划

第八章　投资估算和资金来源

1．投资估算依据

2．投资估算项目及标准

3．投资估算

4．资金使用计划

第九章　效益与评价指标分析

1．经济效益分析

2．社会效益分析

3．项目评价指标分析

第十章　项目风险与风险管理

1．风险识别和分析

2．风险对策和管理

第十一章　结论与建议

3.7.3　项目审批案例分析

"招投标管理系统"项目审批阶段首先进行了项目建议书、可行性研究报告以及设计方案和预算等的评估审批，然后提交给部门经理进行核定。为了确保"招投标管理系统"项目审批通过，针对项目建议书、可行性研究报告以及设计方案和预算等都进行了多次版本的修订和评估，并邀请了甲方人员参与评定。最后充分听取甲方人员意见并做相应修订，以确保"招投标管理系统"项目审批能够顺利通过。

3.7.4　项目招标案例分析

"招投标管理系统"项目由甲方公司提出。"招投标管理系统"是一个全方位的招投标软件项目管理系统、综合办公系统，用于甲方行政办公，包括招标管理、项目申请复核、发布招标公布等功能模块。

在甲（招标）方经过项目审批部门同意该项目可以实施后，甲（招标）方公司便进行招标准备，拟订招标书，这一过程需要考虑招标单位数量、招标方式等问题。

1. 确定招标方式

"招投标管理系统"属于中型系统，供应商多，所以"招投标管理系统"项目的甲方采用公开招标方式。

2. 编制招标文件

甲（招标）方在编制招标书时，特别注意以下几个问题：

（1）项目需求：为了避免因需求描述和供应商理解不到位而导致开发不到位，在项目需求中了添加"正式实施应以用户需求调研文档为准"类似的描述。

（2）技术指标参数：为确保服务完善，在技术指标参数方面，要求乙方提供软件需求分析报告、软件概要设计报告、软件详细设计报告、数据库设计报告、测试报告、软件使用说明等。

（3）接口：为了以杜绝垄断，在接口方面，如软件著作权的归属、项目源代码、数据结构、解密算法，应开放涉及本系统所有的相关接口。

"招投标管理系统"明确以上的规范后制订的招标文件目录如下：

目录

以上招标文件主要包含以下几内容：

（1）投标邀请：投标邀请书是用来邀请资格预审合格的投标人按规定时间和条件前来投标的文件。

（2）投标人须知：投标须知是指导投标人正确地进行投标报价的文件，并告知他们所应遵循的各项规定。

（3）技术要求：包含项目背景、项目目标、项目内容、项目管理、培训服务要求、投标方案至少应包括的内容、项目成果要求、进度计划、项目实施保证、项目验收方式、工作方式、技术偏离表等。

（4）商务要求：投标书格式、商务报价表、投标一览表、商务偏离表、投标保函格式、公司文件和资质审查文件、机密信息接受承诺函等。

（5）合同样本：中标后签订合同的模板。

3.7.5　项目合同案例分析

评标后，甲（招标）方向中标的乙（投标）方单位××公司发放了中标通知书。按规定招标人和中标人自中标通知书发出之日起 30 日内，按照招标文件和中标人的投标文件订立了书面合同。

1. 合同起草

××公司收到中标通知书后，公司市场部经理安排人员起草招投标管理系统合同。

以下是乙方起草的合同文件主要内容：

第一条　开发和技术支持服务的内容和范围

1．乙方负责招投标管理系统应用软件的设计和开发，招投标管理系统用于甲方，具体要求详见附件《招投标管理系统软件需求说明书》。

2．《招投标管理系统软件需求说明书》将作为系统开发和验收的依据，定义了系统开发的要求（包括软件功能和性能方面的要求）。

3．如在开发或技术支持服务过程中，甲方提出《招投标管理系统软件需求说明书》中未做规定的新需求或修改原有需求定义，乙方应客观地评估该变化，告知甲方该变化所引起的技术可行性及工作量（并告知评估方式和依据）。对于技术上可行且甲方要求实现的变化，其费用及时间由双方另行协商。对于后续开发费用的计算标准，乙方承诺不高于目前市场平均标准每人每月 2 万元。在本协议之外的需求变更不影响本协议的执行。

4．在开发完成后，乙方负责综合办公系统的应用软件安装、调试和培训。安装、调试系统所需的网络、设备和系统软件环境由甲方负责提供，培训对象由甲方根据乙方上线功能要求的角色来选定，培训内容为招投标管理系统的操作与管理技能，培训方式为在甲方指定地点集中培训，具体培训场地、人员和时间由双方协商。

5．乙方在免费服务期内提供 5×8 小时（国家法定假日除外）的技术支持服务，服务内容包括：乙方负责开发的招投标管理系统的技术咨询、软件系统恢复、软件系统功能故障处理。

6．招投标管理系统所使用的甲方自购设备，其维护不包含在乙方提供的免费技术支持中，如：服务器硬件维护、服务器操作系统维护、用户计算机终端维护、数据库备份和恢复。

7．乙方负责将甲方按乙方标准备份的数据恢复。乙方在培训阶段对甲方系统管理员进行数据备份操作培训，并提供操作说明。

8．在本系统正式上线后，如甲方要求，乙方可制作一套英文版提供给甲方使用。该版本与中文版本共享数据，可供国外用户与国内用户协同办公。具体开发要求、使用范围、用户培训方式、翻译方式、工期和费用在实施前协商，协商后另行签订协议。

第二条　开发和技术支持服务的方式

1．乙方指定开发人员到甲方现场进行需求调研，并在乙方自己的办公地点和开发环境进行开发。软件开发完成后，其安装、调试工作在甲方提供的服务器上完成。

2．用户培训的场地等用户所需由甲方提供，范围根据乙方提出的培训内容经双方进行确定。

3．在乙方提供免费技术支持服务期内，乙方将通过以下三种服务方式进行技术支持：

（1）电话支持。客户通过拨打乙方指定的维护工程师电话，由乙方工程师进行电话支持。

（2）远程技术支持。在甲方保证服务器网络联通的情况下，通过远程诊断、电话支持、电子邮件等方式进行技术支持。

（3）现场支持。如果不能通过远程技术支持方式解决系统的技术故障，在用户提出现场支持要求后的 24 小时内，本公司将派遣工程师赶赴现场分析故障原因，制订故障排除方案，提供故障排除服务。

第三条　开发和技术支持服务的期限

1．本项目共 120 个工作日分两期完成。一期最终期限为 27 个工作日。二期为 93 个工作日。时间从合同签订第 2 个工作日开始计算。详细计划见《招投标管理系统实施进度计划》。

2．其中一期开发完成时间为合同签订后 15 个工作日以内，期间每开发完成的功能模块即开始用户试用。

3．从通过验收之后的一年内，乙方均向甲方提供免费技术支持服务。

4．如有客观原因需要改变实施计划，应在双方协商后由双方项目经理签字认可。

5．如在项目实施过程中，用户的实际需求与需求说明书中相比发生变化，或由用户负责准备的人员召集、设备采购、场地安排、网络调试、意见反馈等配合事项引起延误，则实施期限相应顺延。

6．该软件须达到需求文档要求，且在调试完善、应用正常、双方确认后才能进行系统验收和文档移交工作。

7．如甲方委托第三方从事与本项目有关或相关的事宜，甲方应确保第三方的工作进度不影响本委托项目按时完成。

8．乙方在协议期内为甲方系统提供下列服务：

（1）软件重新部署。

（2）数据恢复：按乙方备份标准备份的数据。

9．甲方应按本协议规定方式及时间向乙方支付报酬。

第四条　双方协作事项

1．项目实施的进度与质量需要双方密切配合。为保证项目的成功实施，甲乙双方在项目实施期间应指派并授权专人担任项目经理和项目成员。双方项目成员及其工作职责见合同附件《招投标管理系统开发项目组成员名单》。

2．甲方负责协调甲方相关部门人员配合乙方进行需求调研，提供编制需求说明文档所需的流程、表单等资料。

第五条　报酬及支付方式

1．本项目软件开发经费为（大写）人民币××××整（含税价）。注：开具增值税专用发票，税率17%，可抵扣。

2．技术开发报酬具体支付方式和时间如下：

第一次，合同签订生效后一周内支付30%的预付款，人民币××万××××元整。

第二次，项目第二阶段按要求完成后一周内支付30%的进度款，人民币××万××××元整。

第三次，项目第三阶段按要求完成后一周内支付30%的进度款，××万××××元整。

项目最终验收后三个月内支付10%的质保金，人民币××万××××元整整。

2. 合同审查

市场部起草完合同后，交给项目管理办公室的项目管理专员，项目管理专员组织人员对合同的条款进行评审，形成评审意见反馈给市场部；审核的目的是为了控制项目范围和项目成果物，重点是审核技术部分和项目成果物、知识产权等。以下是审查要点：

（1）软件开发的项目要求。包括对开发目标、开发内容、形式和技术要求以及软件功能等进行准确描述的内容。

（2）软件开发的计划、进度、期限、地点、地域和方式。审查开发计划是否列出项目的名称、主要任务、达到的技术要求、计划进度、开发概算和经费总额、所需主要仪器和材料、承担开发任务的单位和主要技术专家及人员（含资历、经验、承担的主要工作的描述）等内容。

（3）是否有相应的监督管理机构或成员，如没有，应予以补充；如有，则应对监督管理机构或成员的权限做出具体规定。

（4）委托方向软件开发方移交的技术资料以及具体协作事项。这一点与委托方的协助义务以及软件开发方的保密义务相联系，如果约定不明确，可能因此引发争议。

（5）开发风险责任的承担。风险责任是因软件开发合同规定的研究开发成果具有不确定性，并容易受到客观条件、技术条件等因素影响所产生的，法律规定如果在合同中没有约定是谁来承担研究开发风险所导致的研究开发失败或失败所造成的损失，则由双方当事人合理承担，这样可能不利于委托方，因此在合同中应写明由软件开发方承担开发风险责任。

（6）开发人员的确定及其更换限制。软件开发合同规定的研究产物是智力成果，开发成果的好坏与技术团队的核心人员（包括项目经理、核心技术人员等）的经验和知识水平有密切联系，应审查开发方主要开发人员的资历、经验、承担的主要工作的描述是否符合约定，并明确人员更换的要求和限制条件等。

（7）开发软件涉及的相关知识产权归属。约定开发成果的知识产权以及进行后续改进之后产生成果的相关知识产权均归委托方所有。

（8）开发方软件侵犯他人著作权等知识产权的处理问题。在开发过程中及开发完成后，有可能出现开发方所开发的软件侵犯他人著作权等知识产权的风险，为避免委托方承担相应责任，该类合同中应约定开发方的工作成果不能侵犯第三方的知识产权，并约定若开发方违反本条承诺的，其应承担的违约责任。

（9）开发软件的验收方式。技术开发合同的验收可以采用技术鉴定会、专家技术评估等方式，同时也可以由委托方单方认可即视为验收通过。不管采用何种验收方式，最后都应由验收方出具验收证明及文件，作为合同验收通过的依据。但是，在委托开发中，委托方拒绝验收或提出不正当要求延缓验收的情况时有发生，受托方可在合同中约定其有权以合理的方式单方面验收，并将验收报告提交委托方，即视为软件系统验收已通过。

（10）软件交付后的技术指导、培训、系统维护、版本免费更新等后续服务问题。

（11）开发方的保密义务约定是否明确全面。保密条款应包括保密内容、涉密人员、保密期限以及泄密责任等方面，其中审查保密内容时，除了要写明委托方移交给开发方的技术资料外，还应包括委托方的经营信息。

（12）应付的金额以及付款方式。合同总价款一般包括系统开发的费用、第三方软件许可的费用、升级维护的费用等。违约条款中须特别注意合同违反约定的情况，如：

① 开发方所提供的软件不符合合同的约定，不能满足委托方的要求；

② 一方使用、实施或者转让技术成果违反约定的范围；

③ 提供的技术资料、技术服务、技术指导不符合合同的约定；

④ 开发方延迟或功能不能满足委托方的需求；

⑤ 违反合同约定的保密义务；

⑥ 违反合同中关于知识产权归属条款的约定。

（13）审查合同中对于名词和术语是否列出了专门的解释条款。

软件开发合同的当事人往往因合同中的名词和术语的理解不同而发生争议。为避免发生这种争议，可以在合同中对可能发生的争议的名词、术语给予双方一致同意的解释。

对以上的要点审查后，市场部根据评审意见对合同完成了修订。

3. 合同签订

将评审修订后的合同交与甲方进行沟通讨论后，根据合同上的写明的数量，打印两份合同，由双方法定代表签字，双方公司盖章，最终完成合同的签订。

3.8 本章小结

本章介绍了项目立项阶段的项目建议、项目可行性、项目审批、项目招投标、项目合同谈判与签订。项目立项后进入项目招投标过程，包括甲方的招标书定义、乙方项目分析、竞标过程、双方合同签署等过程。这个阶段产生的主要输出是招标书、项目标书、项目合同等。

4　软件项目整合管理

软件项目整合管理包括为识别、定义、组合、统一和协调各项目管理过程组的各种过程和活动而展开的过程与活动。软件项目整合管理涉及在整个项目的生命周期中协调所有项目管理的知识领域。这种整合确保了项目的所有因素能在正确的时间聚集在一起成功地完成项目。在项目管理中，"整合"兼具统一、合并、连接和一体化的性质，对完成项目、成功管理干系人期望和满足项目要求，都至关重要。项目整合管理包括选择资源分配方案、平衡相互竞争的目标和方案，以及管理项目管理知识领域之间的依赖关系。

项目整合管理包括了6个过程：

1. 制订项目章程

制订一份正式批准项目或阶段的文件，并记录能反映干系人需要和期望的初步要求的过程。

2. 制订项目管理计划

对定义、编制、整合和协调所有子计划所必需的行动进行记录的过程。

3. 指导与管理项目执行

为实现项目目标而执行项目管理计划中所确定的工作的过程。

4. 监控项目工作

跟踪、审查和调整项目进展，以实现项目管理计划中确定的绩效目标的过程。

5. 实施整体变更控制

审查所有变更请求，批准变更，管理对可交付成果、组织过程资产、项目文件和项目管理计划的变更的过程。

6. 结束项目或阶段

完结所有项目管理过程组的所有活动，以正式结束项目或阶段的过程。

4.1　制订项目章程

在高层管理决定实施哪些项目后，向有关人员通告这些项目的情况至关重要。管理层需要创建和分发授权批准项目启动的文件。这份文件可以有不同的形式，而常见的一种形式就是项目章程。项目章程（Project Charter）是指一份正式确认项目存在的文件，它指明了项目的目标和管理的方向，授权项目经理利用组织的资源去完成项目。项目的关键利益相关者应该签署一份项目章程来确认在项目需求和意向上所达成的共识。

制订项目章程是制订一份正式批准项目或阶段的文件，并记录能反映干系人需要和期望的初步要求的过程。本过程的主要作用是，明确定义项目开始和项目边界，确立项目的正式地位，以及高级管理层直述对项目的支持。

项目章程在项目执行组织与需求组织之间建立起伙伴关系。在执行外部项目时，通常需要一份正式的合同来确立这种协作关系。在这种情况下，项目团队成了卖方，负责对来自外部实体的采购邀约中的条件做出响应。这时候，在组织内部仍需要一份项目章程来建立内部协议，以保证合同内容的正确交付。经批准的项目章程意味着项目的正式启动。在项目中，应尽早确认并任命项目经理，最好在制订项目章程时就任命，最晚也必须在规划开始之前任命。项目章程应该由发起项目的实体批准，它授权项目经理规划和执行项目的权利。同时，项目经理应该参与项目章程的制订，以便对项目需求有基本的了解，从而在随后的项目活动中更有效地分配资源。

项目由项目以外的实体来启动，如发起人、项目或项目管理办公室（PMO）职员、项目组治理委员会主席或授权代表。项目启动者或发起人应该具有一定的职权，能为项目获取资金并提供资源。项目可能因内部经营需要或外部影响而启动，故通常需要编制需求分析、可行性研究、商业论证或有待项目处理的情况的描述。

项目章程的原意是记录项目经理的职权与职责，尤其是那些远离办公地区完成的项目。现在，项目章程扩展后，更多的是内部法律文件，它不只是确认项目经理、直线经理及职员的职责和职权，还确认管理者或客户通过的项目范围。

理论上，项目发起人编制项目章程并签名。但实际上可能是项目经理编制，发起人签字。项目章程至少应包含：

（1）项目基本情况。

（2）项目描述。

（3）项目经理和他应用项目资源的职权。

（4）项目的条件总结。

（5）项目承担的业务目的，包括所有假设和约束。

（6）项目目标和约束条件。

（7）项目范围。

（8）风险。

（9）某些相关利益者的参与和起到的作用。

4.2　制订项目管理计划

为了协调、整合项目管理知识领域和组织内部的信息，有必要制订一个完善的项目管理计划。项目管理计划（Project Management Plan）用来协调所有项目计划文件和帮助引导项目的执行与控制。

制订项目管理计划是定义、准备和协调所有子计划，并把它们整合为一份综合项目管理计划的过程。本过程的主要作用是生成一份核心文件，作为所有项目工作的依据。

项目管理计划确定项目的执行、监控和收尾方式，其内容会因项目的复杂程度和所在应用领域而异。本过程将产生一份项目管理计划。项目管理计划应该是动态的、灵活的，并随着环境或项目的改变而不断更新。这些更新需要由实施整体变更控制过程（见 4.5 节）进行控制和批准。

项目管理计划是项目的主计划或称为总体计划，它确定了执行、监控和结束项目的方式和方法，包括项目需要执行的过程、项目生命周期、里程碑和阶段划分等全局性内容。它描述了团队将如何执行、监督、控制和结束项目。

为了制订和整合一个完善的项目管理计划，项目经理一定要把握项目整合管理的艺术，因为它将用到每个软件项目管理知识领域的知识。与项目团队和其他利益相关者一起制订一个项目管理计划，能够帮助项目经理引导项目的执行，以及更好地把握整个项目。

首先，需要了解项目管理计划包括的一些典型信息：

（1）所选择的项目生命周期。

（2）管理项目所使用的过程，以及过程是如何被裁剪的。

（3）项目管理过程中将会使用的工具和技术。

（4）满足项目目标的明确方法。

（5）偏差临界值。

（6）基准管理。

（7）项目审核的时间和类型。

其次，要制订项目管理计划，必须要了解项目管理计划所包含了哪些子计划：

（1）范围管理计划。

（2）进度管理计划。

（3）需求管理计划。

（4）成本管理计划。

（5）质量管理计划。

（6）人力资源管理计划。

（7）沟通管理计划。

（8）风险管理计划。

（9）采购管理计划。

（10）干系人管理计划。

（11）变更管理计划。

（12）配置管理计划。

（13）过程改进计划。

最后，需要了解的是项目管理包括的基准，常见的基准有：

（1）范围基准。

（2）进度基准。

（3）成本基准。

　　由上，得到了项目管理计划所包含的一些信息、子计划和基准，然后可以根据以上信息来制订项目管理计划了。

4.3　指导与管理项目工作

　　指导和管理项目工作是为实现项目目标而领导和执行项目管理计划中所确定的工作，并实施已批准变更的过程。本过程的主要作用是对项目工作提供全面管理。

　　项目经理同时也需要关注领导项目团队和管理利益相关者关系，使得项目管理计划能够成功地得到实施。项目人力资源管理和项目沟通管理是项目成功的决定性因素。阅读第 9 章和第 10 章可以获得这两个知识领域的更多信息。如果项目包括大量的风险或者外部资源，就需要项目经理精通项目风险管理和项目采购管理，在第 11 章和第 12 章中会提及这两个方面的一些细节。在项目执行过程中还会出现很多特殊的情况，所以项目经理在处理这些情况的时候必须具有灵活性和创造性。

　　项目整合管理把项目计划和实施看作是两个交叉的、密不可分的活动。创建一个项目管理计划和其他项目子计划（如项目范围管理计划、进度管理计划等）的主要职责是指导项目执行。

　　指导和管理项目工作过程需要项目经理和项目团队进行多项行动来执行项目管理计划以完成项目范围说明书中所定义的工作。这些行动可以是：

　　（1）执行活动以完成项目或阶段的目标。

　　（2）付出努力和支出资金以完成项目或阶段目标。

　　（3）配置人员，进行培训，管理已分配到项目或阶段中的项目团队成员。

　　（4）获得报价、投标、出价或提交方案书。

　　（5）从潜在的供应商中选择合适的供应商。

　　（6）获取、管理和使用包括原料、工具、设备和设施在内的资源。

　　（7）实施计划的方法和标准。

　　（8）创建、验证和确认项目或阶段的可交付物。

　　（9）管理风险和实施风险响应活动。

　　（10）管理供应商。

　　（11）使已批准的变更更适应于项目的范围、计划和环境。

　　（12）建立和管理项目组内部和外部的项目通信渠道。

　　（13）收集项目或阶段数据并汇报成本、进度、技术、质量的进展和状态信息以便于预测。

　　（14）收集和记录经验教训并实施已批准的过程改进活动。

　　项目经理利用项目管理团队来指导计划项目活动的执行，并管理存在于项目内的各种技术接口和组织接口。对指导和管理项目工作过程的最直接影响来自项目的应用领域。为完成项目管理计划中所计划和预定的项目工作所执行的过程的输出有：

　　（1）可交付成果。

　　（2）工作绩效数据。

　　（3）变更请求。

　　（4）项目管理计划更新。

4.4 监控项目工作

在一个软件项目中，很多项目经理认为 90%的工作是用于沟通和管理变更。在很多项目中，变更是不可避免的，所以制订并遵循一个流程来监控变更是十分重要的。

监控项目工作是跟踪、审查和报告项目进展，以实现项目管理计划中确定的绩效目标的过程。本过程的主要作用是：让干系人了解项目的当前状态，已采取的步骤以及对预算、进度和范围的预测。最终目的都是为了使项目按时、按预算交付合格的产品。

项目管理计划、工作绩效信息、绩效报告和变更请求是项目监控工作中重要的内容。项目经理周期性地跟踪项目计划的各种参数如规模、工作量、成本、进度、资源、风险等，了解项目的实际进展情况。具体的监控参考基准有：项目管理计划（4.2 节）、进度计划（6.6 节）、成本预算（7.3 节）、确认的变更申请。跟踪的方式有 3 种：周跟踪、里程碑跟踪、不定期跟踪。跟踪的输出结果纳入配置管理，并报告分管领导。

跟踪阶段流程如图 4-1 所示。

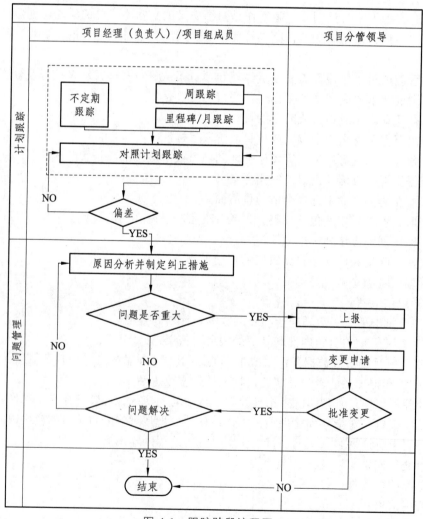

图 4-1　跟踪阶段流程图

4.4.1 周跟踪

1. 跟踪内容

（1）任务跟踪：项目经理每周对项目进度和工作量进行跟踪，将采集的数据保存在《项目进度计划》中。

（2）资源及承诺等跟踪：项目经理每周对软硬件资源、人力资源、培训资源，项目内外部的承诺、数据管理、共同利益者介入情况等进行跟踪。

（3）问题解决跟踪：项目经理每周对问题解决情况进行跟踪。

2. 跟踪步骤及汇报

周跟踪步骤如表 4-1 所示。

表 4-1　周跟踪步骤表

角色	任务	输出	汇报对象
项目成员	参加项目例会	《会议纪要》	项目经理
项目经理	进行周跟踪（工作量、进度、资源、承诺、问题）； 编写项目周报	《项目周报》 《问题跟踪》 《会议纪要》	项目分管领导 项目组成员
	召开项目例会		

（1）项目成员参加例会汇报个人工作进展、工作成果、存在问题、建议或需协调事宜等，并根据项目经理的下周工作分解作为个人下周工作计划。

（2）项目经理召开项目例会，汇总所有项目成员工作信息，讨论项目存在的问题，进行资源及承诺等跟踪，让所有项目成员清楚地了解项目的实际进展情况，同时明确下周工作任务分解；总结项目实际进展和项目问题解决情况等，进行偏差分析，综述下周工作任务，形成《项目周报》。

（3）项目经理将进度和工作量的跟踪情况记录在《项目进度计划》中。

（4）项目经理将《项目进度计划》汇报给项目分管领导，通报所有项目成员。

4.4.2 里程碑/月跟踪

项目经理进行里程碑跟踪，当两个里程碑时间跨越太长，项目经理认为有必要进行月跟踪时应增加月跟踪。

1. 跟踪内容

（1）任务跟踪：将里程碑/月跟踪工作量和进度记录在《项目阶段报告》中。

（2）工作成果跟踪：在里程碑对阶段工作成果进行跟踪统计，将结果数据保存在《项目阶段报告》中。

（3）风险跟踪：项目经理或其指定的项目成员，每个里程碑/月对风险进行重新评估，确保新的风险变化能被及时识别。风险跟踪的数据保存在《项目风险跟踪表》中。

（4）对资源、承诺、数据管理、共利益者介入、问题解决等情况等进行跟踪。

2. 阶段总结与审查

（1）项目经理在里程碑点/月跟踪总结里程碑工作完成情况：

① 收集并分析测量数据。

② 进行阶段工作总结，包括任务完成情况、成本和资源使用情况、风险和问题管理状况及工作成果规模实现情况等，并进行偏差分析，形成里程碑/月《项目阶段报告》。

③ 细化下一阶段的工作任务，更新《项目进度计划》。

④ 重新评估风险，更新《项目风险跟踪表》。

⑤ 识别新的问题，更新《项目监控数据表》。

（2）项目经理在里程碑点提请项目分管领导组织里程碑评审。里程碑评审采用"会议"方式进行。

评审组成员包括但不限于：项目分管领导、项目经理以及主要项目成员、用户代表、关联项目组代表。

月跟踪点组织月度会议，形成《会议纪要》，通报项目分管领导和所有项目成员。

4.4.3 不定期跟踪

项目经理通过召开不定期会议的方式进行，形成《会议纪要》，通报所有项目成员。

4.4.4 问题管理

项目经理在跟踪过程中收集引起项目偏差的问题，同时需要对问题进行管理：进行原因分析，采取纠正措施，管理纠正措施，直到问题解决。

跟踪发现的问题，应在《问题日志》中体现。

1. 原因分析

项目经理对问题发生的原因进行分析，对问题进行归类，划分优先级，并找出根本原因。对于"高"优先级的问题，上报项目分管领导。

2. 制订纠正措施

项目经理在原因分析后，制订适当的纠正措施，根据问题的优先级，计划解决时间，指派责任人。

对于引起显著偏差的问题，达到表4-2所示的控制范围时应上报项目分管领导。

表 4-2 控制范围

项目类型	向项目分管领导提出上报的条件
固定资产投资类、科研课题类	累计变更工作量/计划总工作量>13%； 进度延期天数/计划总工期>5%

3. 跟踪纠正措施

（1）责任人负责实施纠正措施，解决问题，记录问题解决时间，具体内容体现在《问题日志》中。

（2）项目经理跟踪纠正措施执行的过程，指定人员进行验证，直到该问题被解决为止。

（3）如果问题重复出现，则将问题升级，重新进行原因分析，找出根本原因，采取新的纠正措施，并持续对问题进行跟踪处理直至解决。

4.5 实施整体变更控制

实施整体变更控制是审查所有变更请求，批准变更，管理可交付成果、组织过程资产、项目文件和项目管理计划的变更，并对变更处理结果进行沟通的过程。该过程审查所有针对项目文件、可交付成果、基准或项目管理计划的变更请求，并批准或否决这些变更。本过程的主要作用是，从整合的角度考虑记录在案的项目变更，从而降低因未考虑变更对整个项目目标或计划的影响而产生的项目风险。

项目的变更是不可避免的，包括技术变更、人事变动、组织优先次序变化等。一个良好的变更控制系统对项目的成功有很重要的作用，严肃、认真地进行变更控制是软件项目成功的一个关键因素。特别是对软件项目来说，由于软件是一种纯知识产品，它是一种逻辑的而不是物理的产品，其特殊性体现在动态性、灵活性、不确定性、易变性、隐蔽性、不可重复性、预计性和度量性差等方面。正是软件项目及其产生产品的过程的这些特性，使得软件项目管理的成败在某种意义上而言，取决于整体变更控制的好坏。

变更是允许的，但它应该在可控的范围内。实施整体变更控制过程可以理解为：以项目管理计划为标准，对发起的变更请求通过专家判断、会议、变更控制工具等方式进行审核，将审核结果记入变更日志，同时更新与变更内容有关的计划或文档。对于审核通过的变更请求，交付相关人员执行。

常见引发变更请求的原因如表 4-3 所示。

表 4-3 常见引发变更请求的原因

原因	举例
一个外部事件	市场环境变化，因为竞争对手举动引发的变更
产品范围定义的一个过失或者疏忽	软件需求分析时，对某个模块定义不清楚
项目范围定义的过失或疏忽	原来考虑的项目实施方法，遇到了技术问题，不能如期执行
一个有增加值的变更	市场研发出了新的产品，可以替代原来的产品，而且成本低
应对风险的紧急计划或回避计划	由于发生特定风险，需要调整项目计划

4.5.1　项目整体变更控制的原则

项目变更对于项目整体实施有着重要作用，必须遵循以下的原则：

1.　保持原有的项目考评指标体系

项目业绩的衡量体系是一个标准化、行业化的体系，任何项目变更也不能对其进行修改，避免项目标准的不连续不统一，避免项目实施与建设没有一个科学的考评体系，造成项目成果评价与验收困难。

2.　项目计划的执行必须体现出相应的项目结果

项目变更的结果是项目结果的变化，这种变化必须反映到项目的整体计划上来，要按照项目的结果更新项目计划，保持项目计划与结果的一致性。

3.　项目变更的整体性

项目是一个系统，任何一个单项任务的变更都会影响到项目其他方面的目标实现。因此，在项目变更控制的同时，不能只着眼于变化的部分，还要从整体出发，协调好受到项目变更影响的其他部分，防止负面影响过大，以便顺利实现对项目变更的整体控制。

4.5.2　项目整体变更控制的依据

项目整体变更控制就是协调贯穿整个项目过程的变更，不是随便就可以决定的，除非特殊情况，只有书面提出以下依据才能考虑对项目进行变更。

1.　项目计划

项目计划包括项目整体计划和项目单项计划。项目整体计划是项目变更整体控制的基准，而项目单项计划则对项目每个部分的控制提出了详细的要求。例如，项目子计划书要对项目的单项任务进行描述，提出项目的最终结果和项目质量要求；进度计划书则会对项目的时间安排、各单项任务的时间期限做出详细的说明；成本预算要对项目的成本计划做出交代。如果项目的实际进展情况与项目计划不一致，特别是偏差超过了允许的程度，就应当考虑是否需要修改项目计划书，提出变更申请。

2.　项目实施情况报告

项目实施进度报告提供项目的实际进展情况，是项目管理者进行项目变更的基本资料。项目进度报告是严格按照项目的实际进度情况做出的记录，它包括了项目工期进度情况、项目耗费情况报告和项目关键点实施情况等。它不仅说明了目前项目的进度，也为项目管理者提出了未来项目建设可能出现的问题。

3．变更申请

变更请求可以是口头或书面的，也可以是直接或间接的；可以是来自项目外部或内部的，也可以是法律要求的或由项目参与各方提出的。除紧急情况外，口头变更必须形成书面文件，它是一种项目变更审批表。在提出阶段，不仅要表述变更的原因，而且还要提出变更实施的方案或计划。紧急情况下，可以征得各方同意后先变更，事后补办审批手续，这往往是较小的范围变更。对于项目整体变更和较大的过程变更都必须按变更基本程序办理，即先申请经批准后才可有变更行动。

4.5.3　项目整体变更控制的过程

项目的整体变更控制就是通过项目整体计划和实际项目实施情况报告，查明项目进行过程中发生的变化情况，项目经理必须知道项目的几个关键方面在各个阶段的状态，查明项目进行过程中发生的变化是否构成变更，接着对造成变更的因素施加影响，以确保变更对项目来说是有利的。要确保变更有利于项目的成功，项目经理及其项目团队必须在范围、时间、成本和质量等关键的几个项目尺度之间进行权衡。当变更实际出现时，通过项目变更控制系统进行项目的整体变更，根据变更的结果修改项目计划，制订行动方案。

项目整体变更的一般流程如图 4-2 所示。首先由客户提出项目变更的申请，申请可以是正式的或非正式的。其次项目管理团队了解情况后明确变更内容，受理并书面记录，对变更进行影响分析后，也就是变更控制委员会 CCB 对变更进行审批通过后，项目管理团队变更计划或基准，最后发布信息。执行团队也就是项目组才能执行变更。当然这其中的项目管理团队和 CCB 在一些小型的企业中可能是由某一个人或领导来兼职完成相应的工作。

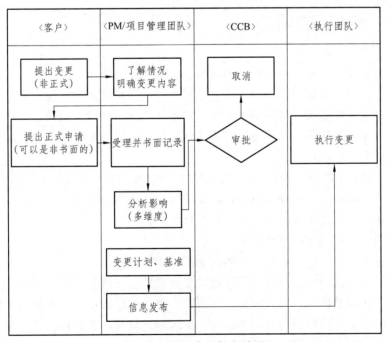

图 4-2　项目变更控制流程

4.5.4 项目整体变更控制的成果物

1. 批准的变更申请

项目经理、CCB或指定的团队成成员应该根据变更控制系统处理变更请求。批准的变更请求应通过指导与管理项目工作过程加以实施。全部变更请求的处理结果，无论批准与否，都要在变更日志中更新。这种更新是项目文件更新的一部分。

2. 变更日志

变更日志用来记录项目过程中出现的变更。应该与相关的干系人沟通这些变更及其对项目时间、成本和风险的影响。被否决的变更申请也应该记录在变更日志中。

3. 项目管理计划更新

项目管理中可能需要更新的内容包括（但不限于）各个子计划和受制于正式变更控制过程的基准。

对基准的变更，只针对以后的情况，而不能变更以往的绩效。这有助于保护基准和历史绩效数据的严肃性。

4. 项目文件更新

作为实施整体变更控制过程的结果，可能需要更新的项目文件包括：受制于项目正式变更控制过程的所有文件。

4.6 结束项目或阶段

软件项目整合管理的最后一步是结束项目。为了终止一个项目，必须将所有活动收尾，并向适当的人员交付已完成或取消的工作。收尾工作常常是零碎、繁琐、费时、费力的，在做软件项目时一定要注重项目收尾的重要性，应当清醒地认识到，成功的软件项目收尾是软件公司和客户追求的共同目标。本过程的主要作用是：总结经验教训，正式结束项目工作，为开展新工作而释放组织资源。

在结束项目时，项目经理需要审查以前各阶段的收尾信息，确保所有项目工作都已完成，确保项目目标已经实现。由于项目范围是依据项目管理计划来考核的，项目经理需要审查范围基准，确保在项目工作全部完成后才宣布项目结束。

软件项目的收尾应具有以下特征：

（1）通过正式验收。这是收尾成功的一个基本的前提。

（2）项目资金落实到位。项目的运作就是要使软件企业赢利，要保证项目各种资金周转顺畅，必须进行认真的核算，一方面客户的项目应付款要结清，另一方面，项目班子的开发实施费用要盘结清楚，该签字的要签字确认。实际上这就是一个软件项目资金的"出入账管理"，努力构架"双赢"或"多赢"。

（3）进行项目总结。这是项目可持续发展的必要，也是对项目和项目组成员的尊重。当前项目的经验对其他项目是有很好的借鉴意义的，特别是对类似的软件项目，在管理上、技术上、开发过程上都是一笔财富。不仅要对项目的程序代码进行存储，所有相关文档资料（包括合同、开发文档、总结文档等）也要归档。

（4）保持良好的客户关系。软件用户的业务经常是在不断变化的，所以软件要进行维护和升级，这也是软件企业的收益增长点。良好的客户关系，可以使软件企业和客户保持合作关系，为今后的软件项目二次开发打下基础。

以上是成功的软件项目收尾具有的 4 个要素，它应是可持续发展的。

4.6.1　结束项目

结束项目简称结项，一般有两种情况：一是正常结束，二是异常结束。正常结束，也就是项目最后执行成功；异常结束也就是项目最终宣告失败。

正常结束的情景例如：项目的目标已经成功地实现，项目的结果（产品或服务）已经可以交付给了项目投资人或转移给第三方。

异常结束的情景有多种情况，具体如下：

（1）项目严重地偏离了其进度、成本或性能目标而且即使采取措施也无法实现预定的目标。

（2）项目投资人的战略发生了改变，该项目必须舍弃。

（3）项目无法继续获得足够的资源以保证项目的持续。

（4）项目的外部环境发生剧烈变化，使项目失去了继续下去的意义或根本无法持续下去。

（5）项目因为政策、法律或一些项目组无法控制的因素而被迫无限期地延长。

（6）项目的关键成员成为不受欢迎的人，而又无法找到替代者。

（7）项目目标已无望实现，项目工作开始放慢或已经停止。

本文中重点介绍正常结束项目。结项一般分为外部结项和内部结项，外部结项一般由甲方客户单位组织项目验收，内部结项一般是指乙方开发单位内部的项目总结、项目文件归档、资源遣散。项目结束的过程如图 4-3 所示。

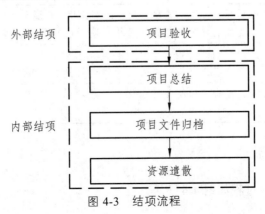

图 4-3　结项流程

下面将重点介绍外部结项的项目验收和内部结项中的项目总结。项目文件归档是乙方单位将纸质或电子版的文档进行归档管理的过程。资源遣散指的是乙方单位将人员解散，不再向项目中继续投入人力、财力。

4.6.1.1 项目验收

项目验收指甲方客户单位组织的对乙方开发单位的软件项目进行的正式验收，项目验收合格标志着项目顺利结项，并且开发方可以依据合同向甲方客户单位收取项目验收款。软件项目验收的前提条件一般会在合同上说明，正常情况一般是项目试运行结束后，就可以组织项目验收了。

项目验收的标准是指判断项目产品是否合乎项目目标的根据。项目验收的标准一般包括：项目合同书、国际惯例、国际标准、行业标准、国家和企业的相关政策法规。

软件项目验收包含以下4个层次的含义：

（1）开发方按照合同要求完成了项目工作内容。

（2）开发方按照合同中有关质量、文档资料等条款要求进行了自检。

（3）项目的进度、质量、工期、费用等满足合同要求。

（4）用户按照合同的有关条款对开发方交付的软件产品和服务进行确认。

软件项目验收内容一般包括以下两项：

（1）文档验收。客户方审查提供验收的各类文档的正确性、完整性、统一性，审查文档是否完齐全、合理。项目开发不同阶段，验收和移交的文档资料也不同，如表4-4所示。

（2）软件成果。客户方可以让第三方公司在项目验收开始前对项目进行测试，审查项目功能是否达到了合同规定的要求，以及项目有关服务指标是否达到了合同的要求。

表4-4　验收需要提交的相关文档

阶　段	内　容
项目初始阶段	项目可行性研究报告及其相关附件、项目方案和论证报告、项目评估与决策报告等
项目规划阶段	项目计划资料（包括进度计划、成本计划、质量计划、风险计划、资源计划等），项目设计技术文档（包括需求规格说明书、软件设计方案等）
项目实施阶段	项目全部可能的外购或者外包合同、各种变更文件资料、项目质量记录、会议记录、备忘录、各类执行文件、项目进展报告、各种事故处理报告、测试报告等
项目收尾阶段	质量验收报告、项目后评价资料、款项结算清单、项目移交报告、项目管理总结等

4.6.1.2 验收过程

通常的软件项目验收过程如图4-4所示。

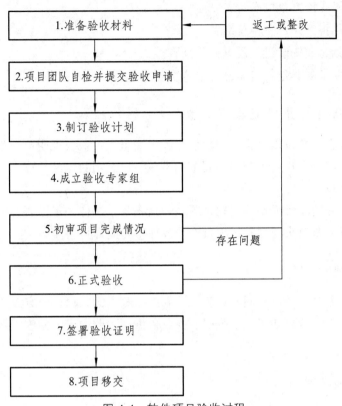

图 4-4　软件项目验收过程

1. 准备验收材料

　　软件项目验收文档是在验收时须要提供的，不过在软件项目实施过程中，就要有目的的准备一些有用的文档，这些文档可能是一些里程碑节点的确认文档，也可以是一些重要环节的过程文档，在项目开始时，就要做到对整个项目进行全盘考虑。

　　此外，如果需要培训的话，培训时的一些培训方案、考核试题、结果等，都可以作为验收材料一并提供。一般需要准备的材料如下：

　　（1）项目立项批准文件（甲方单位准备）。

　　（2）项目验收申请报告（乙方单位准备）。

　　（3）项目招标书（甲方单位准备）。

　　（4）项目投标书（甲方单位或乙方单位准备）。

　　（5）项目中标通知书（甲方单位或乙方单位准备）。

　　（6）项目合同（含预算表）（乙方单位准备）。

　　（7）需求规格说明书（乙方单位准备）。

　　（8）概要设计说明书（乙方单位准备）。

　　（9）数据及数据库设计说明书（乙方单位准备）。

　　（10）详细设计说明书（乙方单位准备）。

（11）用户手册（乙方单位准备）。

（12）用户使用报告（乙方单位准备）。

（13）源代码刻盘或安装盘（乙方单位准备）。

（14）专家组要求的其他材料（乙方单位准备）。

2．项目团队自检并提交验收申请

开发方向甲方客户单位提交正式的软件验收申请报告，概要说明申请验收的情况，应交付的文档，这些文档是否通过了规定的评审和审核，以及项目已经完成了试运行。软件验收申请报告由开发方技术负责人签署。

当然也不是所有的项目需要提交软件验收申请报告，具体的还是要看甲方客户单位的要求。有一些单位只需要口头与之确定项目的验收评审时间即可。

3．制订验收计划

由开发方和甲方客户单位共同制订验收计划或验收方案，由用户方提交验收委员会审定后执行。验收方案中一般包括了验收范围、验收依据、验收内容、验收小组及职责、验收工作流程等。

4．成立验收专家组

甲方客户单位邀请业内相关领域专家成立验收专家组作为软件验收的组织机构，专家组有一个组长，若干组员。专家组的名单在验收会议召开之前对乙方开发单位都是保密的，这是为了防止乙方开发单位贿赂专家影响验收结果的公正有效。

5．初审项目完成情况

在验收正式评审之前，有些项目会有初审或叫初验，即在验收专家组的主持下，乙方开发单位对项目总结自评，监理单位进行监理评估，测评单位出具测评报告及用户方提供使用报告。专家组成员听取各方的汇报，并对项目的文档进行审查，经质询和讨论后专家组提出评审意见。会后，各方单位特别是乙方开发单位要根据专家组评审意见逐项整改，待整改完成后再与甲方客户单位确认正式验收的时间。

6．正式验收

在初审的基础上，召开正式验收评审会。在软件验收评审顺利通过后，专家组编写验收意见，详细记录验收的各项内容、评价以及验收结论，专家组全体成员在验收报告上签字。

7．签署验收证明

由甲方客户单位和乙方开发单位共同合作签署验收证明或验收报告。验收报告如表 4-5所示。

表4-5　验收报告

项目名称	××市大数据平台采购项目		
项目经理	曹元伟	承建单位	×××公司
参加 验收人员	×××	验收时间	2016年12月26日
项目进度情况			
任务名称		完成情况	用户确认
1　需求调研资料		已完成	已确认
2　设计资料		已完成	已确认
3　开发资料		已完成	已确认
4　部署及测试资料		已完成	已确认
5　初验资料		已完成	已确认
6　试运行及培训资料		已完成	已确认
7　终验资料		已完成	已确认
未完成内容及其他需要说明的内容： 　　　　　　　　　无			
系统验收内容： 1. 数据接入系统；2. 数据分析系统；3. 数据共享系统；4. 平台管理系统；5. 大数据专题应用； 6. 大数据平台运行标准规范体系			
承建单位意见： 本项目软硬件系统已安装调试完成，项目正在按照项目计划顺利进行建设。 按照合同的规定，已具备项目验收的条件。 　　　　　　　　　负责人：刘德　　　　　　日期：2016年12月20日			
验收意见： 　　经与会专家质询和讨论形成验收意见如下：1. 资料齐全，符合验收要求；2. 项目实施主体及责任人全部参加验收，验收组织合法；3. 合同约定的验收内润肤全部完成，各相关责任主体均发表了总结报告及评价意见，验收过程真实有效；4. 验收结论合格，同意移交使用。专家组一致同意，该项目通过验收。 　　　　　　　　　　　　　　参加验收人员签字：×××			

8. 项目移交

项目移交是指项目经过验收合格后，开发方将软件系统的全部管理与日常维护工作和权限移交给用户。项目验收是项目移交的前提，移交是项目收尾阶段的最后工作内容。

进行软件项目移交时，不仅需要移交项目范围内全部软件和服务、完整的项目资料档案、项目合格证书等资料，还包括移交对运行的软件系统的使用、管理和维护的权责与职责。因此，在移交前，对用户方系统管理人员和操作人员的培训是必不可少的，必须使得用户能够完全学会操作、使用、管理和维护软件产品。

软件项目的移交成果主要包括以下几方面：

（1）已经配置好的系统环境。

（2）软件产品，最好用光盘介质存储。

（3）验收准备的所有文档。

以上内容需要在验收之后交付给用户。为了核实项目活动是否按照要求完成，完成的结果究竟如何，客户需要进行必要的检查、测试、调试、试验等活动。项目小组应为这些验证活动提供相应的指导和协作。

移交阶段的具体工作包括以下几方面：

（1）开发方检查各项指标，验证并确认项目交付成果满足用户要求。

（2）开发方对用户进行系统培训，以满足用户了解和掌握项目成果的需要。

（3）开发方安排后续维护和其他服务工作，为客户提供相应的技术支持服务。

（4）开发方为了后续维护工作的友好开展，必要时可以另行签订系统的维护合同。

（5）向用户提交项目验收资料移交确认表，用户签字移交。其格式如表 4-6 所示。

表 4-6　项目验收资料移交确认表

序号	资料名称	阶段	份数	总页数	是否提交	提交日期	性质
1	《×××需求报告》	需求	1	100	是	2018/3/10	纸质原件
2							
3							
4							
5							
备注：							
资料经手人（签字）：							
资料接收人（签字）：							
					年	月	日

4.6.1.3　项目总结

在对外的项目验收完成后，项目经理组织项目成员在公司内部进行项目总结。项目的成员应当在项目完成后，为取得的经验和教训写一个《项目总结报告》，总结在本项目中哪些方法和事情使项目进行得更好，哪些为项目制造了麻烦，以后应该在项目中避免什么情况等。总结成功的经验和失败的教训，会为以后的项目人员更好地工作提供一个极好的资源和依据。

1. 项目总结的意义

（1）了解项目全过程的工作情况及相关的团队或成员的绩效状况。

（2）了解出现的问题并进行改进措施总结。

（3）了解项目全过程中出现的值得吸取的经验并进行总结。

（4）对总结后的文档进行讨论，通过后即存入公司的知识库，从而纳入企业的过程资产。

2. 项目总结会的准备工作

（1）收集整理项目过程文档和经验教训。这需要全体项目人员共同进行，而非项目经理一人的工作。项目经理可将此工作列入项目的收尾工作中，作为参与项目人员和团队的必要工作。项目经理还可以根据项目的实际情况对项目过程文档进行收集，对所有的文档进行归类和整理，给出具体的文档模板并加以指导与要求。

（2）经验教训的收集，形成项目总结会议的讨论稿。在此初始稿中，项目经理有必要列出项目执行过程中的若干主要优点和缺点，以有利于讨论的时候加以重点呈现。

3. 项目总结

项目总结会需要全体参与项目的成员都参加，并由全体讨论形成文件。项目总结会议所形成的文件一定要通过所有人的确认，任何有违此项原则的文件都不能作为项目总结会议的结果。

项目总结会议还应对项目进行自我评价，有利于后面项目评估和审计工作的开展。

一般的项目总结会应讨论如下内容：

（1）项目绩效：包括项目的完成情况、具体的项目计划完成率、项目目标的完成情况等，作为全体参与项目成员的共同成绩。

（2）技术绩效：最终的工作范围与项目初期的工作范围的比较结果是什么，工作范围上有什么变更，项目的相关变更是否合理，处理是否有效，变更是否对项目质量、进度和成本等有重大影响，项目的各项工作是否符合预计的质量标准，是否达到客户满意。

（3）成本绩效：最终的项目成本与原始的项目预算费用，包括项目范围的有关变更、增加的预算是否存在大的差距、项目盈利状况如何。这牵扯到项目组成员的绩效和奖金的分配。

（4）进度计划绩效：最终的项目进度与原始的项目进度计划比较结果是什么，进度为何提前或者延后，是什么原因造成这样的影响。

（5）项目的沟通：是否建立了完善并有效利用的沟通体系；是否让客户参与过项目决策和执行的工作；是否要求有客户定期检查项目的状况；与客户是否有定期的沟通和阶段总结会议；是否及时通知客户潜在的问题，并邀请客户参与问题的解决；项目沟通计划完成情况如何；项目内部会议记录资料是否完备等。

（6）识别问题和解决问题：项目中发生的问题是否解决，问题的原因是否可以避免，如何改进项目的管理和执行等。

（7）意见和建议：项目成员对项目管理本身和项目执行计划是否有合理化建议和意见，这些建议和意见是否得到大多数参与项目成员的认可，是否能在未来项目中予以改进。

4.6.2 结束阶段

结束阶段也叫阶段收尾。一个阶段的结束标志着下一个阶段的开始，阶段收尾应该逐步实施：

（1）确认阶段已满足所有赞助者、客户，以及其他项目干系人需求的行动或活动。

（2）确认已满足项目阶段完成标准，或者确认项目阶段的退出标准的行动和活动。

（3）当需要时，把项目产品或者服务转移到下一个阶段。

（4）活动需要收集项目或者阶段记录，检查阶段成功或者失败，收集教训，归档项目信息，以便组织未来的项目管理。

不同项目阶段收尾内容的侧重点有所不同：

（1）现状调研与需求分析阶段：主要验收现状及需求分析报告的质量、项目计划执行情况、用户对需求的确认情况。一般会召开需求评审会议来进行验收。

（2）系统设计的阶段：主要验收详细设计方案的合理性、先进性、可操作性，项目计划执行情况，专家对方案的确认。一般会召开设计评审会议来进行验收。

（3）系统配置与测试阶段：主要验收配置文档、测试计划、测试报告的质量，系统的功能和性能。一般甲方客户单位会请第三方测评单位对软件项目的功能、性能、安全等方面进行测试验收。

4.7 应用软件进行软件项目整合管理

在项目过程中会产生大量的项目文档，常规线下整理归档费时费力并且不方便查看，利用项目管理软件提供的基本文档管理功能可以很好地解决这个问题。

项目管理软件文档库共分为3种类型：产品文档库、项目文档库和自定义文档库。

其中，产品文档库用来存储产品层面产生的文档，如图4-5所示；项目文档库用来存储项目过程中产生的文档，如图4-6所示；自定义文档库则可以用来存储知识库、公司管理规范等文档，如图4-7所示。

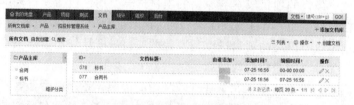

图 4-5　产品文档库

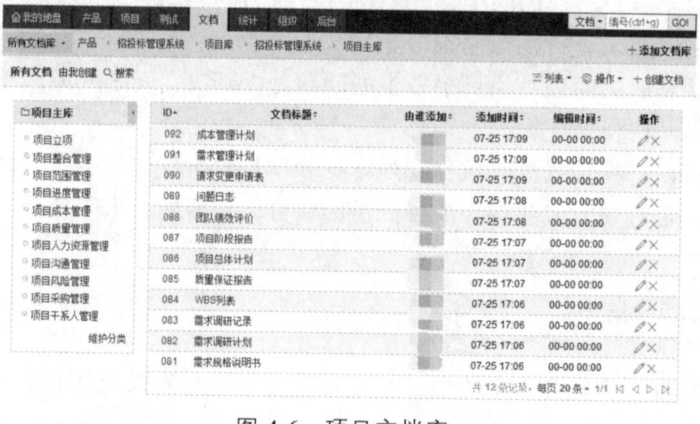

图 4-6　项目文档库

图 4-7　自定义文档库

项目结束后，项目经理将项目文档整理好，交由公司文档管理员统一归档到 FTP 上，如图 4-8 所示。

图 4-8　项目资料存档

4.8　"招投标管理系统"项目整合管理案例分析

4.8.1　制订项目章程案例分析

任何项目的章程都不是人们凭空想象或随意编制出来的，而是根据项目特性、情况与要求通过综合平衡后编制的。因此在制订项目章程时，需要依据如下几个方面的信息：

（1）项目的招标文件、投标文件。

（2）项目的合同或协议。

（3）项目工作说明书。

（4）项目的环境因素。

（5）项目所涉及的组织过程资产。

这些不仅是制订项目章程所需的依据，也是项目计划编制所需的依据。随着人们对于项目、项目环境以及组织过程认识的不断深入，项目的事业环境因素和组织过程资产会不断地增加和更新，所以人们在制订后续项目计划时所依据的项目事业环境因素和组织过程资产都必须及时更新，只有这样，才能使项目的实施和管理逐步明确和优化。

乙方公司依据以上信息，编制出"招投标管理系统"项目的项目章程，如表4-7所示。

表4-7 项目章程

一、项目基本情况			
项目名称	招投标管理系统	项目编号	SS-2016-ZZ-ZTB
制作人	曹元伟	审核人	刘德
项目经理	曹元伟	制作日期	2016/8/25
二、项目描述			
1. 项目背景与目的（所有的项目均起始于某个商业问题，该部分简要描述这些问题）			
背景：甲方公司 （1）手工汇总信息效率低下，同时难免会发生遗漏或者混淆错误，并且成本较高； （2）不便于资源共享，特别是已经存在的很多好的资料和案例，不能在企业内共享； （3）当需要查询某一方面资料时，需要花费大量的人力资源，效率非常低下； （4）企业内部各部门之间联系不够紧密等。 　　需要建立全面、灵活的招投标管理软件系统平台，即招标申报管理、项目申请审核、招标方式管理、招标公告管理、标书管理、评标专家管理、组织评议标、项目评议标审核、项目定标、项目定标审核、中标管理、签订合同、合格供应商信息管理、资料归档、人事部专家管理、监督管理、招议标项目审计等一体化信息控制和管理的招投标管理系统，对招议标过程进行全程公开透明管理。 　　目的：实现规范招议标管理，降低采购成本，提高经济效益			
2. 项目目标（包含质量目标，工期目标、费用目标和交付产品特征与特征的主要描述）			
（1）截止日期11月17日； （2）项目预算10万			
三、项目里程碑计划（包含里程碑的时间和成果）			
序号	日期	里程碑	成果物
1	8月20日	项目启动	项目章程、干系人登记册
2	9月16日	需求评审完成	需求规格说明书
3	9月23日	概要设计评审完成	概要设计说明书
4	10月14日	开发完成	源码、用户手册
5	11月03日	测试完成	测试报告
6	11月10日	部署完成	安装部署报告
四、评价标准（说明项目成果在何种情况下将被接受）			
1. 输出整个软件开发生命周期的文档； 2. 项目最终按时按量完成，每个阶段输出相应的成果物，则项目成功			

五、项目假定与约束条件（说明项目的主要假设条件和限制性条件）
假定： 1. 假定一切顺利，无人员请假； 2. 假定我司内部资源都能落实； 3. 人力资源充沛 约束：2016 年 11 月 17 日之前完成

六、项目主要利益干系人
（包括高管、客户、职能部门主管、供应商、项目赞助人、项目经理、项目组成员等）

姓名	类别	部门	职务
孙伟	项目赞助人	××公司	办公室主任
曹元伟	项目经理	研发中心	项目经理
张汉	项目组成员	研发中心	高级研发工程师
刘德	乙方负责人	研发中心	总经理
关亮	项目组成员	研发中心	中级研发工程师
黄宇	项目组成员	研发中心	初级研发工程师
赵宇	项目组成员	研发中心	测试工程师
庞宏	项目组成员	研发中心	测试工程师

4.8.2　制订项目管理计划案例分析

根据 4.2 节中介绍了制订项目管理计划的相关内容，可以制订一个软件项目的项目管理计划。项目管理计划是一个软件项目的总指导，它主要是由所有的子管理计划和基准组成的，同时也包含一些独有的信息。项目经理曹元伟依据《项目章程》，编写出"招投标管理系统"项目管理计划，其项目管理计划包含的内容如表 4-8 至表 4-12 所示。

表 4-8　项目生命周期

阶段	关键可交付成果
启动阶段	项目章程、项目干系人登记册、项目启动会议纪要等
需求阶段	需求调研计划、需求调研记录、需求规格说明书、需求跟踪矩阵等
设计阶段	数据库设计说明书、详细设计说明书、系统概要说明书等
开发阶段	程序自查清单、代码走查报告、业务检查记录等
部署阶段	安装部署方案、安装部署报告等
测试阶段	软件测试方案、软件测试计划、软件测试报告、用户手册、软件测试记录等
培训阶段	培训申请表、培训计划、培训方案、培训手册、培训意见反馈表、培训总结报告等
试运行阶段	试运行申请表、试运行方案报审表、试运行方案、试运行记录、试运行报告、用户使用报告等
验收阶段	验收总结报告、项目验收单、验收资料整改报告、项目验收资料清单、项目验收资料移交确认表等

注：项目生命周期是指描述用于完成项目的生命周期。生命周期可以包括阶段以及各个阶段的可交付成果物。

表 4-9 项目管理过程和剪裁决策

知识领域	过程	剪裁决策	剪裁原因
整合	制订项目章程	不裁剪	
	制订项目管理计划	不裁剪	
	指导与管理项目工作	不裁剪	
	监控项目工作	不裁剪	
	实施整体变更控制	不裁剪	
	结束项目或阶段	不裁剪	
范围	规划范围管理	不裁剪	
	获取需求	不裁剪	
	定义范围	不裁剪	
	创建工作分解结构	不裁剪	
	确认范围	不裁剪	
	控制范围	不裁剪	
进度	规划进度管理	不裁剪	
	定义活动	不裁剪	
	排列活动顺序	不裁剪	
	估算活动资源	不裁剪	
	估算活动持续时间	不裁剪	
	制订进度计划	不裁剪	
	控制进度	不裁剪	
成本	规划成本管理	不裁剪	
	估算成本	不裁剪	
	制订预算	不裁剪	
	控制成本	不裁剪	
质量	规划质量管理	不裁剪	
	实施质量保证	不裁剪	
	控制质量	不裁剪	
人力资源	规划人力资源管理	不裁剪	
	组建项目团队	不裁剪	
	建设项目团队	不裁剪	
	管理项目团队	不裁剪	

知识领域	过程	剪裁决策	剪裁原因
沟通	规划沟通管理	不裁剪	
	管理沟通	不裁剪	
	控制沟通	不裁剪	
风险	规划风险管理	不裁剪	
	识别风险	不裁剪	
	实施定性风险分析	不裁剪	
	实施定量风险分析	不裁剪	
	规划风险应对	不裁剪	
	控制风险	不裁剪	
采购	规划采购管理	裁剪	不需要采购
	实施采购	裁剪	不需要采购
	控制采购	裁剪	不需要采购
干系人	识别干系人	不裁剪	
	规划干系人管理	不裁剪	
	管理干系人参与	不裁剪	
	控制干系人参与	不裁剪	

注：项目管理过程和剪裁决策指出对于项目管理过程所做的任一组合、省略或扩展决策。这个过程可以包括定义用于每个生命周期阶段的特定过程，以及该过程是粗略应用还是细致应用。

表 4-10　过程工具和技术

知识领域	工具和技术
整合	专家判断、会议、分析技术等
范围	专家判断、会议、访谈、群体决策技术等
进度	紧前关系绘图法、专家判断、会议、提前量与滞后量、自下而上估算、参数估算、三点估算等
成本	专家判断、会议、类比估算、自下而上估算、群体决策技术等
质量	七种基本质量工具、会议、统计抽样等
人力资源	专家判断、会议、谈判等
沟通	会议、专家判断等
风险	专家判断、会议、分析技术、概率和影响矩阵、风险紧迫性评估、定性风险分析、定量风险分析等
采购	专家判断、会议、采购谈判等
干系人	专家判断、会议、分析技术等

注：过程工具和技术是指识别不同过程中使用的工具和技术。

表 4-11　偏差和基准管理

进度/成本/范围偏差临界值	基准管理（预防和纠正措施）
可接受的偏差（0～5%）	持续监控
应发出警告的偏差（5%～10%）	找出产生偏差原因，及时处理并加强监控。
不可接受的偏差（大于10%）	及时向公司领导汇报，开会讨论解决方案。

注：进度偏差临界值定义可接受的进度偏差、应发出警告的偏差和不可接受的偏差。进度偏差可以用相对基准偏差的百分比表示，包括使用的浮动数量或者进度储备的使用情况。

进度基准管理——描述将如何管理进度基准，包括可接受的应对、警告和不可接受的偏差。定义触发预防和纠正措施的状况，以及何时制订变更控制过程。

成本偏差临界值——定义可接受的成本偏差、应发出警告的偏差和不可接受的偏差。成本偏差可以用相对于基准偏差的百分比表示，如0～5%、5%～10%、大于10%等。

成本基准管理——描述将如何管理成本基准，包括可接受的应对、警告和不可接受的偏差。定义触发预防和纠正措施的状况，以及何时制订变更控制过程。

范围偏差临界值——定义可接受的范围偏差、应发出警告的偏差和不可接受的偏差。可以用最终产品的功能特性或期望的性能测量指标来表示范围偏差。

范围基准管理——描述将如何管理范围基准，包括可接受的应对、警告和不可接受的偏差。定义触发预防和纠正措施的状况，以及何时制订变更控制过程。定义范围修订和范围变更的区别。通常情况下，修订不会要求与变更同级别的批准。例如，改变颜色是修订，改变功能就是变更。

表 4-12　项目审核

1. 集成基准审核 2. 阶段审核 3. 集成度审核 4. 质量审核 …

注：项目审核——列出所有项目审核项。

4.8.3　监控项目工作案例分析

在"招投标管理系统"项目实施过程中，在公司内部项目经理曹元伟利用每周五的例会跟踪项目本周的进展情况和安排下周的工作，以及将周例会上项目组成员提出的工作中遇到的问题，记入《问题跟踪》表中。

针对客户，项目经理将每周五周例会后形成的《项目周报》用邮件发送给客户，让客户了解项目的进展情况，以及注明需要客户提供的资源和协助。《项目周报》如图4-9所示。

项目周报

项目名称： 招投标管理系统
项目经理： 曹元伟
时 间 段： 2016年08月22日-2016年08月26日

一、　本周已完成工作

序号	工 作 内 容	交付物/标准	配合方	完成情况
1	召开项目启动	项目启动会PPT	无	100%
2	制定项目章程	项目章程	无	100%
3	编写干系人登记册	干系人登记册	无	100%
4	编写风险登记册	风险登记册	无	50%

二、　本周未完成工作

序号	工 作 内 容	原因	影响
1	编写风险登记册	时间不充足	无

三、　下周工作计划

序号	工 作 内 容	交付物/标准	配合方
1	招投标管理需求调研	需求调研记录	孙仲谋
2	合同管理需求调研	需求调研记录	孙仲谋
3	基础信息管理需求调研	需求调研记录	孙仲谋

四、　项目现有情况或问题

需要与客户确认具体的需求调研时间

图 4-9　项目周报

4.8.4　实施整体变更控制案例分析

在"招投标管理系统"的开发阶段孙伟（客户）提出了新的需求，由曹元伟（项目经理）起草需求变更申请表，经刘德（总经理）审批通过后，交由项目组执行，需求变更申请如表4-13 所示。

表 4-13　需求变更申请表

需求名称	专家库管理	版 本 号	V1.0
变更编号	20161011	变更请求人	孙伟
种 类	修改☐　　　新增☑　　　取消☐		

变更原因与描述：
需要对专家名单进行维护，为组建评标委员会提供专家成员。
招标公司在开标前组建评标委员会，评标委员会负责评标。评委会组成和评标须符合《评标委员会和评标方法暂行规定》。
可以采取随机抽取或者直接确定的方式。一般项目，可以采取随机抽取的方式；技术复杂、专业性强或者国家有特殊要求的招标项目，采取随机抽取方式确定的专家难以保证胜任的，可以由招标人直接确定。
系统针对每一次评标提供随机抽取、直接确定名单两种方式组建评标委员会，形成评标委员会名单。
形成评标委员会名单后提交给监察部门审核。
审核通过后的人员才能参与评标。

影响分析	
受影响的配置项： 1. 项目进度计划 2. 需求规格说明书 3. 需求跟踪矩阵 4. 系统设计说明书	□是否影响计划？是 □是否影响需求模块功能矩阵？是 负责人：曹元伟
变更审批	
审批人员：刘德	日期：2016 年 10 月 12 日
审批结果：通过	

因为是开发阶段，所以受影响的配置项是开发前的一些文档，如项目进度计划、需求规格说明书、需求跟踪矩阵、系统设计说明书。

4.8.5 结束项目或阶段案例分析

4.8.5.1 项目验收

1. 资料清单

在完成试运行达成项目验收标准后，项目经理曹元伟根据《项目章程》制订了"招投标管理系统"的项目验收资料清单，根据验收资料清单准备好了相应的资料，验收资料清单如表 4-14 所示。

表 4-14 项目验收资料清单

序号	阶段名称	阶段产出物
1	项目规划	项目章程、项目任务书、项目干系人登记册、项目范围说明书、项目过程定义剪裁、项目管理计划、项目启动会议纪要
2	需求阶段	需求调研计划、需求调研记录、需求规格说明书、需求评审会议纪要、需求跟踪矩阵等
3	设计阶段	数据库设计说明书、详细设计说明书、系统概要说明书
4	编码阶段	软件程序、单元测试用例、单元测试记录
5	部署阶段	安装部署报告、安装部署方案
6	测试阶段	测试计划、测试用例、测试 BUG 和修复记录、测试报告软件系统、软件系统使用手册
7	培训阶段	培训申请表、培训计划、培训方案、培训手册、培训意见反馈表、培训总结报告等
8	试运行阶段	试运行申请表、试运行方案报审表、试运行方案、试运行记录、试运行报告、用户使用报告
9	验收阶段	验收总结报告、项目验收单、验收资料整改报告、项目验收资料清单、项目验收资料移交确认表
10	需求变更	需求变更记录

2. 项目验收申请表

项目成员按照资源清单准备好验收资料后，项目经理曹元伟编写项目验收申请表，向用户提出验收申请，如表 4-15 所示。其中承建单位指的是乙方单位。

表 4-15　项目验收申请表

文档名称	项目验收申请表	文档编号	SS-ZTBGG-1002
项目名称	招投标管理系统		
业主单位	××公司		
致：（业主单位） 根据合同规定我方已按要求完成了"招投标管理系统"的项目建设工作，经过 3 个月的试运行，系统软件运行稳定、正常，并且通过了第三方机构的测试，相应的验收资料已经准备完毕，特申请进行项目终验，请予以审批。 附件：验收总结报告 承建单位（盖章）： 项目经理：曹元伟 2016 年 12 月 10 日			
业主单位意见： 经审核：该项目符合业务实际需要，提供的产品达到了合同验收要求，同意组织验收。 业主单位（盖章）： 项目经理：孙伟 2016 年 12 月 10 日			
注：承建单位项目经理应提前 7 日提交验收申请			

本表一式二份，业主方、承建方各留一份。

3. 项目验收计划

用户批准验收申请后，项目经理曹元伟和甲方用户单位沟通，共同制订验收计划编写项目验收计划，文档如下（省略封面）：

目录

1　导言

1.1　目的

1.2　范围

1.3　缩写说明

1.4　术语定义

1.5　引用标准

1.6　版本更新记录

2　验收标准依据

3　验收内容

3.1　文档验收

3.2　源代码验收

3.3 配置脚本验收

3.4 可执行程序验收

3.4.1 功能验收

3.4.2 性能验收

3.4.3 环境验收

4 验收流程

4.1 初验

4.2 终验

4.3 移交产品

1 导言

1.1 目的

本文档的目的是为"招投标管理系统"项目验收过程提供一个实施计划，作为项目验收的依据和指南。本文档的目标如下：

- 确定项目验收规划和流程。
- 明确项目验收步骤。

1.2 范围

本文档只适用于"招投标管理系统"项目的验收过程。

1.3 缩写说明

PMO：Project Management Office（项目管理办公室）的缩写。

QA：Quality Assurance（质量保证）的缩写。

1.4 术语定义

无。

1.5 引用标准

[1] 《文档格式标准》 V1.0。

某公司。

[2] 《过程术语定义》V1.0。

某公司。

1.6 版本更新记录

本文档的修订和版本更新记录如例表 1 所示。

例表 1 版本更新记录

版本	修改内容	修改人	审核人	日期
0.1	初始版			2016-12-13
1.0	修改第 3 章			2016-12-18

2　验收标准依据

- 项目合同
- 招标文件
- 项目实施方案
- 双方签署的《需求规格说明书》

3　验收内容

3.1　文档验收

- 《投标文件》
- 《需求规格说明书》
- 《概要设计说明书》
- 《详细设计说明书》
- 《数据库设计说明书》
- 《测试报告》
- 《用户操作手册》
- 《系统维护手册》
- 《项目总结报告》

3.2　源代码验收

提交可执行的系统源代码

3.3　配置脚本验收

- 配置脚本
- 软、硬件安装
- 初始化数据

3.4　可执行程序验收

3.4.1　功能验收

- 招标项目申报
- 招标项目申报审核
- 提交招标文件
- 招标文件审核
- 提交投标文件
- 评标小组管理
- 评标
- 定标
- 中标通知书管理
- 招标项目合同管理
- 合格供方库管理
- 评标专家库管理
- 投标文件管理
- 招标项目总结管理
- 模块管理
- 部门管理

- 用户管理
- 角色管理

3.4.2 性能验收

（1）遵照国家、北京市、经济技术开发区有关电子政务标准化指南，遵循国家有关电子政务建设标准。

（2）7×24小时系统故障运行能力。

（3）支持在多用户、大数据量、多应用系统环境下正常运转。

（4）符合国家及北京市有关信息系统安全规范。

（5）提供完备的信息安全保障体系，包括安全检测与监控、身份认证、数据备份、数据加密、访问控制等内容。

（6）最终需求规格说明书明确的其他性能要求。

3.4.3 环境验收

（1）负载均衡系统的验证与测试方法（见例表2）

例表2　负载均衡系统的验证与测试方法

测试目的：负载均衡设备的硬件状态			
测试过程			
步骤	人工操作/或执行的命令	要求的指标条目	结果
1	打开设备的电源模块，查看是否正常运行	查看状态指示灯颜色变化是否正常，其中绿色为正常，橙色为故障	
2	查看设备系统日志	无硬件报错日志	
测试目的：负载均衡策略配置			
步骤	人工操作和/或执行的命令	要求的指标条目	结果
1	查看设备对外服务地址配置	符合系统要求地址	
2	查看数据库服务器分发地址	包括两台数据库服务器地址	
3	查看数据库服务器分发策略	根据服务器可用性，按设定算法分发	
4	查看应用服务器分发地址	包括所有应用服务器地址	
5	查看应用服务器分发策略	根据服务器可用性，按设定算法分发	
测试条目：数据负载均衡策略配置有效性			
测试过程			
步骤	人工操作和/或执行的命令	要求的指标条目	结果
1	从负载均衡器系统管理界面，跟踪对数据库服务器IP访问的分发情况	按既定策略分到不同服务器地址	
2	以一台模拟客户端发起数据库的访问（如sql plus命令）	从数据库系统查询到请求被分配到不同数据库实例	

测试条目：应用负载均衡策略配置有效性			
测试过程			
步骤	人工操作和/或执行的命令	要求的指标条目	结果
1	从负载均衡器系统管理界面，跟踪对应用服务器 IP 访问的分发情况	按既定策略分到不同服务器地址	
2	以一台模拟客户端发起对应用的访问（如浏览器打开系统门户地址，可选）	从应用服务器软件管理界面到会话被分配达到不同应用服务器实例	

4 验收流程

4.1 初验

（1）检查各类项目文档。

（2）可执行程序功能验收。

4.2 终验

（1）各类项目文档（《需求规格说明书》《概要设计说明书》《详细设计说明书》《数据库设计说明书》《测试报告》《用户操作手册》《系统维护手册》《项目总结报告》）。

（2）源代码验收。

（3）配置脚本验收。

（4）可执行程序功能验收。

（5）可执行程序性能验收。

4.3 移交产品

（1）移交系统源代码。

（2）移交项目文档。

4. 项目初验

甲方客户单位邀请业内相关领域专家成立验收专家组作为软件验收的组织机构。专家组成员听取各方的汇报，并对项目的文档进行审查，经质询和讨论后专家组提出评审意见。会后，项目组根据专家组评审意见逐项整改，待整改完成后再与甲方客户单位确认正式验收的时间。

5. 项目终验

初验的基础上，召开正式验收评审会。验收会议前项目经理曹元伟将项目的验收文档全都打印装册，签字盖章。会议上专家针对验收问题提问，讨论验收结论，并出具验收意见。

6. 验收报告

由甲方客户单位和公司共同签署验收报告，项目验收报告如表 4-16 所示。

表 4-16　项目验收报告

项目名称	招投标管理系统		项目编号		ZTB-SS-2016
用户单位	××单位		联系人		孙伟
验收类型	□客户初验　　　　■客户终验				
项目经理	曹元伟	验收时间	2016/12/10	验收地点	甲方现场

验收过程简述：

　　我司按照合同约定开发完成了"招投标管理系统"所有的功能，并已经上线试运行。

　　提供"招投标管理系统"所需的上述数据源接口协议类型、接口名称、数据格式，并协助甲方完成接口调试。

　　提供"招投标管理系统"运维体系文档，包括但不限于事件管理、问题管理、配置管理、变更管理、发布管理的 5 大流程，运维过程监控体系，运维知识管理，运维事件升级管理等。

　　该项工作已完成，并在整个建设期内配合完成项目的验收推进工作，现提出验收申请

系统运行状况：

　　按"招投标管理系统"技术开发（委托）合同规定，本合同所约定的项目内容确认实施完成，其系统运行状况如下：

　　系统已部署上线，运行正常

用户意见：

同意验收

　　　　　　　　　　　　　　　　　　　　　　签字：孙伟　　日期：2016 年 12 月 10 日

验收结论：

符合合同要求，验收通过。

　　　　　　　　公司签字（盖章）：　　　　　　　　　　　　用户签字（盖章）：

　　　　　　　　日期：2016 年 12 月 10 日　　　　　　　　　日期：2016 年 12 月 10 日

说明：

1. 验收过程简述：简述验收参与人、时间、地点，验收方法及流程，对合同中约定的项目实施结果进行了确认。

2. 当该用户验收报告涉及应用软件时，"系统运行状况"一栏中，就功能完整性、处理正确性、界面友好性、产品可靠性、文档资料规范性等方面进行描述。

3. 报告格式可根据与用户协商的格式形成。

7. 项目移交

　　项目经过验收合格后，项目经理曹元伟将打印好的纸质版资料、光盘（电子版资料、源码、数据库）等交给客户孙伟，待客户确认后双方在《项目资料移交确认表》上签字确认。

　　项目验收之日起一年内是项目的质保期，质保期公司免费为客户提供系统的运维服务。在运维期间形成了《项目运维周报》《项目运维服务月报》。一年的质保期满后，形成了《质保期运维服务总结报告》《质保期运维服务总结报告确认单》。

　　将质保期的资料与终验的资料一起整理打印、刻盘，交给客户，项目经理曹元伟、客户孙伟在更新后的《项目资料移交确认表》上签字确认，并盖上了双方单位的公章。

　　至此系统的全部管理与日常维护工作和权限已移交给用户。项目验收资料移交确认表如表 4-17 所示。

表 4-17 项目资料移交确认表

项目名称：招投标管理系统

序号	资料名称	阶段	份数	总页数	提交日期	性质
1	项目章程	立项	1	10	2017/12/20	纸质原件
2	需求规格说明书	需求	1	100	2017/12/20	纸质原件
3	需求调研计划	需求	1	12	2017/12/20	纸质原件
4	需求调研记录	需求	1	15	2017/12/20	纸质原件
5	概要设计说明书	设计	1	70	2017/12/20	纸质原件
6	数据库设计说明书	设计	1	64	2017/12/20	纸质原件
7	详细设计说明书	设计	1	63	2017/12/20	纸质原件
8	用户使用手册	测试	1	132	2017/12/20	纸质原件
9	试运行记录	试运行	1	14	2017/12/20	纸质原件
……	……	……	……	……	……	……
30	项目运维周报	质保期	1	40	2017/12/20	纸质原件
31	项目运维服务月报	质保期	1	24	2017/12/20	纸质原件
32	质保期运维服务总结报告	质保期	1	10	2017/12/20	纸质原件
33	质保期运维服务总结报告确认单	质保期	1	1	2017/12/20	纸质原件
34	源码＋数据库＋电子版资料	质保期	1	1	2017/12/20	光盘
	资料经手人（签字）：曹元伟					
	资料接收人（签字）：孙伟					
	2017 年 12 月 20 日					

4.8.5.2 项目总结

在对外的项目验收完成后，项目经理曹元伟召开项目总结会议，召集项目成员在公司内部进行项目总结。项目成员把在项目中总结的经验教训，梳理成《项目总结报告》，总结在本项目中哪些方法和事情使项目进行得更好，哪些为项目制造了麻烦，以后应该在项目中避免什么情况等。"招投标管理系统"项目总结文档如下（省略封面）：

目录

1 导言

1.1 目的

1.2 范围

1.3 缩写说明

1.4 术语定义

1.5 引用标准

1.6 版本更新记录

2 项目投入总结

3 经验总结

4 教训

5 项目总结

1 导言

1.1 目的

"招投标管理系统"项目基本成功完成，根据项目最后评审，总结项目经验和教训。

1.2 范围

本文档只针对"招投标管理系统"项目总结说明。

1.3 缩写说明

PMO：Project Management Office（项目管理办公室）的缩写。

QA：Quality Assurance（质量保证）的缩写。

1.4 术语定义

无

1.5 引用标准

[1] 《文档格式标准》 V1.0。

某公司。

[2] 《过程术语定义》V1.0。

某公司。

1.6 版本更新记录

本文档的修订和版本更新记录如例表 1 所示。

例表 1 版本更新记录

版本	修改内容	修改人	审核人	日期
0.1	初始版			2016-12-13
1.0	修改第 3 章			2016-12-18

2 项目投入总结

项目总的投入总结如下：

• 软件开发历时 6 个月；

• 平均人力投入 9（开发）+3（测试）人/天，总工作量达 84 人/月；

• 总成本 45 万元；

具体的统计数据如例表 2 所示，其中的任务规模饼图如例图 1 所示。

例表2　项目总成本表

阶段	人力成本（元）			资源成本（元）		
	计划	实际	差异	计划	实际	差异
项目规划	23 414	16 860	6 554	0	0	0
产品设计	98 180	82 365	15 815	51 000	38 770	12 230
产品开发	281 981	235 262.62	46 718.38	0	0	0
产品测试	97 170	81 426.12	15 743.88	0	0	0
产品验收及提交	0	0	0	0	0	0
总计	498 745.00	415 913.74	415 913.74	51 000	38 770	12 230
累计（元）	计划：549 745		实际：454 683.74		差异：95 061.26	

实际人力规模

例图1　任务规模饼图

3　经验

项目经验总结如下：

（1）一定要清楚各个阶段的时间和提交物。

（2）应及时处理客户提出的问题。

（3）针对难题，及时组织专家组攻关。

（4）不要轻易向客户承诺，一旦承诺，一定要完成承诺。

（5）软件提交给客户前，做好充分测试，做到客户问题心中有数。

（6）项目需求一定要做到位，落实到具体使用者的需求，需求没有最细，只有更细，才能在后续的开发中符合客户的需求，同时在实施过程中，以需求作为准则，不至于被客户牵着鼻子走，让客户需求达到无止境的状态。但是要避免需求变更频繁的状态。

4　教训

项目教训如下：

（1）版本发布延期。有几次发布软件版本时，临时出现问题，导致项目整体延期，客户抱怨我们不够重视，同时对我们能力提出质疑。

教训：对于公司内部版本，要有预见性地尽早安排，要比提交给客户的时间至少提前两个工作日（留足解决异常情况的时间），这样才不至于被动和受客户抱怨。

（2）反应不够及时，问题解决慢。问题解决进度不尽如人意，主要原因是一部分人力没有充分投入本项目，这方面和公司的人力状况有关（人少，项目多，任务紧急，工程师很难深入学习，仓促解决问题可能引入新问题，经验积累很难全面化，从而导致问题解决迟缓）。

教训：① 问题解决需要有前瞻性，针对难度较大的问题，尽早增加人手解决；② 依赖外部资源的问题，尽早和客户沟通，让客户心中有数，避免让客户认为问题出在我们身上。

（3）在项目开发阶段没有结束之前，不要变动项目组员。

（4）在开发过程中，避免需求频繁改动，避免无意间增加工作量。

5 项目总结

本项目开拓了开发团队的视野，增加了开发人员的技术能力，同时在项目中也遇到了诸如对新技术不熟悉造成开发前期的进展较为缓慢的问题，这个问题在经过几次培训后得到了较好的改善。这个问题告诫我们面对开发，特别是不熟悉领域的开发，在真正开发阶段之前就要做好人员的技术能力检查，针对出现的问题及早进行统一的培训和答疑。另一个问题在于系统移植，需要同时与软件和硬件打交道，开发中有时会出现软件开发没有问题，但是在设备上调试时出现问题，这往往是硬件方面出了问题。软件工程师要勇于将问题提出来，大家一起协商解决以免造成时间上的延误。这主要是由于软件工程师对硬件不熟悉造成的，因此，要在开发前对软件工程师进行硬件技术的讲解和普及。这样软件工程师才能成为一个优秀的系统移植人员。

4.9 本章小结

项目整合管理通常是最重要的项目管理知识领域，因为它将所有其他的项目管理领域联系在一起。一名项目经理应首先将重点放在项目的整合管理上。

它的主要过程包括制订项目章程、制订项目管理计划、指导与管理项目工作、监控项目工作、实施整体变更控制、结束项目或阶段和应用软件进行软件项目整合管理。

项目章程是指一份正式确认项目存在的文件。指明了项目的目标和管理的方向，授权项目经理利用组织的资源去完成项目。本过程的主要作用是，明确定义项目开始和项目边界，确立项目的正式地位，以及高级管理层直述对项目的支持。

项目管理计划用来协调所有项目计划文件和帮助引导项目的执行与控制。本过程的主要作用是生成一份核心文件，作为所有项目工作的依据。项目管理计划所包含：范围管理计划、进度管理计划、需求管理计划、成本管理计划、质量管理计划、人力资源管理计划、沟通管理计划、风险管理计划、采购管理计划、干系人管理计划、变更管理计划、配置管理计划和过程改进计划。

指导和管理项目工作是为实现项目目标而领导和执行项目管理计划中所确定的工作，并实施已批准变更的过程。本过程的主要作用是，对项目工作提供全面管理。

监控项目工作是跟踪、审查和报告项目进展，以实现项目管理计划中确定的绩效目标的过程。本过程的主要作用是让干系人了解项目的当前状态、已采取的步骤，以及对预算、进度和范围的预测。最终目的都是为了使项目按时、按预算交付合格的产品。

实施整体变更控制是审查所有变更请求，批准变更，管理对可交付成果、组织过程资产、项目文件和项目管理计划的变更，并对变更处理结果进行沟通的过程。本过程的主要作用是，从整合的角度考虑记录在案的项目变更，从而降低因未考虑变更对整个项目目标或计划的影响而产生的项目风险。

　　软件项目整合管理的最后一步是结束项目。为了终止一个项目，必须将所有活动收尾，并向适当的人员交付已完成或取消的工作。本过程的主要作用是：总结经验教训，正式结束项目工作，为开展新工作而释放组织资源。

　　最后一部分介绍如何利用软件对项目过程中产生的文档进行归档整理。

5 软件项目范围管理

范围（Scope）是指生产项目的产品所牵涉到的工作和用来生产产品的过程。项目的利益相关者必须在项目究竟要产生什么样的产品上达成共识，以及在一定程度上还要就如何生产这些产品以提交所有的可交付成果达成共识。

项目范围管理（Project Scope Management）是指界定和控制项目中应包括什么和不包括什么的过程。这个过程确保了项目团队和项目的利益相关者对项目的可交付成果以及生产这些可交付成果所进行的工作达成共识。

项目的范围管理会影响到软件项目的成功。在实践中，"需求蔓延"是软件项目失败最常见的原因之一。

软件项目中，实际上存在两个相互关联的范围：产品范围和项目范围。产品范围是指信息系统产品或者服务所应该包含的功能；项目范围是指为了能够交付软件项目所必须完成的工作。项目范围管理包含 6 个主要阶段：

1. 规划范围管理

包括确定如何定义、验证并控制项目范围以及如何构建工作分解结构。项目团队编制出的项目范围管理计划应作为范围计划阶段的主要输出。

2. 获取需求

为实现项目目标而确定、记录并管理干系人的需要和需求的过程。

3. 定义范围

制订项目和产品详细描述的过程。

4. 创建工作分解结构

将主要的项目可交付成果分解成更细小和更易管理的部分。

5. 确认范围

将项目范围的认可正式化。关键的利益相关者，如项目的客户及项目发起人，在这一过程中进行审查，然后正式接受项目的可交付成果。如果不接受现有的可交付成果，客户或项目发起人通常会请求做些变更，并提出采取纠正措施的建议。

6. 控制范围

是指对项目范围的变化进行控制，这对于许多软件项目来说是很有挑战性的。范围控制包括在项目开展过程中对项目范围变更的识别、评估及实施。范围变更经常影响团队实现项目的时间目标和成本目标的能力。因此，项目经理必须仔细权衡范围变更的成本及收益。

项目范围对软件项目管理的意义：

（1）清楚项目工作范围和内容，为准确估算费用、时间和资源打下基础。

（2）为各项计划打下基础，是项目进度测量和控制基准。

（3）确定具体工作任务，有助于划分责任和分派任务。

5.1 规划范围管理

项目范围管理包括确保项目做且只做所需的全部工作，以成功完成项目的各个过程。管理项目范围主要在于定义和控制哪些工作应该包括在项目内，哪些不应该包括在项目内。规划范围管理的主要输出是一个项目范围管理计划，书面描述将如何定义、确认和控制项目范围的过程。本过程的主要作用是，在整个项目中对如何管理范围提供指南和方向。

软件项目中，实际上存在两个相互关联的范围：

1. 产品范围

产品范围是指信息系统产品或者服务所应该包含的功能，如何确定信息系统的范围在软件工程中常常称为"需求分析"。

2. 项目范围

是为了能够交付软件项目所必须完成的工作。

首先，产品范围是项目范围的基础。两种范围在应用上的区别为，产品范围定义是信息系统要求的量度，而项目范围的定义是产生项目计划的基础。

其次，产品范围更加偏重于软件技术，而项目范围则更偏向于管理。判断软件产品或服务是否完成，要以产品或服务是否满足了需求分析为准则。对于项目范围是否完成，则要以项目管理计划、项目范围说明书、WBS、WBS 词汇表来衡量。

最后，产品范围描述是项目范围说明书的重要组成部分，因此产品范围变更后，首先受到影响的是项目的范围。在项目的范围调整之后，才能调整项目的进度表和质量基线等。项目的范围基准是经过批准的详细的项目范围说明书、项目的 WBS 和 WBS 词汇表。

制订项目范围管理计划的依据有：事业环境因素、组织过程资产、项目章程、项目初步范围说明书和项目管理计划。事业环境因素的例子有组织文化、基础设施、工具、人力资源、人事方针，以及市场状况，所有这些都会影响项目范围的管理方式。组织过程资产是能够影响项目范围管理方式的正式和非正式的方针、程序和指导原则。

5.1.1 规划项目范围管理的方法

1. 专家判断

专家判断是指由具备相关知识和经验的各方所提供的意见。具有与指定访问管理计划相关的专业学历、知识、技能、经验或培训经历的任何小组或个人，都可以提供专家判断。

2. 会 议

项目团队可以参加项目会议来指定范围管理计划。与会人员可能包括项目经理、项目发起人、选定的项目团队成员、选定的干系人、范围管理各过程的负责人，以及其他必要人员。

5.1.2 规划范围管理的成果物

规划范围管理过程的主要成果物为项目范围管理计划和需求管理计划。项目范围管理计划是一种规划的工具，是说明项目组将如何进行项目的范围管理。具体来说，它包括如何进行项目范围定义、如何制订工作分解结构、如何进行项目范围核实和控制等。制订项目范围管理计划与确定项目范围的细节，是从分析项目章程、项目初步范围说明书与项目管理计划最近批准的版本提供的信息、组织过程资产中的历史信息，以及任何有关的事业环境因素开始的。

1. 范围管理计划

范围管理计划是项目或项目集管理计划的组成部分，描述将如何定义、制订、监督、控制和确认项目范围。

规划如何管理项目范围管理至少应该包括如下活动：

（1）制订详细项目范围说明书。

（2）根据详细项目范围说明书创建 WBS（工作分解结构）。

（3）维护和批准 WBS。

（4）正式验收已完成的项目可交付成果。

（5）处理对详细项目范围说明书的变更。该工作与实施整体变更控制过程直接相联。

根据这些活动与范围管理的要素，可以参照项目管理计划的制订，来制订范围管理计划。这里需要注意，范围管理计划并不是列出项目的具体范围，而是对项目范围的管理。

2. 需求管理计划

需求管理计划是项目管理计划的组成部分之一。它特别说明在整个项目中对需求进行管理的方法，它主要描述如何分析、记录和管理需求。

需求管理计划的主要内容包括（但不限于）：

（1）如何规划、跟踪和报告各种需求活动。

（2）配置管理活动，例如，如何启动产品变更，如何分析其影响，如何进行追溯、跟踪和报告，以及变更审批权限。

（3）需求优先级排序过程。

（4）产品测量指标及使用这些指标的理由。

（5）用来反映哪些需求属性将被列入跟踪矩阵的跟踪结构。

需求管理计划和范围管理计划是相似的，都不是具体内容的定义，而是帮助分析、记录和管理相关定义。需求管理计划的制订方法类同于项目管理计划，需要一步一步推出其内容。

5.2　获取需求

获取需求是为实现项目目标而确定、记录并管理干系人的需要和需求的过程。本过程的主要作用是，为定义和管理项目范围（包括产品范围）奠定基础。

需求是指根据特定协议或其他强制性规范，项目必须满足的条件或能力，或者产品、服务，或成果必须具备的条件和功能。需求包括发起人、客户和其他干系人的已量化且书面记录的需要和期望。应该足够详细地探明、分析和记录这些需求，将其包含在范围基准中，并在项目执行开始后对其进行测量。需求将成为工作分解结构（WBS）的基础。需求也是成本、进度和质量规划的基础，有时也是采购工作的基础。

5.2.1　需求获取准备

获取需求的目的是通过各种途径获取用户的需求信息，由于在实际工作中，大部分客户是无法完整地讲述其需求，因此需求获取是一件看似简单而做起来很难的一件事情。需求获取的质量，对后续的需求分析和需求定义工作将会产生重大影响。

1.　明确需要获取的信息

需求工程师应在需求获取前明确需要获取的需求信息，以确保在实施需求获取时有的放矢。

通常需求获取要获取的信息包括4类：

（1）与问题域相关的背景信息（如业务资料，组织结构图，业务处理流程等）。

（2）与要求解决的问题直接相关的信息。

（3）用户对系统的特别期望与施加的任何约束信息。

（4）用户对接口的需求，包括系统内部接口，软硬件接口，软件与其他系统、用户界面接口。

2.　明确所需获取信息的来源与渠道

需求分析师在明确了所需要获取的信息之后，应确定获取需求信息的来源与渠道，以提高需求分析师在需求获取阶段的工作效率，使得所收集的信息更加有价值、更加全面。

获取需求信息的渠道包括：

（1）用户或客户。

（2）项目实施组。

（3）旧有系统的研发项目组。

（4）来自项目组内。

5.2.2 需求获取的方法

在明确须获取什么需求与需求获取渠道后，需求工程师应选择至少一种需求获取技术获取相关的需求，作为需求分析的依据。需求获取技术包括但不限于：

1. 用户访谈

用户访谈的形式包括结构化和非结构化两种。结构化是指事先准备好一系列问题，有针对性地进行；非结构化是只列出一个粗略的想法，根据访谈的具体情况进行发挥。有效的访谈需要灵活的结合这两种方法。

用户访谈具有很好的灵活性，有较广的应用范围，但实际操作时存在许多困难，例如客户经常很忙，难以获得充足的访谈时间；客户访谈需要需求分析师有很强的沟通能力，同时也要求需求分析师有足够的相关业务领域知识。

用户访谈内容保存到《需求调研记录》中。

2. 用户调查

用户调查是通过精心设计的提问问题并形成调查问卷，然后下发到相关人员手中，让他们填写答案，来获取用户需求。

用户调查的方法最大的缺点是缺乏灵活性，由于缺乏面对面的交流，所获取的信息量也比较有限。因此在实际工作中，建议可以先采用用户调查的方式获取一定量的信息，然后有针对性地开展用户访谈。

3. 现场观摩用户的工作流程，观察用户的实际操作

对于一些较为复杂的流程和操作而言，是比较难以用语言和文字进行表达的，这种情况可以到客户的工作现场，一边观察，一边听客户讲解，从而更直观的了解客户需求。

4. 从行业标准、规则中提取需求

如果用户要求所开发的软件产品必须满足一定的行业标准和业务规则，需求分析师可以通过阅读政策法规、业务规则以及行业标准等各类相关的文档，并与相关领域的业务专家进行业务交流来了解客户的需求。

这种方法要求需求分析师有一定的行业从业经验，能够了解行业的发展动向。

5. 需求讨论会

这是一种相对来说成本较高的需求获取方法，但也是十分有效的一种。它通过联合各个

关键客户代表，分析人员，开发人员，进行有组织的会议来讨论需求。

在会议之前，应该将与讨论主体相关的材料提前分发给所有将要参加会议的人。在会议开始之后，先针对材料所列举的问题进行逐项专题讨论，然后对原有系统、类似系统的不足进行开放性交流，并在此基础上对新的解决方案进行构思，在此过程中将所有的想法、问题和不足记录下来，形成一个要点清单，作为后续需求分析的依据。

6. 原型法

原型（Prototype）即把系统主要功能和接口通过快速开发制作为"软件样机"，以可视化的形式展现给用户，及时征求用户意见，从而明确无误地确定用户需求。同时，原型也可用于征求内部意见，作为分析和设计的接口之一，可方便于沟通。原型法主要价值包含可视化、强化沟通、降低风险、节省后期变更成本、提高项目成功率。

原型法的基本步骤：

（1）根据客户原始需求、项目建议书、市场需求或合同要求，确定系统要做什么，即系统的边界、主要业务或功能、系统的接口。

（2）根据这些需求，形成系统原型。对于所形成的原型的基本要求包括：

① 体现主要的功能；

② 提供基本的界面风格；

③ 展示比较模糊的部分，以便于确认或进一步明确，防患于未然；

④ 原型最好是可运行的，至少在各主要功能模块之间能够建立相互连接。

（3）进行原型评价并获取系统的需求，原型评价可以从几个方面进行：

① 在公司内部演示、评审，进一步获取内部信息，并求得共识；

② 与用户进行演示与交流，挖掘用户需求，从而确定软件的目标和需求。

（4）根据原型评价的意见修改原型，直到求得共识。

5.2.3 整理用户需求

在需求获取结束后，需求分析师应根据需求获取得到的记录与资料整理相关内容。主要内容应该包括但不局限于：

（1）产品介绍，描述产品的用途和开发背景。

（2）产品潜在的最终用户群体及其特征。

（3）产品应该遵循的业务规范和标准。

（4）用户业务流程。

（5）用户对产品的期望。

（6）需求实现的技术约束。

（7）产品的功能需求列表。

（8）产品的非功能性需求。

对于使用了原型法获取需求的项目、没有明确的目标客户的项目、直接引用用户提供的需求说明书的项目，编写《用户需求说明书》。

5.2.4　需求分析

在完成需求获取所得到的记录与资料的分析与整理后，需求工程师应组织软件的需求分析工作，建立各需求元素之间的关系，明确分配给产品的需求、需求的分类、需求的优先级等。

需求分析的方法种类繁多，但常见的需求分析方法主要是结构化分析方法和基于用例的需求分析方法。

1. 结构化分析方法

结构化分析方法的主要特点是"自顶向下、逐层分解"，它把系统看作一个过程的集合体，利用图形等半形式化的描述方式表达需求，对问题进行分析，描述工具有：

（1）数据流图（Data Flow Diagram，DFD）：数据流图是一种图形化的系统模型，它在一张图中展示信息系统的主要需求，即输入、输出、处理过程、数据存储。

（2）数据字典（Data Dictionary，DD）：数据字典技术是一种有效表达数据格式的手段，它是对所有与系统相关的数据元素的一个有组织的列表和精确、严格的定义，从而使用户和系统分析员对于输入、输出、存储成分和中间计算机有共同的理解。

（3）结构化语言：结构化语言是结构化编程语言与自然语言的有机结合，可以采用顺序结构、分支机构、循环结构等机制，来说明加工的处理流程。

（4）判定表和判定树：判定表是一种处理逻辑的表格表示方法，其中包括决策变量、决策变量值、参与者或公式；而判定树则使用像树枝一样的线条对过程逻辑进行图表化的描述。判定表和判定树用来描述复杂决策逻辑，要远远优于使用结构化语言。

（5）实体-关系图（Entity-Relationship Diagram，E-R图）：E-R图可以用来描述数据的存储需求，包括数据实体、数据实体的属性以及它们之间的关系等。

结构化分析方法从总体上看是一种强烈依赖数据流图的自上而下的建模方法，它不仅是需求分析计划，也是完成需求规格化的有效技术手段，使用结构化分析方法时可遵循下列活动：

（1）建立系统的物理模型。

首先要画出系统的数据流图，说明系统的输入、输出数据流，系统的数据流情况，以及经历了哪些处理过程。在这个数据流图中，可以包括一些非计算机系统中数据流及处理过程的名称，如部门名、岗位名、报表名等。这个过程可以帮助分析人员有效地理解业务环境。

（2）建立系统的逻辑模型。

在物理模型建立之后，接下来的工作就是画出相对于真实系统的等价逻辑数据流图。将所有自然数据流图转换为等价的逻辑流。

（3）划清人机界限。

最后，确定在系统逻辑模型中，哪些部分将采用自动化完成，哪些部分仍然保留手工操作，从而清晰地划清系统的范围。

2. 基于用例的分析方法

从定义中可以得知用例是由一组用例实例组成的，用例实例也称为"使用场景"，是用户使用系统的一个实际的、特定场景。用例是应用程序开发中的一个关键技术，主要用来捕获系统的高层次（High Level）用户功能性需求。用例分析技术是一种需求合成技术，它利用现有的需求获取技术从客户、原有系统、文档中找到需求，记录下来，然后从这些零散的需求、特性中进行整理、提炼，从而建立用例模型。

使用用例分析方法时可遵循以下步骤：

（1）识别系统参与者。确定谁会直接使用该系统。参与者是同系统交互的所有事物，该角色不仅可以由人承担，还可以是其他系统、硬件设备，甚至是时钟。

（2）合并需求获得用例。找到所有参与者之后，根据需求获取所得到的用户需求，分析出每个参与者希望系统做什么，参与者希望系统做的每件事将成为一个用例。

（3）绘制用例图。将所识别的参与者以及所定义的用例通过用例图的形式整理出来，以获得例模型的框架。

（4）细化用例描述。用例描述包括以下几个部分：

① 用例名称；

② 用例参与者；

③ 用自然语言对用例进行简要的描述；

④ 描述参与者何时使用该用例，即用例的触发条件；

⑤ 描述在一般情况下，参与者使用该用例时会发生什么事情，即用例的基本过程；

⑥ 在基本过程的基础上，考虑一些可变情况，把可变情况创建为扩展用例。

需求获取和需求分析的结果，进一步定义软件需求，产生《需求规格说明书》和《需求跟踪矩阵》。

5.3 定义范围

软件项目范围管理的下一步是要进一步定义项目所需开展的工作。合理的范围定义对项目的成功非常重要，因为项目定义有助于提高时间、成本及资源估计的精确度，定义绩效测量及项目控制的基线，帮助理清和明确工作职责。范围定义的主要输出是项目范围说明书，随着时间的推移，一个范围说明书应该变得更加清晰和具体。

定义范围是制订项目和产品详细描述的过程。本过程的主要作用是，明确所收集的需求哪些将包含在项目范围内，哪些将排除在项目范围外，从而明确项目、服务或输出的边界。

由于在获取需求过程中识别出的所有需求未必都包含在项目中，所以定义范围过程就要从需求文件（获取需求过程的输出）中选取最终的项目需求，然后制订出关于项目及其产品、服务或输出的详细描述。

准备好详细的项目范围说明书对项目成功至关重要。应根据项目启动过程中记载的主要可交付成果、假设条件和制约因素来编制项目范围说明书。在项目规划过程中，随着对项目信息的更多了解，应该更加详细具体地定义和描述项目范围。还需要分析现有风险、假设条件和制约因素的完整性，并做必要的增补或更新。需要多次反复开展定义范围过程。在迭代型生命周期的项目中，先为整个项目确定一个高层级的愿景，再针对每一次迭代明确详细范围。通常，随着当前迭代的项目范围和可交付成果的进展，详细规划下一次迭代的工作。

定义范围最重要的任务就是详细定义项目的范围边界，范围边界是应该做的工作和不需要进行的工作的分界线。定义范围可以增加项目时间、成本和资源估算的准确度，定义项目控制的依据，明确相关责任人在项目中的责任，明确项目的范围、合理性和目标，以及主要可交付成果。

5.3.1　范围定义的方法

1. 产品分析

产品分析旨在弄清产品范围，并把对产品的要求转化成项目的要求。产品分析技术包括产品分解、系统分析、需求分析、系统工程、价值工程和价值分析等。比如，一个系统可以划分为几个子系统，以及这些子系统之间如何交互，直接影响到项目团队如何实现这些子系统，即采用什么样的项目策略，从而影响到项目范围的定义。

2. 焦点小组

焦点小组是召集预定的干系人和主题专家，了解他们对所讨论的产品、服务或成果的期望和态度。针对访谈者提出的问题，被访谈者之间开展互动式讨论，以求得更有价值的意见。

3. 备选方案生成

备选方案生成是一种用来制订尽可能多的潜在可选方案的技术，用于识别执行项目工作的不同方法。许多通用的管理技术都可用于生成备选方案，如头脑风暴、横向思维、备选方案分析等。

5.3.2　定义范围的成果物

定义范围的成果物主要有：

1. 项目范围说明书

项目范围说明书是对项目范围、主要可交付成果、假设条件和制约因素的描述。项目范围说明书记录了整个范围，包括项目和产品范围。项目范围说明书详细描述项目的可交付成果，以及为创建这些可交付成果而必须开展的工作。

为了便于管理干系人的期望，项目范围说明书在所有项目干系人之间建立了一个对项目范围的共识，描述了项目的主要目标，使项目团队能进行更详细的规划，指导项目团队在项目实施期间的工作，并提供了一个范围基准或边界，用以评估所申请的变更或附加工作是在边界内还是边界外。由此可以认为，项目的范围边界一定是闭合的，否则就不能判断某变更是对原项目范围的变更还是新添加的项目范围。

项目范围说明书描述要做和不要做的工作的详细程度，决定着项目管理团队控制整个项目范围的有效程度。既对项目范围进行管理，又可以决定项目团队能否很好地规划、管理和控制项目的执行。详细的范围说明书或引用的文档通常包括以下内容：

1）项目目标

项目目标包括衡量项目成功的可量化标准。项目可能具有多种业务、成本、进度、技术和质量上的目标。项目目标还可以包括成本、进度和质量方面的具体目标。

2）产品范围描述

逐步细化在项目章程和需求文件中所述的产品、服务或成果的特征。这种需求在早期比较粗略，而在后期随着产品特征逐步细化会更加详细。当产品的特征有所改变的时候，产品描述将提供足够的细节来支持后续的项目规划工作。

3）项目边界

项目边界严格地定义了项目内包括什么和不包括什么，以防有的项目干系人假定某些产品或服务是项目中的一部分。

4）项目的可交付成果

在某一过程、阶段或项目完成时，产出的任何独特并可核实的产品、成果或服务。可交付成果也包括各种辅助成果，如项目管理报告和文件。

5）项目的制约因素

指具体的与项目范围有关的约束条件，它会对项目团队的选择造成限制。需要列举并描述与项目范围有关且会影响项目执行的各种内外部制约或限制条件，例如，客户或执行组织事先确定的预算、强制性日期或进度里程碑都应该被包括在内。如果项目是根据协议实施的，那么合同条款通常也是制约因素。

6）假设条件

与范围相关的假设条件，以及当这些条件不成立时对项目造成的影响。作为计划过程的一部分，项目团队要定期识别、记录和确认创设条件的有效性。在制订计划时，不需验证即可视为正确、真实或确定的因素就是假设。

虽然项目章程和项目范围说明书的内容存在一定程度的重叠，但它们的详细程度完全不同。项目章程包括高层级的信息，而项目范围书说明则是对项目范围的详细描述。

项目范围需要在项目过程中渐进明细。表 5-1 所示显示了这两个文件的一些关键内容。

表 5-1　项目章程和项目范围说明书的内容

项目章程	项目范围说明书
项目目的或批准项目的原因	项目范围描述（渐进明细）
可测量的项目目标和相关的成果标准	验收标准
高层级需求	项目可交付成果
高层级项目需求	项目的除外责任
高层级风险	项目制约因素
总体里程碑进度计划	项目假设条件
总体预算	

项目章程	项目范围说明书
干系人清单	
项目批审要求（如什么构成项目成功，由谁决定，由谁签署）	
委派的项目经理及职责	
发起人或其他批准项目章程的人员和职权	

2. 项目文件更新

可能需要更新的项目文件包括：干系人登记册、需求文件、需求跟踪矩阵。

5.4 创建工作分解结构

完成定义范围之后，软件项目范围管理的下一步就是创建工作分解结构。工作分解结构（Work Breakdown Structure，WBS）以可交付成果为中心，将项目中所涉及的工作进行分解，定义出项目的整体范围。因为大多数项目涉及很多人，以及很多不同的可交付成果，所以根据工作开展的方式，组织好工作并将其合理地进行分解是非常重要的。

WBS 的最底层元素是能够被评估的、可以安排进度的和被追踪的。WBS 的最底层的工作单元被称为工作包，其中包括计划的工作。在"工作分解结构"这个词语中，"工作"是指作为活动结果的工作产品或可交付成果物，而不是活动本身。它是定义工作范围、定义项目组织、设定项目产品的质量和规格、估算和控制费用、估算时间周期和安排进度的基础。

如果准确无误地分解出 WBS，并且这样的 WBS 得到了客户等项目干系人的认可，那么凡是出现在 WBS 中的工作都应该属于项目的范围，都是应该完成的。凡是没有出现在 WBS 中的工作，则不属于项目的范围，要想完成这样的工作，要遵循变更控制流程并需经过变更控制委员会的批准。

在项目的策划过程中，应通过阶段完善的方式对 WBS 进行不断的细化与补充。项目经理组织项目组相关人员依据项目范围说明书、用户需求分析、需求规格说明书等进行项目工作分解。

5.4.1 WBS 的表现形式

WBS 一般用图形或列表形式表示。WBS 包含了项目的全部工作，包括项目的管理工作以及实现最终产品或服务所必须进行的技术工作，也是制订进度、分配人员、分配预算的基础。

当前较常用的工作分解结构表示形式主要有以下两种：

1. 分级的树形结构

类似于组织结构图，如图 5-1 所示。

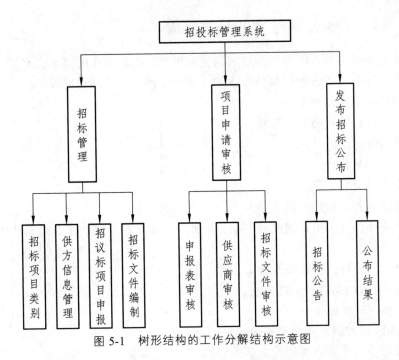

图 5-1　树形结构的工作分解结构示意图

树形结构图的 WBS 层次清晰，非常直观，结构性强，但不易修改，对于大的复杂的项目也很难表示出项目的全景。由于其直观性，一般在一些中小型的应用明中用得较多。大型的项目要分解为多个子项目进行统一管理，大型项目的 WBS 首先分解为子项目，然后由各子项目进一步分解出自己的 WBS。

2. 列表形式

类似于书籍的分级目录，最好是直观的缩进格式。常用在一些大的、复杂的项目中，因为有些项目分解后，内容分类较多，容量较大，用缩进图表的形式表示比较方便，也可以装订成册。在项目管理工具软件中，也会采用列表形式的 WBS。列表形式的"招投标管理系统"工作分解结构文档如下所示：

1　招投标管理系统

1.1　招标管理

1.1.1　招标项目类别

1.1.2　供方信息管理

1.1.3　……

1.2　项目申请审核

1.2.1　项目报表审核

1.2.2　供应商审核

1.2.3　……

1.3　发布招标公布

1.3.1　招标公告

1.3.2　……

5.4.2　创建工作分解结构的基本步骤

分解意味着分割主要工作细目，使它们变成更小，更易操作的要素，直到工作细目被明确详细地界定，这有助于未来项目具体活动（规划、评估、控制和选择）的开展。一般地，进行任务分解的基本步骤如下：

（1）确认并分解项目的组成要素。

（2）确认分解标准。

（3）确定分解是否详细。

（4）确定项目交付成果。

（5）验证分解的正确性（建立编号）。

工作包的详细程度因项目规模和复杂程度而异。要把整个项目工作分解为工作包，通常需要开展以下活动：

（1）识别和分析可交付成果及相关工作。

（2）确定 WBS 的结构和编排方法。

（3）自上而下逐层细化分解。

（4）为 WBS 组件制订和分配标识编码。

（5）核实可交付成果分解的程度是否恰当。

5.4.3　创建工作分解结构的方法

创建工作分解结构有如下 5 种常用的方法：

1. 模板参照法

许多应用领域有标准或半标准的 WBS，它们可以当作模板参考使用。例如图 5-2 是某软件企业进行项目分解的 WBS 模板，本图仅作为参照实例，不代表任何特定项目的具体分解标准，而且也不是唯一参照模板。

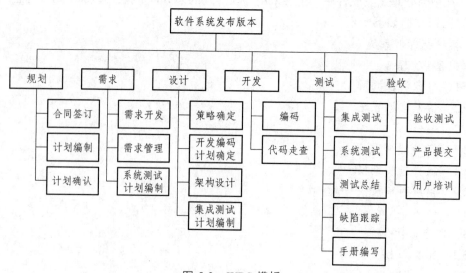

图 5-2　WBS 模板

2．类比法

虽然每个项目是唯一的，但是 WBS 经常被"重复使用"，在类比法（Analogy Approach）中，会使用一个类似项目的 WBS 作为起点。例如，从每个阶段看，许多项目有相同或相似的周期和因此而形成的相同或相似的工作细目要求。可以采用类似项目的 WBS 作为参考，一些企业会保存一些项目的 WBS 库和一些项目文档为其他项目的开发提供参照，因此可以选择一些类似的项目作为参考来开发 WBS。

3．自顶向下法

自顶向下方法采用演绎推理方法，这是因为它沿着从一般到特殊的方向进行，从项目的大局着手，然后逐步分解子细目，将项目变为更细、更完善的部分，如图 5-3 所示。

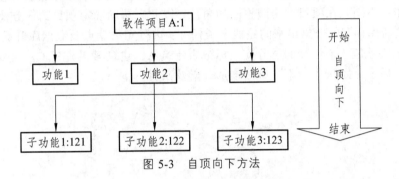

图 5-3　自顶向下方法

自顶向下方法需要有更多的逻辑和结构，它也是创建 WBS 的最好方法。使用自顶向下方法来生成 WBS，要从项目最大的条目开始，并将它们分解为低层次的条目，这一过程要将工作精炼为更加具体的层级。如果 WBS 开发人员对项目比较熟悉或者对项目大局有把握，可以使用自顶向下方法。在日常生活当中，你可能已经不自觉地使用过自顶向下的工作方法。例如，当你决定要购买一辆小汽车时需要首先确定买哪种类型的汽车：运动型多用途车、赛车、轿车、小型货车。然后考虑能够买得起什么车，什么颜色等，这个思维过程就是一个从主要问题逐渐细化到具体问题的过程。

4．自底而上法

自顶向下方法从一般到特殊的方向进行，而自底而上是从特殊向一般方向进行的。在自底而上法（Bottom-up Approach）中，团队成员首先尽可能多地辨清与项目有关的具体任务，然后聚集这些具体任务并将其汇总成总体性的活动或 WBS 中更高的层级活动。如图 5-4 所示。

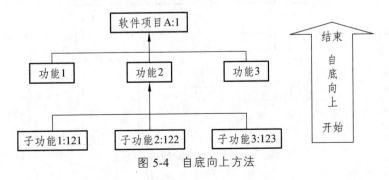

图 5-4　自底向上方法

采用自底而上方法开发 WBS 时，可以将可能的任务都写在便条上，然后将它们粘在白板，这样有利于观察和研究任务之间的关系，然后按照逻辑关系层层组合，形成最后的 WBS。

5. 心智图（思维导图）法

有些项目经理喜欢使用心智图法来帮助构建 WBS。心智图法（Mind Mapping）是一种结构分解的技术，通过从一种核心理念发散出来去结构化思想和想法。心智图法不是将任务列成清单或立即试图构建任务结构，而是让人们写下甚至用非线条方式画出心智图。它是一种更加可视化、结构限制少、先定义后再组织任务的方法，可以发挥个人的创造力，并提高团队的参与度和士气。

图 5-5 所示显示了如何使用心智图法来为 IT 升级项目制作 WBS。中心的圆圈代表整个项目，从中心辐射出的 4 大主支每支代表 WBS 的主要任务或层级 1 条目。在使用和制作此心智图的人中，不同人在项目中扮演不同的角色，以此来帮助确定项目的任务及 WBS 结构。从主任务"更新库存"中分离出来的是两个子任务：进行实物盘点及数据库升级。"进行实物盘点"下的子任务是 3 个更细的子分支，标记为建筑 A、建筑 B 及建筑 C。直到想不出还有什么工作需要做了，团队才会不再继续增加分支及条目。

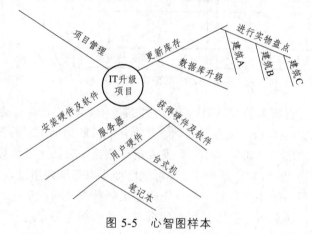

图 5-5　心智图样本

在使用心智图技术开发出 WBS 条目及结构后，你可以将有关信息转换为如前所述的图表形式。图 5-6 所示就是依据图 5-5 中的心智图构建的 WBS 图。

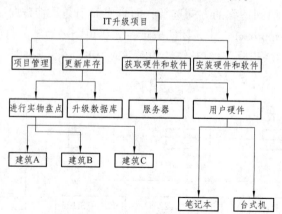

图 5-6　心智图相应的 WBS 图表形式

5.4.4 创建工作分解结构的成果物

1. WBS 词典

WBS 词典是针对每个 WBS 组件，详细描述可交付成果、活动和进度信息的文件。WBS 的格式可根据项目的需要而定，有时仅用简短篇幅描述一下每一工作包就可以了。但对更为复杂的项目而言，工作包描述可能需要一整页甚至更多。有些项目可能要求对每一个 WBS 的条目都要描述负责的组织、资源需求、预算费用以及其他一些信息。表 5-2 所示是一个条目的词典示例。

表 5-2　WBS 词典条目样本

WBS 词典   2016 年 3 月 20 日
项目标题：信息技术（IT）升级项目
WBS 条目号：2.2
WBS 条目名称：数据库升级
描述：IT 部门负责维护公司内的在线数据库系统。然而，在决定为此升级定制之前，必须确保精确地了解员工当前正在使用的硬件配置和软件，以及他们是否有特殊要求。此任务包括再审读一下当前数据库的信息，写出罗列各部门员工及位置的报告，在进行实物盘点和获得来自各部门经理的输入信息后，升级数据库。项目发起人将会向所有部门经理发出一份通知来传达此项目及特殊任务的重要性。除了总体的硬件和软件升级，项目发起人将要求部门经理为他们有可能直接影响升级的任何特殊要求提供信息。此任务也包括为网络硬件和软件更新库存清单。在更新库存清单后，需要发送电子邮件给每名部门经理，以按需要修改信息及改变在线信息。部门经理在进行实物盘点期间负责确保有足够的人员在场，并且他们能互相合作。完成此任务的依据是 WBS 条目号 2.1（进行实物盘点），并且必须在 WBS 条目号 3.0（获取硬件和软件）之前进行

2. 范围基准

范围基准是经过批注的范围说明书、工作分解结构（WBS）和相应的 WBS 词典，只有通过正式的变更控制程序才能进行变更，它被用作比较的基础。

5.5　确认范围

确认范围是正式验收已完成的项目可交付成果的过程。本过程的主要作用是，使验收过程具有客观性；同时通过验收每个可交付成果，提高最终产品、服务或成果获得验收的可能性。

确认范围是由利益相关者对已界定的项目范围进行的正式确认。这一确认通常由客户检查完成，然后由关键利益相关者来收尾。为获得项目范围的正式验证，项目团队必须建立有关项目产品和程序的文档存储，以评价项目团队在产出产品和遵守程序上是否正确及令人满意。

在范围管理中，范围定义、范围确认和范围控制又是最核心的三项活动，缺一不可。范围定义是基础的活动，不进行范围定义就不能进行范围确认和范围控制。范围确认则是基线化已定义的范围，是范围控制的依据。下面是一个没有进行范围确认而失败的项目例子。

A 公司（CSAI）刚刚和 M 公司签订了一份新的合同，合同的主要内容是处理公司以前为 M 公司开发的信息系统的升级工作。升级后的系统可以满足 M 公司新的业务流程和范围。由于是一个现有系统的升级，项目经理张工特意请来了原系统的需求调研人员李工担任该项目的需求调研负责人。在李工的帮助下，很快地完成了需求开发的工作并进入设计与编码。由于 M 公司的业务非常繁忙，M 公司的业务代表没有足够的时间投入到项目中，确认需求的工作一拖再拖。张工认为，双方已经建立了密切的合作关系，李工也参加了原系统的需求开发，对业务的系统比较熟悉，因此定义的需求是清晰的。故张工并没有催促业务代表在需求说明书中签字。进入编码阶段后，李工因故移民加拿大，需要离开项目组。张工考虑到系统需求已经定义，项目已经进入编码期，李工的离职虽然会对项目造成一定的影响，但影响较小，因此很快办理好了李工的离职手续。在系统交付的时候，M 公司的业务代表认为已经提出的需求很多没有实现，实现的需求也有很多不能满足业务的要求，必须全部实现这些需求后才能验收。此时李工已经不在项目组，没有人能够清晰地解释需求说明书。最终系统需求发生重大变更，项目延期超过 50%，M 的业务代表也因为系统的延期表示了强烈的不满。

这是一个失败的软件项目，与很多失败的软件项目一样，在系统需求上栽了跟头。开发与定义软件系统的需求在整个软件开发过程中是最重要的一环，这是每个从事信息系统建设的项目经理都清楚的事情，但往往又因为一时的疏忽而造成需求的重大缺陷，最终导致项目的失败。从项目管理的角度来说，项目范围直接决定了工作量和工作目标，所以项目经理必须管理项目的范围。在软件系统的开发中，系统需求就是项目的范围。从软件诞生至今的几十年中，人们探索出了很多获取系统需求的方法，但是熟悉软件开发的人都知道，无论哪种方法都不可能定义出完美无误的需求，需求中的缺陷必然存在，无法完全避免。因此需求确认或者说是范围确认就显得更为重要。有人可能会说，很难说服客户在需求上签字，很难让客户为需求的缺陷负责。以现在软件行业的情况，这种说法是不无道理的。让客户在需求上签字很困难，但并不等于就不需要进行范围确认，而且范围确认的方法也不仅仅只有需求签字这一种方法。召集客户的业务代表对需求进行评审，详细记录最原始的调研材料，让客户确认调研报告，采用迭代开发逐步确认系统需求，都是可以采用的方法。这些方法虽然没有直接确认需求分析报告，但至少可以让现有需求在项目组和客户之间达成一致，提供范围控制的基准，一样可以达到范围确认的目的。再回到这个案例，项目经理张工乐观认为李工开发的需求没有什么问题，也误认为双方已经有良好的合作，再紧逼要求客户代表签字显得不近人情，于是就抱着侥幸信息进入了开发。然而最终的结果是，项目延期严重，业务代表反而更不满意，张工也要承担项目延期造成的成本增加的责任。

对于软件项目而言，确认范围可以理解为：根据项目管理计划、需求文件等定义规则的文档，由项目团队和各个干系人对定义的功能模块进行检查确认的过程。对于未通过检查的部分，分析原因，提出变更请求。

5.5.1 确认范围的方法

1. 检 查

检查是指通过开展测量、审查与确认等活动，来判断工作和可交付成果是否符合需求和产品验收标准。检查有时也被称为审查、产品审查、审计和巡检等。

2. 群体决策技术

群体决策技术就是为达成某种期望结果，而对多个未来行动方案进行评估的过程。

达成群体决策的方法有很多，例如：

（1）一致同意。每个人都同意某个行动方案。达成一致同意的一种方法就是德尔菲技术，由一组选定的专家回答问卷，并对每轮需求收集的结果给出反馈。只有主持人可以看到专家的答复，以保持匿名状态。

（2）大多数原则。获得群体中超过50%人数的支持，就能做出决策。把参与决策的小组人数定位奇数，防止因平局而无法达成决策。

（3）相对多数原则。根据群体中相对多数者的意见做出决策，即便未能获得大多数的支持。通常在候选项超过两个时使用。

（4）独裁。在这种方法中，由一个人为群体做出决策。

5.5.2 确认范围的成果物

1. 验收的可交付成果

符合验收标准的可交付成果应该由客户或发起人正式签字批准。应该从客户或发起人那里获得正式文件，证明干系人对项目可交付成果的正式验收。这些文件将在结束项目或阶段过程提交。

2. 变更请求

对已经完成但未通过正式验收的可交付成果及其未通过验收的原因，应该记录在案；可能需要针对这些可交付成果提出变更请求以进行缺陷补救。

3. 工作绩效信息

工作绩效信息包括项目进展信息，例如，哪些可交付成果已经开始实施，进展如何；哪些可交付成果已经完成；或者哪些已经被验收。这些信息都应该记录下来并传递给干系人。

4. 项目文件更新

作为确认范围过程的结果，可能需要更新的项目文件包括定义产品或报告产品完成情况的任何文件。确认文件需要客户或发起人以签字或会签的形式进行批准。

5.6 控制范围

如第 4 章实施整体变更控制部分所讲的，在项目中出现变更是无法避免的，尤其是软件项目的范围变更。控制范围是监督软件项目的范围状态，管理范围基准变更的过程。本过程的主要作用是在整个软件项目生命周期中保持对范围基准的维护。

控制项目范围确保所有变更请求、推荐的纠正措施或预防措施都通过实施整体变更控制过程（见 4.5 节）进行处理。在变更实际发生时，也要采用控制范围过程来管理这些变更。控制范围过程应该与其他控制过程协调开展，未经控制的产品或项目范围的扩大（未对时间、成本和资源做相应调整）被称为范围蔓延。变更不可避免，因此在每个项目上，都必须强制实施某种形式的变更控制。

变更是项目干系人常因项目环境或其他的各种原因要求对项目的范围计划进行的修改或重新规划。

变更产生的原因：

（1）项目外部环境发生变化。

（2）项目范围计划编制不够周密详细，有一定的错误或遗漏。

（3）新技术、手段、方案被提出。

（4）项目实施组织发生变化。

（5）客户对项目、产品或服务的要求发生变化。

变更控制的焦点：

（1）对造成范围变更的因素施加影响，取得项目干系人的一致认可。

（2）确定范围变更已经发生。

（3）当变更发生时，对变更进行有效管理。

5.6.1 控制范围的方法

（1）偏差分析。控制范围用到的主要方法是偏差分析。偏差分析是一种确定实际绩效与基准的差异程度及原因的技术。可利用项目绩效测量结果评估偏离范围基准的程度。确定偏离范围基准的原因和程度，并决定需要采取纠正或预防措施，是项目范围控制的重要工作。

（2）对已批准的项目范围进行重新审批，确定影响，重新制订计划，因而要修改 WBS 和 WBS 词典、项目范围说明书，甚至项目干系人的需求文档。这些批准了的变更申请可以触发项目管理计划的更新。

（3）变更控制系统。范围变更控制的方法是定义范围变更的有关流程。它包括必要的书面文件（如变更申请单）、纠正行动、跟踪系统和授权变更的批准等级。变更控制系统与其他系统相结合（如配置管理系统）来控制项目范围。当项目受合同约束时，变更系统应当符合所有相关合同条款。

5.6.2 控制范围的成果物

1. 工作绩效信息

本过程产生的工作绩效信息是有关项目范围实施情况的、相互关联且与各种背景相结合的信息，包括收到的变更的分数、识别的范围偏差和原因、偏差对进度和成本的影响，以及对将来范围绩效的预测。这些信息是制订范围决策的基础。

2. 变更请求

对范围绩效的分析，可能导致对范围基准或项目管理计划其他组成部分提出变更请求。变更请求可包括预防措施、纠正措施、缺陷补救或改善请求。

3. 项目管理计划更新

项目管理计划更新可能包括（但不限于）：

（1）范围基准更新。如果批准的变更请求会对项目范围产生影响，那么范围说明书、WBS及WBS词典都需要重新修订和发布，以反映这些通过实施整体变更控制过程批准的变更。

（2）其他基准更新。如果批准的变更请求会对项目范围以外的方面产生影响，那么相应的成本基准和进度基准也需要重新修订和发布，以反映这些被批准的变更。

5.7 应用软件进行软件项目范围管理

项目范围管理包括了规划范围管理、收集需求、定义范围、创建 WBS、确认范围、控制范围 6 个过程。使用项目管理软件可以对其中的定义范围以及控制范围两个过程进行管理，其他的几个过程在线下进行，相应的文档上传到项目管理软件的项目库中，本小节将以"招投标管理系统"为例介绍如何使用项目管理软件进行范围管理。

1. 定义范围

项目经理需要对需求分析形成项目需要完成的功能模块，然后把由产品经理整理后的需求按照功能模块与项目进行关联或者提出新的需求。

1）确定功能模块

在线下确定功能模块后，在线上进行维护，方便后续的管理，如图 5-7 所示。

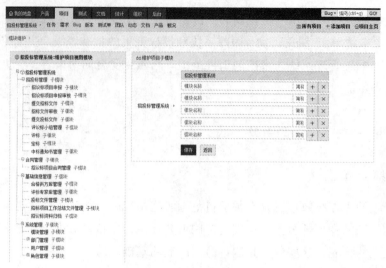

图 5-7　模块维护

2）需求管理

维护好功能模块之后，项目经理通过项目管理软件在线上对需求进行关联，利用项目管理软件关联需求如图 5-8 所示，添加需求如图 5-9 所示。

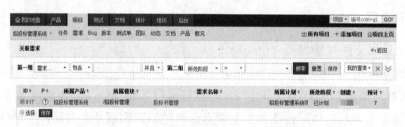

图 5-8　关联需求

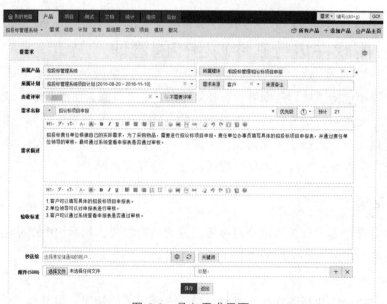

图 5-9　录入需求界面

2. 控制范围

需求的变更和新增是项目执行中必不可少的流程，为了控制用户随意变更和新增需求，当有需求变更或新增时，需要经过产品经理的审批，变更或新增的需求审批通过后，才能作为有效需求，支撑项目工作。产品经理通过使用项目管理软件完成控制范围的工作，在线上对新增或更改的需求进行评审。在本小节前面部分介绍了通过项目管理软件新增需求，下面介绍项目管理软件的变更需求和需求评审功能。

1）变更需求

变更是需求管理必不可少的流程，项目管理软件对需求的变更提供了全面的支持，在进行需求变更时可以查看变更的影响范围，让需求变更更加的谨慎，如图 5-10 所示。

图 5-10　变更需求

并且项目管理软件专门提供了需求的变更流程。凡是对需求标题、描述、验证标准和附件的修改，都应该走变更流程。变更之后的需求状态为变更中。

2）需求评审

在线下，产品经理、项目经理、项目组成员和用户一起对变更和新增的需求进行评审，以确保需求无歧义，并满足用户的要求，评审结束后通过项目管理软件在线上对需求进行评审记录，如图 5-11 所示。

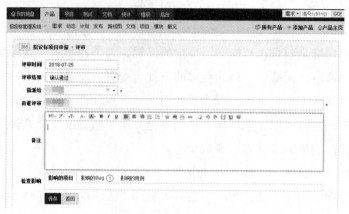

图 5-11　需求评审

5.8 "招投标管理系统"项目范围管理案例分析

5.8.1 规划范围管理案例分析

根据项目章程的里程碑计划及项目管理计划要求，制订项目范围管理计划和项目需求管理计划，如表 5-3，表 5-4 所示。

表 5-3　范围管理计划

范围管理计划	
项目名称：　招投标管理系统	日期：2016 年 8 月 30 日
制订项目范围说明书	
依据项目章程中描述的项目背景和目的及需求分析得到的需求规格说明书，可直接得到项目的功能实现范围，范围如下： 招标申报管理、项目申请审核、招标方式管理、招标公告管理、标书管理、评标专家管理、组织评议标、项目评议标审核、项目定标、项目定标审核、中标管理、签订合同、合格供应商信息管理、资料归档、人事部专家管理、监督管理、招议标项目审计等	
WBS	

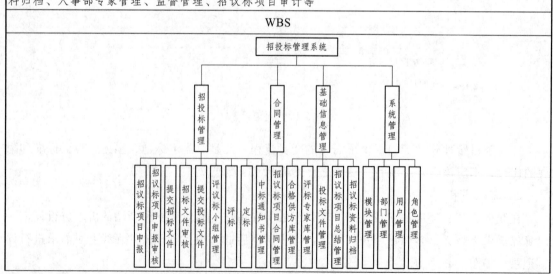

WPS 词典

招投标管理：招投标管理模块主要包含了招议标责任单位进行招议标项目申报、提交招标文件，招标办代理供应商提交投标文件，评议标小组评标，以及招标办对招议标项目申报审核，对招标文件审核、定标，管理中标通知书等操作。
  合同管理：招议标项目合同管理主要是招议标责任单位对招议标项目合同的管理。
  基础信息管理：基础信息管理主要是为招投标主要业务流程顺利运行提供基础数据，为招投标整个业务过程完整、有序地进行提供保障。
  系统管理：系统管理主要完成对整个系统的管理和维护，主要包括模块管理、用户管理、部门管理、角色管理

范围变更
范围变更有严格的变更流程，根据使项目朝着有益方向发展而变动这一原则，对于范围变更进行审核，由系统设计人员对范围变更做出评估，交由客户进行确认，客户确认可以进行范围变更后，方可执行范围变更
可交付成果验收

项目章程；
  项目干系人登记册；
  项目管理计划；
  需求调研计划；
  需求调研记录；
  需求规格说明书；
  系统设计说明书；
  源码；
  测试报告；
  安装部署报告；
  安装部署方案；
  使用手册；
  试运行记录；
  试运行报告；
  系统常见故障解决方法；
  验收报告

表 5-4   需求管理计划

需求管理计划
项目名称：__招投标管理系统__   日期：__2016 年 8 月 31 日__
需求收集
采用用户访谈的方式，与招投标责任单位进行沟通，了解招投标责任单位的业务需求
需求分析
通过用例分析法对招投标管理系统进行用例分析： 1. 识别系统参与者； 2. 合并需求获得用例； 3. 绘制用例图； 4. 细化用例描述

续表

需求分类
根据业务对招投标管理系统需求进行分类

需求记录
需求分析报告； 需求规格说明书

需求排序
按需求优先级顺序，招投标系统分为功能性需求和非功能性需求，其中功能性需求是必要需求，在满足功能性需求的情况下，当按实际条件完成非功能性需求

需求测量指标
1. 系统的服务能力可扩充性好，能实现高强度的 7×24 小时稳定运行。系统满足用户经常操作的频率，且业务操作反映均在 2 秒以内，响应及时。 2. 系统的长期平均访问量 10 000 次/天。 3. 系统的数据流量 1 TB/天峰值，5 GB/天均值。 4. 系统的峰值访问量 20 000 次。 5. 系统的敏感数据需要授权访问，数据传输需要加密。 6. 只有授权的用户才能动用和修改系统信息，而且必须防止信息的非法、非授权泄漏

需求确认
在完成需求分析报告、需求规格说明书后，通过需求确认单进行需求确认

5.8.2 获取需求案例分析

1. 明确需要获取的信息来源

"招投标管理系统"支持公司和供应商双方完成整个招投标的过程，实现招投标过程网上操作一体化。根据分析，在这个过程中主要涉及的用户如图 5-12 所示。

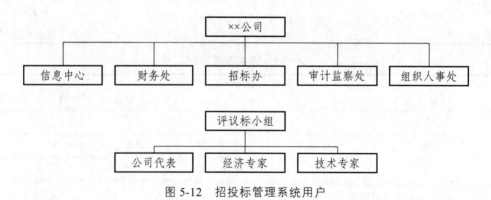

图 5-12 招投标管理系统用户

2. 需求获取

通过分析梳理得出了上述用户，为获取准确的用户需求，对这些用户进行了访谈，下面以招议标责任单位为例说明用户访谈需要做的工作内容。

在进行用户访谈之前，需要对招议标责任单位进行访谈的内容提前准备用户访谈提问表，如表5-5所示，在用户访谈时就可以有针对性地进行提问，从而能更准确地获取用户需求。

表5-5 用户访谈提问表

用户名称	访谈问题	调研结果
招议标责任单位	Q：在招投标过程中责任单位的主要工作内容是什么？	
	Q：责任单位要参加招投标申报需要做哪些准备？	
	Q：哪些内容是责任单位编写投标文件需要包含的？	
	Q：在编制邀标书的时候有哪些注意要点？	
	Q：责任单位在企业中标后需要做哪些工作？	

在与招议标责任单位进行访谈的时候，用户根据所提出的问题做出了相应的回答，最终整理形成了用户访谈问答表，如表5-6所示。

表5-6 用户访谈问答表

用户名称	访谈问题	调研结果
招议标责任单位	Q：在招投标过程中责任单位的主要工作内容是什么？	A：招议标责任单位主要是建立和管理合格供应信息库、招议标项目申报、编制招标文件、编制邀标书、签订招议标合同（责任单位）、撰写招标项目工作总结
	Q：责任单位要参加招投标申报需要做哪些准备？	A：各责任单位根据综合经营计划提出招议标工作（年度、季度、月度）计划。责任单位某部门根据工作计划填写《招标项目申报表》送招标办审核
	Q：哪些内容是责任单位编写投标文件需要包含的？	A：标申请通过后，发出招标申请的责任单位的相关负责部门或相关负责人，根据公司的招标现状编制《招标文件》，其中包括投标须知、合同条款、技术规范要求等，正规的招标书中会要求对标书的技术规范要求进行逐条应答
	Q：在编制邀标书的时候有哪些注意要点？	A：在招标办的审核招议标项目申报通过以后，发出招标申请的责任单位根据相关法律法、行业规则以及招标办的意见和建议，进行《邀标书》的编制工作，并将编制好的《邀标书》发送到有招标资格的"供应商"
	Q：责任单位在企业中标后需要做哪些工作？	A：发布中标通知后"责任单位"与"供应商"应在规定时间内签订《招议标项目合同》。合同签订后需要出具招标项目工作总结的由招议标责任单位撰写，内容包括但不限于：招议标项目的总体情况、评议标小组工作情况、定标情况

3. 整理需求

根据采集到需求信息，对系统最终用户群体及其特征进行归纳总结，如表5-7所示。

表 5-7　系统最终用户群体

用户名称	用户定义
招议标责任单位	招议标责任单位是指要向招标办提供招标计划的单位。人员分析：教育程度高，经验丰富，业务水平很高，具有中等的计算机应用能力，稍微培训即可使用系统
招标办	招标办是处理招议标责任单位的招标计划，以及受理供应商投标业务的流程中转部门。人员分析：教育程度高，经验丰富，业务水平很高，具有很高的计算机应用能力，稍微培训即可使用系统
组织人事部门	组织人事部门主要对评议标小组成员的选择进行筛选。人员分析：教育程度高，专业领域知识丰富，使用计算机的能力参差不齐
审计监察处	审计监察处是负责对招议标工作过程中的合规性、合法性进行监督的部门。人员分析：教育程度高，经验丰富，业务水平很高，可流畅使用计算机
供应商	供应商是指根据招标公告或邀标书提供适合投标方采购需求项目的公司企业。人员分析：教育程度参差不齐，需要根据实际情况进行考虑
财务管理部门	财务管理部门是负责对招标办进行财务管理的部门。人员分析：教育程度高，可简单使用计算机
评议标小组	评议标小组负责根据供应商提供的不同的资料，审核供应商的招标条件，对申请投标的供应商进行评分。人员分析：教育程度高，经验丰富，专业水平很高，使用计算机应用能力参差不齐，大部分稍加培训即可使用系统

4. 需求分析

当前的招投标管理系统涉及多个业务，针对总体业务目标进行拆分后能够分析得出两个具体的业务。其一是招投标管理业务，此业务主要保证整个招标、投标过程的顺利有序进行；其二是内部管理业务，此业务主要负责保证在整个招投标过程中招标办各个部门之间高效协作，确保招标办能够正确公平的进行招投标相关工作。

参与招投标管理业务当中各个角色对应的业务职责如表 5-8 所示。

表 5-8　招投标管理业务

角色名称	业务描述
招议标责任单位	1. 提出职责内的招议标计划，填报招议标项目申报表。 2. 编制招议标文件，对其完整性和准确性负责。 3. 签订和履行招议标项目合同。合同副本（或复印件）传递至招标办等相关部门
供应商	1. 根据招标公告或邀标书提供适合投标方采购需求项目的公司企业。 2. 可以查看招标公告，编制标书，查看评标结果
招标办	处理招议标责任单位的招标计划，以及受理供应商投标业务的流程扭转
组织人事部门	对评议标小组成员的选择进行筛选。
审计监察处	负责对招议标工作的合规性、合法性进行过程监督
财务管理部门	负责对招标办财务进行管理
评议标小组	根据供应商提供的不同资料，审核供应商的招标条件，对申请投标的供应商进行评分

参与内部管理业务当中各个角色对应的业务职责如表5-9所示。

表5-9 内部管理业务

角色名称	业务描述
招标办	对招标责任提交的招标文件进行审核，并转报招标申请表。 审核招议标责任单位编写的投标文件。 负责收发标书。 负责抽取评标专家，协助招议标项目负责人组织评标、议标。 负责向招标责任单位、供应商和其他各部门呈报评标、议标结果。 向招标责任单位和供应商发中标通知书并督促其签订合同。 负责招议标资料建档、归档和统计分析。 负责填写定标审批表。 负责对评议标小组的评议情况统计，并定标。 负责向组织部门提出对评标专家的评价意见
组织人事部门	负责组织对评标专家考核和培训，管理评议标专家档案
审计监察处	负责监督整个招议标过程
财务管理部门	负责对投标的供应商收取标书费用
评议标小组	负责对供应商提交的投标文件进行评标打分

本系统中不对组织人事部门、审计监察处、财务管理部门的工作进行管理，经上述的需求分析，最终得到系统总体功能性需求如表5-10所示。

表5-10 系统总体功能性需求

用户名称	子模块名称/标识符	描述
U001 招议标责任 单位办事员	管理合格供方库	在系统供方信息库中创建、录入供应商信息。
	招议标项目申报	在系统中填写、修改招议标申报书信息，并提交至系统等待招议标责任单位信息技术部部长审批
	提交招标文件	在系统中创建申请，填写录入招标文件信息。并提交至系统等待招议标责任单位信息技术部部长审核
	管理招议标项目合同	通过系统编写、修改合同，并提交至系统等待招议标责任单位信息技术部部长审核
	管理招标项目工作总结	在系统在创建、录入、修改总结文件
	提交投标文件	供应商提交投标文件给招标办
U002 招议标责任 单位主任	招议标项目申报	在系统中查看、审核招议标申报书是否通过，提交至系统
	提交招标文件	在系统中查看、审核招标文件是否通过，并提交至系统
	管理招议标项目合同	在系统中查看、审核项目合同是否符合要求，并提交至系统

用户名称	子模块名称/标识符	描述
U003 招标办办事员	提交招议标文件（代理供应商执行）	在系统中填写、修改、提交投标文件
	管理投标文件（代理供应商）	通过系统编辑、修改投标文件
	管理评议标小组	在系统的专家列表中勾选出项目的专家，并提交至系统等待招标办主任的评审
	定标	在系统中填写、修改定标审批表，并提交至系统等待招标办主任的审批
	管理中标通知书	在系统创建、录入、提交中标通知书
	归档招议标资料	在系统创建招议标资料归档信息，并录入、提交至系统
U004 招标办主任	审核招议标申请	在系统中审核招议标申报书信息是否符合招标标准，并将审批的结果提交至系统
	管理评议标小组	在系统中查看、评审办事员选出的专家是否符合要求，并将结果提交至系统
	定标	在系统中查看、审批定标审批表是否符合规定，并将结果提交至系统
U005 评议标小组组长	评标	在系统中填写录入评估申报书

除了功能性需求以外，根据系统用户的特性，还总结了以下的非功能需求，具体的非功能性需求如表 5-11 所示。

表 5-11　非功能性需求表

类型	需求项	需求
可用性	客户的行业性质	政府部门
	客户的企业文化	庄严稳重
	客户业务的复杂程度	功能较为复杂
	使用人员的情况	使用人员计算机素质较高
可靠性	系统数据的敏感程度	系统的敏感数据需要授权访问，数据传输需要加密
	客户组织中的信息保密制度	只有授权的用户才能动用和修改系统信息，而且必须防止信息的非法、非授权的泄漏
	系统的服务能力要求	可扩充，高强度，满足 7×24 小时稳定运行
	系统业务交叉程度	高
有效性	系统规模是否会继续扩大	会
	客户是否有长期系统建设的计划	有
	客户是否有升级系统的长期计划	有

最终通过上述一系列的分析后，完成需求规格说明书的编写。

5. 需求跟踪矩阵

需求跟踪的目的是建立与维护"需求—设计—编程—测试"之间的一致性，确保所有的工作成果符合用户需求。在需求阶段根据需求规格说明书制订的需求跟踪矩阵如表 5-12 所示。

表 5-12　需求跟踪矩阵

需求编号	需求菜单/功能模块	需求名称	关联需求编号	需求变更类型	需求状态	优先级	软件需求	
							工作产品	章节号
MOD_BMS_BM_01	招议标项目申报	招议标项目申报	MOD_BMS_BM	原需求	已批准	高	招议标项目申报	3.4.1
MOD_BMS_BM_02	招议标项目申报审核	招议标项目申报审核	MOD_BMS_BM_02	原需求	已批准	高	招议标项目申报审核	3.4.2
MOD_BMS_BM_03	提交招标文件	提交招标文件	MOD_BMS_BM	原需求	已批准	高	提交招标文件	3.4.3
MOD_BMS_BM_04	招标文件审核	招标文件审核	MOD_BMS_BM_03	原需求	已批准	高	招标文件审核	3.4.4
MOD_BMS_BM_05	提交投标文件	提交投标文件	MOD_BMS_BM	原需求	已批准	高	提交投标文件	3.4.5
MOD_BMS_BM_06	评议标小组管理	评议标小组管理	MOD_BMS_BM	原需求	已批准	高	评议标小组管理	3.4.6
MOD_BMS_BM_07	评标	评标	MOD_BMS_BM	原需求	已批准	高	评标	3.4.7
MOD_BMS_BM_08	定标	定标	MOD_BMS_BM	原需求	已批准	高	定标	3.4.8
MOD_BMS_BM_09	中标通知书管理	中标通知书管理	MOD_BMS_BM	原需求	已批准	高	中标通知书管理	3.4.9
MOD_BMS_BCT_01	招议标项目合同管理	招议标项目合同管理	MOD_BMS_BCT	原需求	已批准	高	招议标项目合同管理	3.5.1
MOD_BMS_BBM_01	合格供方库管理	合格供方库管理	MOD_BMS_BBM	原需求	已批准	高	合格供方库管理	3.6.1
MOD_BMS_BBM_02	评标专家库管理	评标专家库管理	MOD_BMS_BBM	原需求	已批准	高	评标专家库管理	3.6.2
MOD_BMS_BBM_03	投标文件管理	投标文件管理	MOD_BMS_BBM	原需求	已批准	高	投标文件管理	3.6.3
MOD_BMS_BBM_04	招标项目工作总结文件管理	招标项目工作总结文件管理	MOD_BMS_BBM	原需求	已批准	高	招标项目工作总结文件管理	3.6.4
MOD_BMS_BBM_05	招议标资料归档	招议标资料归档	MOD_BMS_BBM	原需求	已批准	高	招议标资料归档	3.6.5

5.8.3　定义范围案例分析

根据需求规格说明书和项目章程，定义出系统的范围边界，在进行项目范围定义时应明确项目控制的依据，增加项目时间、成本和资源估算的准确度，明确相关负责人在项目中的责任，明确项目的范围，以及主要交付成果。根据范围定义制订出了项目范围说明书文档如下所示（省略封面）：

《招投标管理系统》项目范围说明书

一、基本信息

项目名称：招投标管理系统

项目类型：定制类

项目经理：曹元伟

编写日期：2016 年 08 月 24 日

二、项目范围说明

本软件产品主要将通过互联网建设，达到能够实现责任公司对自己的采购需求提供招标申请，招标办对责任公司的招标文件进行审查，发布招标文件；供应商能够针对公告申请投标、下载标书、填写标书、上传标书，同时招标办能够对供应商的一系列操作进行有效处理和中转调度，保证招投标流程的公平公正，最终实现责任公司和供应商之间签订合同，完成整个招投标过程，实现招投标过程网上操作一体化。

三、项目可交付成果

本项目的可交付成果如例表 1 所示。

例表 1　可交付成果清单

序号	阶段名称	阶段产出物
1	项目规划	项目章程、项目任务书、项目干系人登记册、项目范围说明书、项目过程定义剪裁、项目管理计划、项目启动会议纪要
2	需求阶段	需求调研计划、需求调研记录、需求规格说明书、需求评审会议纪要、需求跟踪矩阵等
3	设计阶段	数据库设计说明书、详细设计说明书、系统概要说明书
4	编码阶段	软件程序、单元测试用例、单元测试记录
5	部署阶段	安装部署报告、安装部署方案
6	测试阶段	测试计划、测试用例、测试 BUG 和修复记录、测试报告、软件系统、软件系统使用手册
7	培训阶段	培训申请表、培训计划、培训方案、培训手册、培训意见反馈表、培训总结报告等
8	试运行阶段	试运行申请表、试运行方案报审表、试运行方案、试运行记录、试运行报告、用户使用报告
9	验收阶段	验收总结报告、项目验收单、验收资料整改报告、项目验收资料清单、项目验收资料移交确认表
10	需求变更	需求变更记录

四、约束条件

2016 年 11 月 17 日之前完成。

五、假设前提

1. 假定一切顺利，无人员请假。

2. 需求无扩散及较大变更。

3. 假定公司内部资源都能落实。

4. 无技术难题。

5. 人力资源充沛。

六、项目的主要风险

1．项目工期时间安排紧凑，且依赖性较强，协作方业务支持不理想（回应快，但给资料不及时，开发工作处于被动），若中途有环节未按时完成，可能会造成项目延期的风险。

2．基于新推出的某平台开发项目，若该平台存在较大问题未解决，可能会造成项目延期的风险。

3．项目所需关键技术多，验证难度大，所需时间长。

5.8.4 创建 WBS 案例分析

规划进度管理主要包括制订项目进度计划和创建 WBS，创建 WBS 主要依据项目范围说明书、需求文件（需求分析、需求规格说明书），使用自顶向下的方法进行任务分解，分解时以项目生命周期的各阶段作为分解的第二层，把产品和项目可交付成果放在第三层；WBS 的表现形式有两种，一种是树形结构图，一种是列表形式。"招投标管理系统"属于中小型项目，且不复杂，可选用树形结构图的表现形式，本案例中使用的是 Project 这种项目管理软件创建 WBS，以列表的形式展示"招投标管理系统"，如图 5-13 所示。

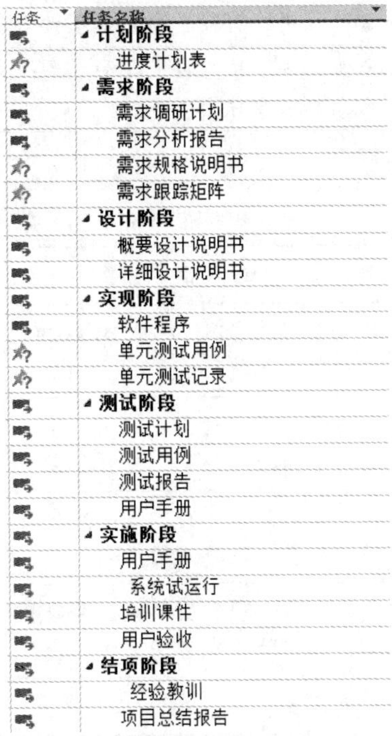

图 5-13 "招投标管理系统" WBS

5.8.5 确认范围案例分析

确认范围包含以下两方面的确认：

（1）项目的功能是否满足用户的需求。

（2）确认项目的文档是否齐全。

1. 确认项目功能

（1）需求确认，在形成需求规格说明书后，召开需求评审会，与用户一起评审需求，以确保需求满足用户的要求。

（2）在项目准备验收前，需要确认项目的功能是否已经全部完成，通过需求跟踪矩阵确认了需求—设计—编程—测试都能——对应。

（3）在试运行阶段，用户试用系统功能后，出具了用户使用报告，以表明项目满足用户的需求。

2. 确认项目文档

在项目准备验收前，项目经理组织项目成员根据项目范围说明书中的项目文档清单来检查文档是否已准备齐全，如表 5-13 所示。

表 5-13　项目文档检查单

序号	阶段名称	阶段产出物	是否编写
1	项目规划	项目章程、项目任务书、项目干系人登记册、项目范围说明书、项目过程定义剪裁、项目管理计划、项目启动会议纪要	是
2	需求阶段	需求调研计划、需求调研记录、需求规格说明书、需求评审会议纪要、需求跟踪矩阵等	是
3	设计阶段	数据库设计说明书、详细设计说明书、系统概要说明书	是
4	编码阶段	软件程序、单元测试用例、单元测试记录	是
5	部署阶段	安装部署报告、安装部署方案	是
6	测试阶段	测试计划、测试用例、测试 BUG 和修复记录、测试报告、软件系统、软件系统使用手册	是
7	培训阶段	培训申请表、培训计划、培训方案、培训手册、培训意见反馈表、培训总结报告等	是
8	试运行阶段	试运行申请表、试运行方案报审表、试运行方案、试运行记录、试运行报告、用户使用报告	是
9	验收阶段	验收总结报告、项目验收单、验收资料整改报告、项目验收资料清单、项目验收资料移交确认表	是
10	需求变更	需求变更记录	是

5.8.6　控制范围案例分析

为了控制用户随意变更需求，当有需求变更时，通过需求变更申请来控制，一般是由用户提出需求，项目经理起草，再由用户签字，最后由公司总经理审批通过。若有新增的需求，可能还要涉及工作量的增加以及费用的增加，可能需要客户增加经费才能同意变更。

在招投标管理系统的开发阶段孙伟（客户）提出了新的需求，由曹元伟（项目经理）起草需求变更申请表，经刘德（总经理）审批通过后，交由项目组执行，需求变更申请如表 5-14 所示。由于乙方公司为了与甲方公司维护良好的客户关系，所以本次需求变更未提出增加费用。

表 5-14　需求变更申请表

需求名称	专家库管理		版　本　号	V1.0
变更编号	20161011		变更请求人签字	孙伟
费用变更	无			
种　　类	修改□　　　新增☑　　　取消□			
变更原因与描述： 　需要对专家名单进行维护，为组建评标委员会提供专家成员。 　招标公司在开标前组建评标委员会，评标委员会负责评标。评委会组成和评标须符合《评标委员会和评标方法暂行规定》。 　可以采取随机抽取或者直接确定的方式。一般项目，可以采取随机抽取的方式；技术复杂、专业性强或者国家有特殊要求的招标项目，采取随机抽取方式确定的专家难以保证胜任的，可以由招标人直接确定。 　系统针对每一次评标提供随机抽取或直接确定名单两种方式组建评标委员会，形成评标委员会名单。 　形成评标委员会名单后提交给监察部门审核。 　审核通过后的人员才能参与评标				
影响分析				
受影响的配置项： 1. 项目进度计划 2. 需求规格说明书 3. 需求跟踪矩阵 4. 系统设计说明书		□是否影响计划？是 □是否影响需求模块功能矩阵？是 负责人：曹元伟		
变更审批				
审批人员：刘德		日期：2016 年 10 月 12 日		
审批结果：通过				

5.9　本章小结

项目范围管理是要求确保项目开展所有且仅仅是所需的工作来成功完成项目的过程。它的主要过程包括规划范围管理、获取需求、定义范围、创建 WBS、确认范围、范围控制和应用软件进项软件项目范围管理。

项目范围管理的第一步是范围计划，在这一步要制订项目范围管理计划。这个计划包括以下内容：团队如何准备详细的范围说明书，如何构建 WBS，如何核实项目可交付成果及如何控制项目范围的变更请求。

　　项目的范围说明书制订于范围定义过程。这个文件通常包括项目理由，项目产品的简洁描述，所有项目可交付成果的总结及决定项目成功的因素的说明。为保证最及时的范围信息沟通，通常会有几个版本的项目范围说明书。

　　工作分解结构（WBS）是一个项目中以可交付成果为导向的涉及所有工作的一种分组，它定义了项目的整体范围。WBS 构成计划和管理项目进度、成本、资源及变更的基础。若不首先构建一个良好的 WBS 就无法使用项目管理软件。WBS 词典是描述每个工作分解结构的条目的详细信息的文档。因为项目的复杂性，通常良好的 WBS 很难构建。

　　项目范围管理不得力是项目失败的一个关键原因。对于软件项目而言，要实现有效的项目范围管理，重要的是要有用户强有力的参与、清晰的需求范围说明书及建立范围变更管理的流程。

　　最后一部分介绍如何利用软件对定义范围以及控制范围两个过程进行管理。

6 软件项目进度管理

项目进度管理是指在项目的进展过程中，为了确保能够在规定的时间内实现项目的目标，对项目活动的日程安排及其执行情况所进行的管理过程。进度管理包括进度计划的制订和进度控制两部分。其中进度计划的制订是指根据现有的软、硬件资源和项目的实际需求制订出合理且经济的项目活动的日程安排，它是进度管理的基础；进度控制是进度管理的核心和目标，它是能够及时发现实际进度与计划的偏差，分析其原因，并采取必要的补救措施以保证软件项目进度的一种管理手段。进度管理的主要目标是以最短时间、最少成本、最小风险完成项目。它的目的就是使开发团队能够按时、按质、按量地完成其进行的软件活动。

项目进度管理包括为管理项目按时完成所需的各个过程：

（1）规划进度管理——为规划、编制、管理、执行和控制项目进度而制订政策、程序和文档的过程。

（2）定义活动——指识别项目成员和利益相关者为完成项目所必须开展的具体活动。活动（Activity）或任务（Task）构成了工作的基本要素，通常能够在工作分解结构（WBS）中看到。它们往往有预计的工期，以及成本和资源需求。

（3）排列活动顺序——识别和记录项目活动之间的关系的过程。

（4）估算活动资源——估算执行各项活动所需材料、人员、设备，或用品的种类和数量的过程。

（5）估算活动持续时间——根据资源估算的结果，估算完成单项活动所需工作时段数的过程。

（6）制订进度计划——分析活动顺序、持续时间、资源需求和进度制约因素，创建项目进度模型的过程。

（7）控制进度——监督项目活动状态，更新项目进展，管理进度基准变更，以实现计划的过程。

6.1 规划进度管理

规划进度管理是为规划、编制、管理、执行和控制项目进度而制订政策、程序和文档的过程。本过程的主要作用是，为如何在整个项目过程中管理项目进度提供指南和方向。

在软件开发过程中，当出现实际开发进度与开发计划相偏离时。如果没有有效的进度管理进行必要的补救或调整，则后续各项工作将陷入泥潭，进入无序状态。久而久之，项目就将进入不可控状态，导致项目失败。

相反，有效的进度管理能够从多方面来保证软件开发活动的正常进行，使开发团队按开发计划完成软件项目的研制，给软件企业带来切身的利益。

下面是一个项目进度管理失败的案例。

今年元旦，某公司销售部门与某银行签订了一个银行前置机的软件系统的项目。合同规定：5月1日之前系统必须完成，并且进行试运行。在合同签订后，销售部门将此合同移交给了软件开发部，进行项目的实施。负责的项目经理做过5年的金融系统的应用软件研发工作，有较丰富的经验，可以从事系统设计等工作，但作为项目经理还兼系统分析员这是第一次。项目组还有另外4名成员：1个系统分析员（含项目经理），2个有1年工作经验的程序员，1个技术专家（不太熟悉业务）。项目组的成员均全程参加项目。

在被指定负责这个项目后，项目经理制订了项目的进度计划与WBS，简单描述如下为：

（1）1月10日~2月1日需求分析。

（2）2月1日~2月25日系统设计，包括概要设计和详细设计。

（3）2月26日~4月1日编码。

（4）4月2日~4月30日系统测试。

（5）5月1日试运行。

但在2月17日项目经理检查工作时发现详细设计刚刚开始，2月25日肯定完不成系统设计的阶段任务。

这个例子是进度管理设置模糊不清的典型表现，一个不具体明确的项目进度计划，是造成项目失败的一个重要原因。如果忽视进度管理，认为进度管理是一种摆设，或者作为一种形式，可有可无，企业很难在一个长的时间跨度内掌控和汇报进度。

本例中情况，对于掌控项目的进度非常不利。这也是为什么项目出现的问题只能事后处理的原因之一。另外，由于传统的管理模式缺乏第三方的监督，项目干系人可能存在瞒报或假报项目进度的情况，导致项目进度与计划脱节。

同时，由于项目经理缺乏相应的项目经验，在事前没有很好地进行分析，制订应急计划，等事情发生了才手忙脚乱。管理组织上不能够保证进度目标的实施，人浮于事，重关系、轻能力现象严重，导致执行能力很差。而项目成员只关心自己是否得利，而不管项目目标是否顺利实现。项目缺乏有效的监督、激励、考核机制，目标分解不够明确，在进度滞后的情况下找不到直接的负责人，容易导致各部门人员之间相互推诿，最终不了了之。由于没有明确的责任又缺乏合作精神，项目成员的积极性调动不起来，对进度目标也很漠然，很容易导致项目的失败。

进度管理的重要性可以概括为以下几点：

1. 保证软件产品按时交付给用户

进度管理最直接的目标就是保证软件产品能够及时交付给客户使用，这也是进度管理最大的作用。如果没有进度管理，项目进度将失去控制。进度失控导致的最直接的后果即为产品无法及时交付给用户。对于希望尽早将产品投入运行的用户来说，这个后果显然是比较严重的，即使用户不急于使产品投入运行，进度失控也会增加用户的负担，包括时间、人力、物力的继续投入。

2. 保证软件项目的成本不超出预算

软件项目没有按计划执行的后果除了延误工期之外，也给软件企业带来了另一个问题——项目成本超出预算。如今，在利润空间越来越小的情况下，节约成本几乎成为增加利润的唯一途径。所以几乎所有的软件企业都非常强调项目成本的控制。

如果没有有效的进度管理机制，实际进度延迟于项目计划的情况会经常发生。而软件企业将不得不增加人力、物力以使项目重新步入正轨，或者延长开发时间。不管选择哪种方式，对于软件企业来说都将增加项目的投入，使项目成本超出预算。

良好的进度管理机制可以控制实际工作偏离计划的程度，及时发现偏离，分析产生偏离的原因，并采取适当的调整措施使工作重新回到正轨，这种及时调整将节约很多不必要浪费的资源。例如，由于需求理解的错误，整个功能模块都需要做调整，其工作量相当于重新实现系统。但如果在开发人员编写代码之前就对其详细设计或实现思路进行评审检查，及时发现错误并予以调整，则不需要浪费返工所消耗的人力和时间，自然节约了成本。

3. 保证软件的质量

质量控制和进度控制是相互作用、相辅相成的。软件的质量上去了，进度就容易跟上。反之，进度跟上了就有更充分的时间来保证软件的质量。

当今，软件项目的进度被拖延是一种常见现象。造成这种现象的大部分原因是质量问题。由于软件的质量不过关，发布产品时发现产品中存在很多 Bug。此时不得不花费很多时间去抓这些 Bug，开发进度无疑将受到影响。同理，如果软件项目的进度被延误，企业为了赶工期很可能忽略产品质量。虽然工期结束时产品的功能都按计划完成了。产品的质量却不能让用户满意。由此可见，进度管理的好坏直接影响着软件产品的质量，良好的进度管理是产品质量的保证。

4. 保证软件企业的信誉和市场地位

对于很多用户来说，软件企业能否按计划交付产品代表了该企业的软件开发能力和信誉。如果该产品是用户急于投入运行的产品，那么产品的延迟交付势必会使用户遭受损失，造成用户对开发商的不信任，以至于影响再次合作。即使是不急于上线运行的软件产品，延迟交付也会给用户留下不好印象，对软件企业不利。

另外，如果正在开发的软件产品是与市场机遇密切相关的产品，则产品的延迟发布很可能造成其他的软件企业抢得先机，或由于失去市场机会而过时。所以说，有效的进度管理对软件企业的信誉和市场活动都是非常重要的。

6.1.1　规划进度管理的方法

1. 专家判断

基于历史信息，专家判断可以对项目环境及以往类似项目的信息提供有价值的见解。专家判断还可以对是否需要联合使用多种方法，以及如何协调方法之间的差异提出建议。

针对正在开展的活动，基于某应用领域、知识领域、学科、行业等的专业知识，而做出的判断，应该用于制订进度管理计划。

2. 分析技术

在规划进度管理过程中，可能需要选择项目进度估算和规划的战略方法，例如，进度规划方法论、进度规划工具与技术、估算方法、格式和项目管理软件。进度管理计划中还需详细描述对项目进度进行快速跟进或赶工的方法，如并行开展工作。如同其他会影响项目的进度决策，这些决策可能对项目风险产生影响。

3. 会　议

项目团队可能举行规划会议来制订进度管理计划。参会人员可能包括项目经理、项目发起人、选定的项目团队成员、选定的干系人、进度规划或执行负责人，以及其他必要人员。

6.1.2　规划进度管理的成果物

规划进度管理的成果物主要是进度管理计划。

进度管理计划是项目管理计划的组成部分，为编制、监督和控制项目进度建立准则和明确活动。根据项目需要，进度管理计划可以是正式或非正式的，非常详细或高度概括的，其中包括合适的控制临界值。

6.2　定义活动

项目进度诞生于发起这个项目的基础文件——项目章程。项目章程中通常会提到项目的计划开始和结束日期，它们可以作为编制更详细的进度的起点。

定义活动是识别和记录为完成项目可交付成果而需采取的具体行动的过程。本过程的主要作用是，将工作包分解为活动，作为对项目工作进行估算、进度规划、执行、监督和控制的基础。活动是实施目的时安排工作的最基本的工作单元。工作分解结构的最底层是工作包，把工作包分解成一个个的活动是定义活动过程最基本的任务，除此之外还要根据项目的实际情况，从项目的范围说明书和组织的过程资产中去寻找一个个的活动。

定义活动除识别项目的所有活动外，还要对这些活动进一步定义如名称、前序活动、后续活动、资源要求、是否要强制日期等，最后把所有的信息归档到活动清单中。定义这些活动的最终目的是为了完成项目的目标。

项目的渐进明细特点在定义活动过程中得到了体现。通过对活动的具体定义，原来泛泛的项目目标经分解后更明确、更具体，为后续的进度安排、成本估计、项目执行、项目监控和控制提供了基础。

6.2.1 定义活动的方法

1. 分 解

分解是一种把项目范围和项目可交付成果逐步划分为更小、更便于管理的组成部分的技术。活动表示完成工作包所需的投入。定义活动过程的最终输出是活动而不是可交付成果。WBS、WBS 词典和活动清单可依次或同时编制，其中 WBS 和 WBS 词典是制订最终活动清单的基础。WBS 中的每个工作包都需分解成活动，以便通过这些活动来完成相应的可交付成果。让团队成员参与分解过程，有助于得到更好、更准确的结果。分解的程度取决于所需的控制程度，以实现对项目的高效管理。

2. 滚动式规划

滚动式规划是一种迭代式规划技术，即对近期要完成的工作在工作分解结构最下层详细规划，而计划在远期完成的工作，在工作分解结构较高层粗略规划。

因此，在项目生命周期的不同阶段，项目活动的详细程度会有所不同。在早期的战略规划阶段，信息尚不够明确，工作包可能仅能分解到里程碑的水平；而后，随着了解到更多的信息，近期即将实施的工作包就可以分解到具体的活动。

滚动式规划是一种渐进明细的规划方式，项目团队得以逐步完善规划。

3. 专家判断

在制订详细项目范围说明书、工作分解结构和项目进度计划方面具有经验和技能的项目团队成员或其他专家，可以为定义活动提供专业知识。

6.2.2 定义活动的成果物

1. 活动清单

活动清单（Activity List）是一个显示项目涉及哪些活动的表格。它应该包括活动名称、活动编号，以及对活动的简单描述，如表 6-1 所示。

表 6-1　活动清单

项目名称：		准备日期：
编号	活动名称	工作描述
唯一的编号	记录活动的简要总结。活动名称要用动词开始，通常以很少的几个词汇描述了活动唯一的结果，如"测试单元 B"	如果需要用这一项来提供更多关于活动的描述。例如需要特殊的过程或者方法来工作

2. 活动属性

与里程碑不同，活动具有持续时间，活动需要在该持续时间内开展，而且还需要相应的资源和成本。活动属性（Activity Attributes）更加详细地显示了每个活动与进度相关的信息，例如紧前活动、紧后活动、逻辑关系、提前和滞后、资源需求、约束条件、强制日期和与活动相关的假设等。活动清单和活动属性应该与工作分解结构及工作分解结构字典相一致，如表 6-2 所示。

表 6-2　活动属性

编号：	活动名称：记录活动的简要总结。活动名称用动词开始，通常以很少的几个词汇描述了活动的唯一结果。如涉及可交付成果 A，或测试单元 B				
工作描述：关于工作的细节描述，让人可以理解完成这项工作需要什么					
紧前	关系	时间提前或滞后量	紧后	关系	时间提前或滞后量
识别任何必须在活动之前发生的紧前活动	应用于任何逻辑关系的，活动间需要的延时或者加速	应用于任何逻辑关系的，活动需要的延时或者加速	识别任何必须在活动之后发生的紧后活动	应用于任何逻辑干的，活动需要的延时或者加速	应用于任何逻辑关系的，活动间需要的延时或者加速
资源需求的数量和类型：记录完成工作需要的人员角色和数量		技能要求：	其他需要的资源：		
人力投入的类型：指定工作是固定持续时间，固定人力投入数量和投入水平，分配的人力投入或者其他工作类型					
执行的工作地点：如果工作要在组织办公室之外的某地完成，指明这个区域					
强制日期或其他制约因素：记录任何开始，结束，审核或者完成所需的时间，记录任何关于活动的限制，如不晚于某天结束、工作方式、资源等					
假设条件：记录任何关于活动的假设，如资源可用性、技能信息，或者其他影响到活动的假设					

3. 里程碑清单

一个项目的里程碑（Milestone）是指没有活动历史且意义重大的事件。里程碑既不消耗资源也不花费成本，通常是指一个主要可交付成果的完成。如表 6-3 所示，指明了每个里程碑是强制性的（如合同要求的）还是选择性的（如根据历史信息确定的）。里程碑清单为后期的项目控制提供了基础。

表 6-3　里程碑清单

里程碑名称	里程碑描述	类型
例：需求评审通过	要足够详细，以使人能理解需要什么来完成里程碑	可选/必要

一个项目中应该有几个达到里程碑程度的关键事件。一个好的里程碑最突出的特征是：达到此里程碑的标准毫无歧义。

里程碑计划的编制可以从最后一个里程碑即项目的终结点开始，反向进行：先确定最后一个里程碑，再依次逆向确定各个里程碑。对各个里程碑，应检查"界限是否明确？""是否无异议？""是否与其他里程碑内容不重叠？"和"是否符合因果规律？"。

在确定项目的里程碑时，可以使用"头脑风暴法"。

6.3 排列活动顺序

在定义活动之后，项目进度管理的下一步就是活动排序。活动排序是指通过审视活动清单和活动属性、项目范围说明书、里程碑清单和已批准的变更申请，从而决定活动间的关系。活动排序也涉及寻找活动间存在依赖关系的原因和识别活动间依赖关系的不同种类。本过程的主要作用是定义工作之间的逻辑顺序，以便在既定的所有项目制约因素下获得最高的效率。

除了首尾两项活动之外，每项活动和每个里程碑都至少有一项紧前活动（逻辑关系为结束到开始）和一项紧后活动（逻辑关系为结束到开始或结束到结束），并且逻辑关系适当。项目团队可以按逻辑关系将活动排序来创建一个切实的项目进度计划。在活动之间使用提前量或滞后量，可使项目进度计划更为切实可行。排列活动顺序过程旨在将项目活动列表转化为图表，作为发布进度基准的第一步。

6.3.1 排列活动顺序的方法

1. 紧前关系绘图法

紧前关系绘图法（PDM）是创建进度模型的一种技术，用节点表示活动，用一种或多种逻辑关系连接活动，以显示活动的实施顺序。活动节点法（AON）是紧前绘图法的一种展示方法，是大多数项目管理软件包所使用的方法。

PDM 包括 4 种依赖关系或逻辑关系。紧前活动是在进度计划的逻辑路径中，排在非开始活动前面的活动。紧后活动是在进度计划的逻辑路径中，排在某个活动后面的活动。这些关系的定义如下，如图 6-1 所示。

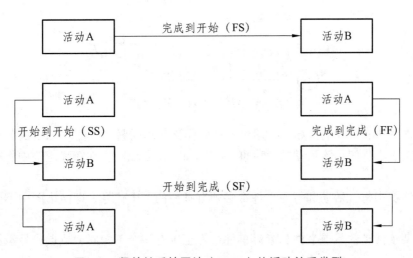

图 6-1　紧前关系绘图法（PDM）的活动关系类型

（1）完成到开始（FS）。只有紧前活动完成，紧后活动才能开始的逻辑关系。例如，只有比赛哨声吹响（紧前活动），运动员才能起跑（紧后活动）。

（2）完成到完成（FF）。只有紧前活动完成，紧后活动才能完成的逻辑关系。例如，只有完成文件的编写（紧前活动），才能完成文件的编辑（紧后活动）。

（3）开始到开始（SS）。只有紧前活动开始，紧后活动才能开始的逻辑关系。例如，开始地基浇灌之后，才能开始混凝土的找平。

（4）开始到完成（SF）。只有紧前活动开始，紧后活动才能完成的逻辑关系。例如，只有第二位保安人员开始值班（紧前活动），第一位保安人员才能结束值班（紧后活动）。

在图 6-1 中，"完成到开始"是最常用的逻辑关系类型，"开始到完成"关系则很少使用。为了保持 PDM 4 种逻辑关系类型的完整性，这里也将"开始到完成"列出。

2. 箭线图法

箭线图法（Arrow Diagramming Method，ADM）是用箭线表示活动、节点表示事件的一种网络图绘制方法，如图 6-2 所示。这种网络图也被称作双代号网络图（节点和箭线都要编号）或活动箭线图（Active On the Arrow，AOA）。

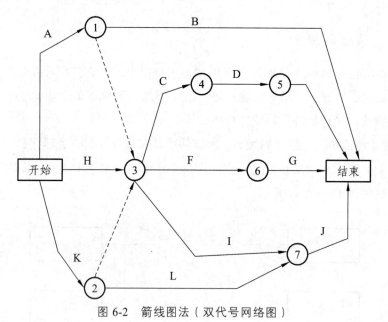

图 6-2　箭线图法（双代号网络图）

在箭线图法中，活动的开始（箭尾）事件叫作该活动的紧前事件（Precede Event），活动的结束（箭头）事件叫作该活动的紧后事件（Successor Event）。在箭线图法中，有如下 3 个基本原则。

（1）网络图中每一活动和每一事件都必须有唯一的一个代号，即网络图中不会有相同的代号。

（2）任两项活动的紧前事件和紧后事件代号至少有一个不相同，节点代号沿箭线方向越来越大。

（3）流入（流出）同一节点的活动（或紧前活动），均有共同的紧后活动。为了绘图的方便，在箭线图中又人为引入了一种额外的、特殊的活动，叫作虚活动（Dummy Activity），在网络图中由一个虚箭线表示。虚活动不消耗时间，也不消耗资源，只是为了弥补箭线图在表达活动依赖关系方面的不足。借助虚活动，可以更清楚地表达活动之间的关系，如图6-3 所示。

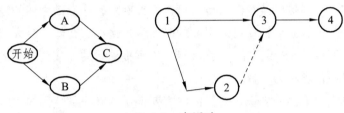

图 6-3　虚活动

注：活动 A 和 B 可以同时进行；只有活动 A 和 B 都完成后，活动 C 才能开始。

3.　确定依赖关系

活动之间的依赖关系可能是强制性或选择性的、内部或外部的。这 4 种依赖关系可以组合成强制性外部依赖关系、强制性内部依赖关系、选择性外部依赖关系或选择性内部依赖关系。

1）强制性依赖关系

强制性依赖关系是法律或合同要求的或工作的内在性质决定的依赖关系。强制性依赖关系往往与客观限制有关。例如，在建筑项目中，只有在地基建成后，才能建立地面结构；在电子项目中，必须先把原型制造出来，然后才能对其进行测试。强制性依赖关系又称硬逻辑关系或硬依赖关系。在活动排序过程中，项目团队应明确哪些关系是强制性依赖关系。不应把强制性依赖关系和进度编制工具中的进度约束条件相混淆。

2）选择性依赖关系

选择性依赖关系有时又称首选逻辑关系、优先逻辑关系或软逻辑关系。它通常是基于具体应用领域的最佳实践或者是基于项目的某些特殊性质而设定，即便还有其他顺序可以选用，但项目团队仍缺省按照此种特殊的顺序安排活动。应该对选择性依赖关系进行全面记录，因为它们会影响总浮动时间，并限制后续的进度安排。如果打算进行快速跟进，则应当审查相应的选择性依赖关系，并考虑是否需要调整或去除。在排列活动顺序过程中，项目团队应明确哪些依赖关系属于选择性依赖关系。

3）外部依赖关系

外部依赖关系是项目活动与非项目活动之间的依赖关系。这些依赖关系往往不在项目团队的控制范围内。例如，软件项目的测试活动取决于外部硬件的到货；建筑项目的现场准备，可能要在政府的环境听证会之后才能开始。在排列活动顺序过程中，项目管理团队应明确哪些依赖关系属于外部依赖关系。

4）内部依赖关系

内部依赖关系是项目活动之间的紧前关系，通常在项目团队的控制之中。例如，只有机器组装完毕，团队才能对其测试，这是一个内部的强制性依赖关系。在排列活动顺序过程中，项目管理团队应明确哪些依赖关系属于内部依赖关系。

4. 提前量与滞后量

在活动之间加入时间提前量与滞后量，可以更准确地表达活动之间的逻辑关系。提前量是相对于紧前活动来说，紧后活动可以提前的时间量。例如，在新办公大楼建设项目中，绿化施工可以在尾工完成前 15 天开始，这就是带 15 天提前量的完成到开始的关系。在进度规划软件中，提前量往往表示为负数。

滞后量是相对于紧前活动来说，紧后活动需要推迟的时间量。例如，对于一个大型技术文档，编写小组可以在编写工作开始 2 周后开始编写文档草案，这就是带 2 周滞后量的开始到开始的关系。在进度规划软件中，滞后量往往表示为正数。

在图 6-4 所示的项目进度网络图中，活动 H 和活动 I 之间的依赖关系表示为 SS + 10（10天滞后量，H 开始 10 天后，开始 I）；活动 F 和活动 G 之间的依赖关系表示为 FS + 15（15天滞后量，F 完成 15 天后，开始 G）。

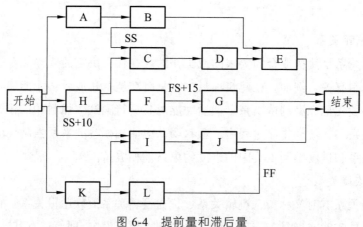

图 6-4　提前量和滞后量

项目管理团队应该明确哪些依赖关系中需要加入提前量或滞后量，以便准确地表示活动之间的逻辑关系。提前量和滞后量的使用不能替代进度逻辑关系，而且持续时间估算中不包括任何提前量或滞后量，同时还应该记录各种活动及与之相关的假设条件。

6.3.2　排序活动顺序的成果物

1. 项目进度网络图

项目进度网络图是表示项目进度活动之间的逻辑关系（也叫依赖关系）的图形。图 6-4是项目进度网络图的一个示例。

2. 项目文件更新

可能需要更新的项目文件包括（但不限于）：

（1）活动清单。

（2）活动属性。

（3）里程碑清单。

6.4 估算活动资源

在估计每一项活动的工期前，你必须充分了解分配给每项活动的资源（人、设备和原材料）的质量和类型。项目和组织的特征将会影响到资源估算。

估算活动资源是估算执行各项活动所需的材料、人员、设备或用品的种类和数量的过程。本过程的主要作用是，明确完成活动所需的资源种类、数量和特性，以便做出更准确的成本和持续时间估算。

在活动资源估算过程中，需要关注以下重要问题：

（1）在这个项目中，完成具体活动的难度有多大？

（2）项目说明书中是否有特殊的内容会影响到资源的使用？

（3）组织过去开展类似项目的历史，组织以前是否执行过类似的任务？做这些工作的人员水平怎样？

（4）组织是否有可用的人力、设备及材料来开展项目？组织中的政策是否有一些会影响到资源的使用？

（5）组织是否需要获得更多的资源来完成工作？可以把一些工作外包吗？当外包可行时，到底是增加还是减少了资源的需求量？

为了回答这些问题，必须知道项目的活动清单、活动属性、项目管理计划、企业的环境因素、组织过程资产（例如人事和外包政策）和可用资源的信息。在项目初期，项目团队可能不知道有哪些人、设备和原材料可用。例如，他们可能从以前的项目中了解到，项目的执行人员中既包括有经验的，也有没有经验的。他们可能也会根据可用的信息估计正常完成活动所要花费的时间和人力。

6.4.1 估算活动资源的方法

1. 专家判断

在评价本过程同资源有关的输入时，经常需要利用专家判断。具有资源规划与估算专业知识的任何小组或个人，都可以提供这种专家判断。

2. 备选方案分析

很多活动都有若干种备选的实施方案，如使用能力或技能水平不同的资源、不同规模或类型的机器、不同的工具（手工或自动的），以及自制、租赁或购买相关资源。图 6-5 所示为备选（替代）方案示例。

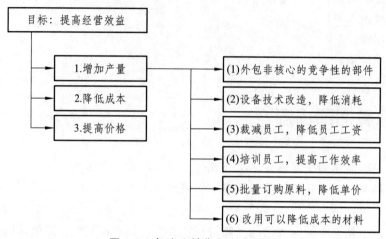

图 6-5　备选（替代）方案示例

3．发布的估算数据

一些组织会定期发布最新的生产率信息与资源单位成本，涉及门类众多的劳务、材料和设备，覆盖许多国家及其所属地区。

4．项目管理软件

项目管理软件如进度规划软件，有助于规划、组织与管理资源库，以及编制资源估算。利用软件，可以确定资源分解结构、资源可用性、资源费率和各种资源日历，从而有助于优化资源使用。

5．自下而上估算

自下而上估算是一种估算项目持续时间或成本的方法，通过从下到上逐层汇总 WBS 组件的估算而得到项目估算。如果无法以合理的可信度对活动进行估算，则应将活动中的工作进一步细化，然后估算资源需求。接着再把这些资源需求汇总起来，得到每个活动的资源需求。活动之间如果存在会影响资源利用的依赖关系，就应该对相应的资源使用方式加以说明，并记录在活动资源需求中。

6.4.2　估算活动资源的成果物

1．活动资源需求

活动资源需求明确了工作包中每个活动所需的资源类型和数量。然后，把这些需求汇总成每个工作包和每个工作时段的资源估算。资源需求描述的细节数量与具体程度因应用领域而异。在每个活动的资源需求文件中，都应说明每种资源的估算依据，以及为确定资源类型、可用性和所需数量所做的假设，如表 6-4 所示。

表 6-4 活动资源需求表

编号	资源类型	资源名称	数量	依据、用途、作用	到位日期
R1	人力资源	项目经理	1	负责计划，监督和指导项目的进展	2016 年 8 月 20 日
R2	人力资源	项目助理	1	协助项目经理监督和指导项目的进展	2016 年 8 月 20 日
R3	人力资源	需求分析人员	5	负责需求调研、需求分析	2016 年 8 月 20 日
R4	人力资源	设计人员	7	负责项目的概要设计、功能设计	2016 年 8 月 20 日
R5	人力资源	开发人员	6	负责项目的开发工作	2016 年 8 月 20 日
R6	人力资源	测试人员	5	对项目的功能性测试	2016 年 8 月 20 日
R7	人力资源	配置管理员	1	对项目进行配置管理工作	2016 年 8 月 20 日
R8	人力资源	质量保证员	1	保证"过程质量"和"产品质量"	2016 年 8 月 20 日
R9	设备	PC 服务器	1	配置管理、数据库服务器、测试	2016 年 8 月 20 日
R10	设备	PC 主机	5	用于编写文档、开发	2016 年 8 月 20 日
R11	软件	Oracle 10g	1	数据库服务器	2016 年 9 月 10 日
R12	软件	Microsoft Windows 7	5	除服务器外，项目组成员使用的操作系统	2016 年 9 月 10 日
R13	软件	hearken5.0	4	开发工具	2016 年 9 月 10 日

项目名称：招投标管理系统

准备时间：2016 年 8 月 20 日

2. 资源分解结构

资源分解结构是资源依类别和类型的层级展现。资源类别包括人力、材料、设备和用品。资源类型包括技能水平、等级水平或适用于项目的其他类型。资源分解结构有助于结合资源使用情况，组织与报告项目的进度数据。资源分解结构文档如下所示：

资源分解结构

项目名称：_____   准备日期：_____

1 项目

1.1 人员

1.1.1 角色 1 的数量

1.1.1.1 层次 1 的数量

1.1.1.2 层次 1 的数量

1.2 设备

1.2.1 类型 1 的数量

1.2.2 ……

1.3 材料

1.3.1 材料 1 的数量

1.3.2 ……

1.4 供给

1.4.1 供给 1 的数量

1.4.2 ……

1.5 地点

1.5.1 地点 1

1.5.2 ……

2 项目文件更新

可能需要更新的项目文件包括（但不限于）：

- 活动属性
- 活动清单
- 资源日历

6.5 估算活动持续时间

在和主要的利益相关者一起定义了活动、确定了活动间的关系并估计了活动所需的资源之后，项目进度管理的下一个过程就是活动持续时间估算。需要特别注意的是，活动持续时间等于开展活动的实际时间加占用时间。例如，尽管可能只花一周或五天就能完成一项实际的工作，但估计的活动持续时间可能是两周，目的是根据外部信息留出一些额外的时间进行调整。分配给一项任务的资源也会影响该任务的活动持续时间估算。

估算活动持续时间是根据资源估算的结果，估算完成单项活动所需工作时段数的过程。本过程的主要作用是，确定完成每个活动所需花费的时间量，为制订进度计划过程提供主要输入。

估算活动持续时间依据的信息包括：企业环境因素、组织过程资产、项目范围说明书、活动清单、活动属性、活动资源需求、资源日历和项目管理计划。应该由项目团队中最熟悉具体活动的个人或小组，来提供活动持续时间估算所需的各种输入。对持续时间的估算应该渐进明细，取决于输入数据的数量和质量。例如，在工程与设计项目中，随着数据越来越详细，越来越准确，持续时间估算的准确性也会越来越高。所以，可以认为，活动持续时间（活动工期）估算的准确性和质量会随着项目进展而逐步提高。

在本过程中，应该首先估算出完成活动所需的工作量和计划投入该活动的资源数量，然后结合项目日历（表明活动的可用工作日和工作班次的日历）和资源日历，据此计算出完成活动所需的工作时段数（活动持续时间）。应该把活动持续时间估算所依据的全部数据与假设都记录下来。

6.5.1 估算活动持续时间的方法

1. 专家判断

通过借鉴历史信息，专家判断能提供持续时间估算所需的信息，或根据以往类似项目的经验，给出活动持续时间的上限。

专家判断也可用于决定是否需要联合使用多种估算方法，以及如何协调各种估算方法之间的差异。

2. 类比估算

类比估算是一种使用相似活动或项目的历史数据，来估算当前活动或项目的持续时间或成本的技术。

类比估算以过去类似项目的参数值（如持续时间、预算、规模、重量和复杂性等）为基础，来估算未来项目的同类参数或指标。在估算持续时间时，类比估算技术以过去类似项目的实际持续时间为依据，来估算当前项目的持续时间。

在项目详细信息不足时，就经常使用这种技术来估算项目持续时间。如果以往活动是本质上而不是表面上类似，并且从事估算的项目团队成员具备必要的专业知识，那么类比估算就最为可靠。

类比估算是一种粗略的估算方法，成本低、耗时少，但准确性也较低。

3. 参数估算

参数估算是一种基于历史数据和项目参数，使用某种算法来计算成本或持续时间的估算技术。参数估算是指利用历史数据之间的统计关系和其他变量，来估算诸如成本、预算和持续时间等活动参数。

参数估算可以针对整个项目或项目中的某个部分，并可与其他估算方法联合使用。

活动持续时间计算：把需要实施的工作量乘以完成单位工作量所需的工时。

准确性取决于参数模型的成熟度和基础数据的可靠性。

4. 三点估算

通过考虑估算中的不确定性和风险，可以提高活动持续时间估算的准确性。这个概念源自计划评审技术（PERT）。PERT 使用 3 种估算值来界定活动持续时间的近似区间。

最可能时间（Most Likely Time）：基于最可能获得的资源、最可能取得的资源生产率、对资源可用时间的现实预计、资源对其他参与者的可能依赖及可能发生的各种干扰等，所估算的活动持续时间。

最乐观时间（Optimistic Time）：基于活动的最好情况，所估算的活动持续时间。

最悲观时间（Pessimistic Time）：基于活动的最差情况，所估算的活动持续时间。

根据上述 3 个时间算出每个活动的期望时间平均工期 t_i 为

$$t_i = \frac{4M_i + O_i + P_i}{6}$$

根据 P 分布的方差计算方法，第 i 项活动的持续时间方差为

$$\sigma_1^2 = \frac{(P_i - O_i)^2}{36}$$

标准差为

$$\sigma = \sqrt{\sigma^2} = \frac{P_i - O_i}{6}$$

上述式中　　M_i——第 i 项活动的最可能时间；

O_i——第 i 项活动的最乐观时间；

P_i——第 i 项活动的最悲观时间。

举例如下：

（1）活动 A 最乐观时间为 7 天、最可能时间为 10 天、最悲观时间为 19 天。

（2）活动 A 持续时间的 PERT 估算值为：tp =（7 + 4 × 10 + 19）/6 = 11 天。

（3）活动 A 持续时间 PERT 估算的标准差为：σ =（19 - 7）/6 = 2 天。

5. 群体决策技术

基于团队的方法（如头脑风暴、德尔菲技术或名义小组技术）可以调动团队成员的参与，以提高估算的准确度，并提高对估算结果的责任感。

选择一组与技术工作密切相关的人员参与估算过程，可以获取额外的信息，得到更准确的估算结果。另外，让成员亲自参与估算，能够提高成员对实现估算的责任感。

6. 储备分析

应急储备（有时称为时间储备或缓冲时间），是包含在进度基准中的一段持续时间，用来应对已经接受的已识别风险，以及已经制订应急或减轻措施的已识别风险。

储备分析的特点是：

（1）用来处理预期但不确定的事件（已知的未知）。

（2）是时间（成本）绩效基准的一部分。

（3）项目经理可以自由使用。

（4）作为预算分配；（成本估算 + 应急储备 = 项目完工预算，项目完工预算 + 管理储备 = 项目总资金需求）

（5）是挣值计算的一部分。

活动估算方法表 6-5 如示。

表 6-5　活动估算方法

名称	定　义	适　用
专家判断	基于某一领域的专业知识而做出的，关于当前活动的合理判断	普遍适用
类比估算	类比估算是指以过去类似项目的参数值为基础，来估算未来项目的同类参数或指标	早期阶段，信息不足，但却需要迅速完成估算时
参数估算	参数估算是指利用历史数据与其他变量之间的统计关系，来进行的估算	有准确的行业公认数据

名称	定　义	适　用
3 点估算	以成本或持续时间的 3 个估算值分别表示乐观、最可能和悲观情况的一种分析技术（三角、贝塔）	考虑不确定性与风险
群体决策	基于团队的方法，提高估算准确度	普遍适用
储备分析	为项目的工期、预算、成本估算或资金需求设定储备的一种分析技术	考虑风险

6.5.2　估算活动持续时间的成果物

1.　活动持续时间估算

活动持续时间估算是对完成某项活动所需的工作时段数的定量评估。持续时间估算中不包括任何滞后量。

例如，某活动持续时间 3 天外加 2 天的滞后量，则活动持续时间就是 3 天，不能计算为 5 天。

在活动持续时间估算中，可以指出一定的变动区间，例如：

（1）2 周 ± 2 天，表明活动至少需要 8 天，最多不超过 12 天。

（2）超过 3 周的概率为 15%，表明该活动将在 3 周内（含 3 周）完工的概率为 85%。

2.　项目更新文件

可能需要更新的项目文件包括（但不限于）：

（1）活动属性。

（2）为估算活动持续时间而制订的假设条件，如技能水平、可用性，以及估算依据。

6.6　制订进度计划

制订进度计划是根据项目进度管理项目并创建项目进度模型的过程。本过程的主要作用是，把进度活动、持续时间、资源、资源可用性和逻辑关系代入进度规划工具，从而形成包含各个项目活动的计划日期的进度模型。制订进度计划的最终目标是编制一份切实可行的项目进度表，从而为在时间维度上监控项目的进展情况提供了依据。

制订可行的项目进度计划，往往是一个反复进行的过程。基于准确的输入信息，使用进度模型来确定各项目活动和里程碑的计划开始日期和计划完成日期。在本过程中，需要审查和修正持续时间估算与资源估算，创建项目进度模型，制订项目进度计划，并在经批准后作为基准用于跟踪项目进度。随着工作进展，需要不断修订和维护项目进度模型，确保进度计划在整个项目期间一直切实可行。

6.6.1 制订进度计划的方法

6.6.1.1 关键路径法

关键路径法是在进度模型中，估算项目最短工期并确定逻辑网络路径的进度灵活性大小的一种网络图技术。这种进度网络分析技术在不考虑任何资源限制的情况下，沿进度网络路径顺推与逆推分析，计算出所有活动的最早开始、最早结束、最晚开始和最晚结束日期。

关键路径法属于一种数学分析方法，包括理论上计算所有活动各自的最早、最晚开始日期与结束日期。讲述关键路径进度编排方法前，先来了解一下有关进度编制的基本术语。

1. 最早开始时间（Early Start，ES）

表示一项任务（活动）的最早可以开始执行的时间。

2. 最晚开始时间（Late Start，LS）

表示一项任务（活动）的最晚可以开始执行的时间。

3. 最早完成时间（Early Finish，EF）

表示一项任务（活动）的最早可以完成的时间。

4. 最晚完成时间（Late Finish，LF）

表示一项任务（活动）的最晚可以完成的时间。

5. 超前（lead）

表示两个任务（活动）的逻辑关系所允许的提前后置任务（活动）的时间，它是网络图中活动间的固定可提前时间。

6. 滞后（lag）

表示两个任务间或网络图中活动间的固定等待时间。举一个简单的例子：装修房子的时候，需要粉刷房子，刷油漆的后续活动是刷涂料，它们之间需要至少一段时间（一般是一天）的等待时间，等油漆变干后，再刷涂料，这个等待时间就是滞后。

7. 浮动时间

浮动时间是一个任务（活动）的机动性，它是一个活动在不影响项目完成的情况下可以延迟的时间量。

（1）总浮动（Total Float，TF）：在不影响项目最早完成时间的前提下，本任务（活动）可以延迟的时间。TF = LS – ES 或者 TF = LF – EF。

（2）自由浮动（Free Float，FF）：在不影响后置任务最早开始时间的前提下，本任务（活动）可以延迟的时间。某任务的自由浮动 FF = ES（successor）－ EF － lag（successor 表示后置任务，lag 是本任务与后置任务之间的滞后时间），即某任务的自由浮动等于它后置任务的 ES 减去它的 EF，再减去它的 lag。自由浮动是对总浮动的描述，表明总浮动的自由度。

8. 关键路径

项目是由各个任务构成的，每个任务都有一个最早、最迟的开始时间和结束时间，如果一个任务的最早时间和最迟时间相同，则表示其为关键任务，一系列不同任务链条上的关键任务链接成为项目的关键路径。关键路径是整个项目的主要矛盾，是确保项目能否按时完成的关键。关键路径在网络图中的浮动为 0，而且是网络图中的最长路径。关键路径上的任何活动延迟都会导致整个项目完成时间的延迟，它是完成项目的最短时间量。

下面以图 6-6 为例来进一步说明以上基本术语的含义（假设所有任务的历时以天为单位）。

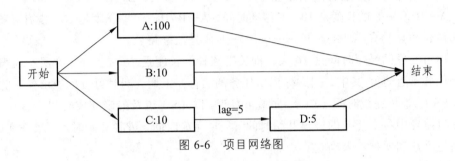

图 6-6　项目网络图

在图 6-6 中，A、B、C 是并行的关系，则项目的完成时间是 100。任务 A 的最早开始时间和早晚开始时间都为 0，最早结束时间和最晚结束时间都为 100，所以 ES（A）= 0，EF（A）= 100，LF（A）= 100，LS（A）= 0。

任务 B 的历时为 10 天，所以可以有一定的浮动时间，只要在任务 A 完成之前完成任务 B 就可以了，所以，任务 B 的最早开始时间是 0，最早结束时间是 10；而最晚结束时间是 100，最晚开始时间是 90，可知任务 B 有 90 天的浮动时间，这个浮动是总浮动。总浮动是在不影响项目最早完成时间本活动可以延迟的时间，任务 B 的总浮动 = 90 － 0 = 100 － 10 = 90。所以 ES（B）= 0，EF（B）= 10，LF（B）= 100，LS（B）= 90，TF（B）= LS（B）－ ES（B）= LF（B）－ EF（B）= 90。

任务 C 是任务 D 的前置任务，任务 D 是任务 C 的后置任务，它们之间的 lag = 5 表示任务 C 完成后的 5 天开始执行任务 D。C 任务的历时是 10，D 任务的历时是 5，所以任务 C 和任务 D 的最早开始时间分别是 0 和 15，最早结束时间分别是 10 和 20，如果保证任务 D 的最早开始时间不受影响，任务 C 是不能自由浮动的，所以任务 C 的自由浮动为 0，即 FF（C）= ES（D）－ EF（C）－ lag = 0，其中 ES（D）是任务 D 的最早开始时间，EF（C）是任务 C 的最早完成时间。任务 D 的最晚结束时间是 100，则任务 D 的最晚开始时间是 95，这样，任务 C 的最晚结束时间是 90，任务 C 的最晚开始时间是 80。所以 ES（C）= 0，EF（C）= 10，ES（D）= 15，EF（D）= 20，LF（D）= 100，LS（D）= 95，LF（C）= 90，LS（C）= 80，TF（C）= LS（B）－ ES（B）= LF（B）－ EF（B）= 80，FF（C）= ES（D）－ EF（C）－ lag = 0。

从图 6-6 中可以看出，路径 A 是浮动为 0 且是网络图中的最长路径，所以它是关键路径，是完成项目的最短时间。下面再看图 6-7 是如何确定其中的关键路径的（假设所有任务的历时以天为单位）：

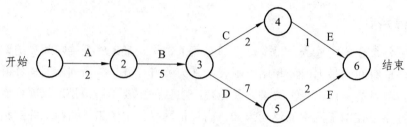

图 6-7　项目网络图

（1）从网络图可以知道有两条路径：A→B→C→E 和 A→B→D→F。

（2）A→B→C→E 的长度是 10，有浮动时间；A→B→D→F 的长度是 16，没有浮动时间。

（3）最长而且没有浮动的路径 A→B→D→F 便是关键路径。

（4）项目完成的最短时间是 16 天，即关键路径的长度是 16 天。图 6-8 所示代表网络图中的一个任务（活动），其中，图中标识出任务的名称、工期，同时可以标识出任务的最早开始时间（ES）、最早完成时间（EF）、最晚开始时间（LS）以及最晚完成时间（LF）。为了能够确定项目路径中各个任务的最早开始时间、最早完成时间、最晚开始时间、最晚完成时间，可以采用正推法和逆推法来确定。

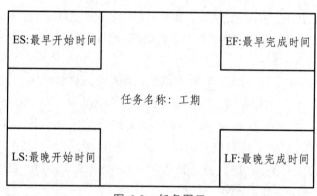

图 6-8　任务图示

① 正推法。

在网络图中按照时间顺序计算各个任务（活动）的最早开始时间和最早完成时间的方法称为正推法。此方法的执行过程如下：

a. 确定项目的开始时间。

b. 从左到右，从上到下进行任务编排。

c. 计算每个任务的最早开始时间 ES 和最早完成时间 EF：

网络图中第一个任务的最早开始时间是项目的开始时间；

ES + Duration = EF：任务的最早完成时间等于它的最早开始时间与任务的历时之和，其中 Duration 是任务的历时时间；

EF + lag = ES（s）：任务的最早完成时间加上（它与后置任务的）lag 等于后置任务的最早开始时间，其中 ES（s）是后置任务的最早开始时间；

当一个任务有多个前置任务时，选择前置任务中最大的 EF 加上 lag（或者减 lead）作为其 ES。

图 6-9 所示网络图（假设所有任务的历时以天为单位）中项目的开始时间是 1。如任务 A，它的最早开始时间 ES（A）= 1，任务历时 Duration = 7，则任务 A 的最早完成时间是 EF（A）= 1 + 7 = 8。同理可以计算 EF（B）= 1 + 3 = 4。任务 C 的最早开始时间 ES（C）= EF（A）+ 0 = 8，最早完成时间是 EF（C）= 8 + 6 = 14。任务 G 的最早开始时间和最早完成时间 ES（G）= 14，EF（G）= 14 + 3 = 17。同理 ES（D）= 4，EF（D）= 7，ES（F）= 4，EF（F）= 6。由于任务 E 有两个前置任务，选择其中最大的最早完成日期（因为 lag = 0，lead = 0）作为其后置任务的最早开始日期，所以 ES（E）= 7，EF（E）= 10。任务 H 也有两个前置：任务 E 和任务 G，选择其中最大的最早完成时间 17（因为 lag = 0，lead = 0），作为任务 H 的最早开始时间 EF（H）= 17，EF（H）= 19。

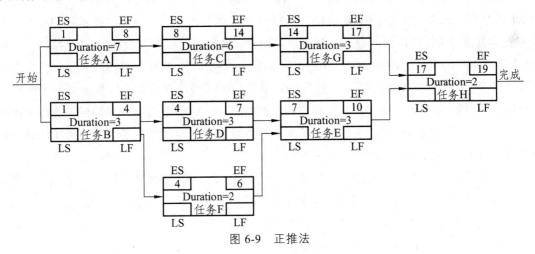

图 6-9 正推法

这样，通过正推法确定了网络图中各个任务（活动）的最早开始时间和最早完成时间。

② 逆推法。

在网络图中按照逆时间顺序计算各个任务（活动）的最晚开始时间和最晚完成时间的方法，称为逆推法。此方法的执行过程如下：

a. 确定项目的结束时间。

b. 从右到左，从上到下进行任务编排。

c. 计算每个任务的最晚开始时间 LS 和最晚完成时间 LF：

网络图中最后一个任务的最晚完成时间是项目的结束时间；

LF – Duration = LS：一个任务的最晚开始时间等于它的最晚完成时间与历时之差；

LS – Lag = LF（p）：一个任务的最晚开始与（它与其前置任务的）lag 之差等于它的前置任务的最晚完成时间 LF（p），其中 LF（p）是其前置任务的最晚完成时间；

当一个任务有多个后置任务时，选择其后置任务中最小 LS 减 lag（或者加上 lead）作为其 LF。

下面确定图 6-10 中各个任务（活动）的最晚开始时间和最晚完成时间。由于项目的结束时间是网络图中最后一个任务（活动）的最晚开始时间，对于图 6-10 所示网络图，这个项目的结束时间是 19，即 LF（H）= 19，则 LS（H）= 19 – 2 = 17，LF（E）= 17，LS（E）= 17 – 3 = 14。同理，任务 G、C、A、D、F 最晚完成和最晚开始时间分别如下：LF（G）= 17，LS（G）= 17 – 3 = 14；LF（C）= 14，LS（C）= 14 – 6 = 8；LF（A）= 8，LS（A）= 8 – 7 = 1；LF（D）= 14，LS（D）= 14 – 3 = 11；LF（F）= 14，LS（F）= 14 – 2 = 12。任务 B 有两个后置任务，选择其中最小最晚开始日期（因为 lag = 0，lead = 0）作为其前置任务的最晚完成日期，所以 11 作为任务 B 的最晚完成日期，即 LF（B）= 11，LS（B）= 11 – 3 = 8。另外，对于任务 F，它的自由浮动时间是 1［FF（F）= 7 – 6］；而它的总浮动时间是 8［TF（F）= 12 – 4 = 8］。结果如图 6-10 所示，图中 A→C→G→H 的浮动为 0，而且是最长的路径，所以它是关键路径。关键路径长度是 19，所以项目的完成时间是 19 天，并且 A、C、G、H 都是关键任务。

图 6-10 所示网络图可以称为 CPM 网络图，如果采用 PERT 进行历时估计，则可以称为 PERT 网络图。PERT 网络与 CPM 网络是 20 世纪 50 年代末发展起来的两项重要的技术，其主要区别是 PERT 计算历时时存在一定的不确定性，采用的算法是加权平均（0 + 4M + P）/6，CPM 计算历时的意见比较统一，采用的算法是最大可能 M，1956 年美国杜邦公司首先在化学工业上使用 CPM（关键路径法）进行计划编排，美国海军在建立北极星导弹时，采用了 Buzllen 提出的 PERT（计划评审法）技术。这两种方法才逐渐渗透到许多领域，为越来越多的人所采用，成为网络计划技术的主流。网络计划技术作为现代管理的方法与传统的计划管理方法相比较，具有明显优点，主要表现为：

（1）利用网络图模型，明确表达各项工作的逻辑关系。按照网络计划方法，在制订工程计划时，首先必须清楚该项目内的全部工作和它们之间的相互关系，然后才能绘制网络图模型。

（2）通过网络图时间参数计算，确定关键工作和关键线路。

（3）掌握机动时间，进行资源合理分配。

（4）运用计算机辅助手段，方便网络计划的调整与控制。

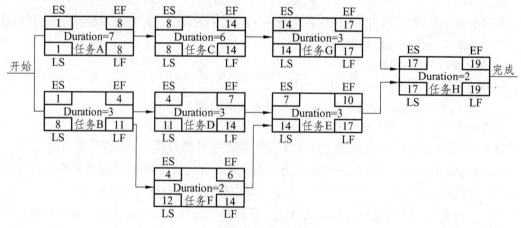

图 6-10　逆推法

我国从 20 世纪 60 年代中期开始，在著名数学家华罗庚教授的倡导和亲自指导下开始试点应用网络计划，并根据"统筹方法，全面安排"的指导思想，将这种方法命名为"统筹方法"网络计划技术，从此该方法在国内生产建设中卓有成效地推广开来。

为确保网络图的完整和安排的合理，可以进行如下检查：

（1）是否正确标识了关键路径？

（2）是否有哪个任务存在很大的浮动？如果有，则需要重新规划。

（3）是否有不合理的空闲时间？

（4）关键路径上有什么风险？

（5）浮动有多大？

（6）哪些任务有哪种类型的浮动？

（7）工作可以在期望的时间内完成吗？

（8）提交物可以在规定的时间内完成吗？

关键路径法是理论上计算所有活动各自的最早和最晚开始日期与结束日期，但计算时并没有考虑资源限制，这样算出的日期可能并不是实际进度，而是表示所需的时间长短，在编排实际的进度时，应该考虑资源限制和其他约束条件，把活动安排在上述时间区间内，所以还需要如时间压缩、资源调整等方法。

6.6.1.2 甘特图

甘特（Gantt）图历史悠久，具有直观简明、容易学习、容易绘制等优点。甘特图可以显示任务的基本信息。使用甘特图能方便地查看任务的工期、开始和结束时间以及资源的信息。甘特图有两种表示方法，这两种方法都是将任务（工作）分解结构中的任务排列在垂直轴，而水平轴表示时间。一种是棒状图（Bar Chart），用于表示任务的起止时间，如图 6-11 所示。空心棒状图表示计划起止时间，实心棒状图表示实际起止时间。用棒状图表示任务进度时，一个任务需要占用两行的空间。另外一种表示甘特图的方式如图 6-12 所示，是用三角形表示特定日期。向上三角形表示开始时间，向下三角形表示结束时间，计划时间和实际时间分别用空心三角和实心三角表示。一个任务只需要占用一行的空间。

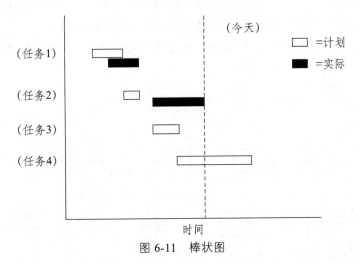

图 6-11　棒状图

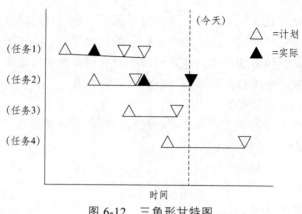

图 6-12 三角形甘特图

这两个图示说明同样的问题，从图中可以看出所有任务的起止时间都比计划推迟了，而且任务 2 的历时也比计划长很多。

甘特图可以很容易看出一个任务的开始时间和结束时间，简单、明了、直观、易于编制，因此到目前为止仍然是小型项目中常用的工具。但是不能系统地表达一个项目所包含的各项工作之间的复杂关系，难以进行定量的计算和分析，以及计划的优化，同时也没有指出影响项目寿命周期的关键所在。

6.6.1.3 关键链法

关键链法（CCM）是一种进度规划方法，允许项目团队在任何项目进度路径上设置缓冲，以应对资源限制和项目不确定性。这种方法建立在关键路径法之上，考虑了资源分配、资源优化、资源平衡和活动历时不确定性对关键路径（通过关键路径法来确定）的影响。关键链法引入了缓冲和缓冲管理的概念。在关键链法中，也需要考虑活动持续时间、逻辑关系和资源可用性，其中活动持续时间中不包含安全冗余。它用统计方法确定缓冲时段，作为各活动的集中安全冗余，放置在项目进度路径的特定节点，用来应对资源限制和项目不确定性。资源约束型关键路径就是关键链。

关键链法增加了作为"非工作进度活动"的持续时间缓冲，用来应对不确定性，项目缓冲放置在关键链末端的缓冲，用来保证项目不因关键链的延误而延误。

其他的缓冲，即接驳缓冲，则放置在非关键链与关键链的接合点，用来保护关键链不受非关键链延误的影响，如图 6-13 所示。

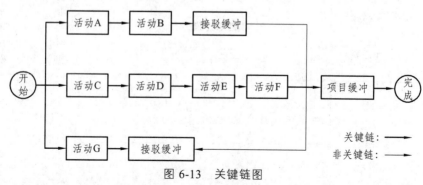

图 6-13 关键链图

6.6.1.4 工程评估评审技术

工程评估评审技术（Program Evaluation and Review Technique，PERT）最初发展于 1958 年，用来适应大型工程年代的需要。当时由于美国海军专门项目处关心大型军事项目的发展计划，于 1958 年将 PERT 引入海军北极星导弹开发项目中，取得不错的效果。PERT 是利用网络顺序图的逻辑关系和加权历时估算来计算项目历时的。当估计历时存在不确定性时，可以采用 PERT 方法，即估计其有一定的风险时采用这种方法。PERT 方法采用加权平均的算法进行历时估算。

PERT 历时 = （$O + 4M + P$）/6，其中 O 是活动（项）完成的最小估算值，或者说是最乐观值（Optimistic Time）；P 是活动（项目）完成的最大估算值，或者说是最悲观值（Pessimistic Time）；M 是活动（项目）完成的最大可能估算值（Most Likely Time）。最乐观值是基于最好情况的估计，最悲观值是基于最差情况的估计，最大可能估算值是基于最大可能情况的估计或者基于最期望情况的估计。在图 6-14 的网络图中，估计 A、B、C 任务的历时存在很大不确定性，故采用 PERT 方法估计任务历时，图 6-14 中标示了 A、B、C 任务的最乐观、最可能和最悲观的历时估计，根据 PERT 历时公式，计算各个任务的历时估计结果，见表 6-6。

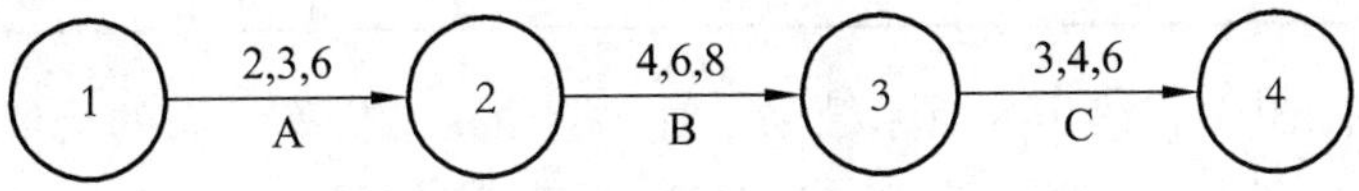

图 6-14　ADM 网络图

一个路径上的所有活动（任务）的历时估计之和便是这个路径的历时估计，其值称为路径长度。图 6-14 中的路径长度为 13.5，即这个项目总的时间估计是 13.5，见表 6-6。

表 6-6　PERT 方法估计项目历时

估计值 任务	最乐观值	最可能值	最悲观值	PERT 估计值
A	2	3	6	3.33
B	4	6	8	6
C	3	4	6	4.17
项目				13.5

用 PERT 方法估计历时存在一定的风险，因此有必要进一步给出风险分析结果。为此引入了标准差（Standard Deviation）和方差（Variance）的概念。

标准差

$$\delta = \frac{P - O}{6}$$

方差

$$\delta^2 = \left(\frac{P - O}{6}\right)^2$$

式中，O 是最乐观的估计；P 是最悲观的估计。标准差和方差可以表示历时估计的可信度或者项目完成的概率。如果需要估计网络图中一条路径的历时情况，一个路径中每个活动的 PERT 历时估计分别为 $E_1, E_2, \cdots, E_n$，标准差分别为 $\delta_1, \delta_2, \cdots, \delta_n$，则这个路径的历时、方差、标准差分别如下

$$E = E_1 + E_2 + \cdots + E_n$$

$$\delta^2 = \delta^2 + \delta^2 + \cdots + \delta_n^2$$

$$\delta = \sqrt{\delta^2 + \delta^2 + \cdots + \delta_n^2}$$

图 6-15 中 A、B、C 任务的标准差和方差以及这个路径的标准差和方差如表 6-7 所示。

表 6-7　项目的标准差和方差

值 项	标准差	方差
A 任务	4/6	16/36
B 任务	4/6	16/36
C 任务	3/6	9/36
项目路径	1.07	41/36

　　根据概率理论，计算出表 6-8 所示结果。对于遵循正态概率分布的均值 E 而言，$E \pm \delta$ 的概率分布是 68.3%，$E \pm 2\delta$ 的概率分布是 95.5%，$E \pm 3\delta$ 的概率分布是 99.7%，如图 6-15 所示。标准差 $\delta = 1.07$。这个项目总历时估计的如表 6-8 所示，项目的 PERT 总历时估计是 13.5 天，项目在 12.43 天 14.57 天内完成的概率是 68.3%，项目在 11.36 天到 15.64 天内完成的概率是 95.5%，项目在 10.29 天到 16.71 天内完成的概率是 99.7%。

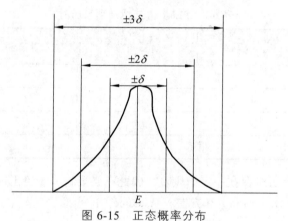

图 6-15　正态概率分布

表 6-8　项目完成的概率分布

历时估计 $E = 13.5$,　$\delta = 1.07$				
范围		概率	从	到
T1	$\pm \delta$	68.3%	12.43	14.57
T2	$\pm 2\delta$	95.5%	11.36	15.64
T3	$\pm 3\delta$	99.7%	10.29	16.71

图 6-16 所示为项目在 14.57 天内完成的概率。由于 $14.57 = 13.5 + 1.07 = E + \delta$，因此项目在 14.57 天内完成的概率是箭头 1 以左的概率，很显然它等于箭头 2 以左的概率加上 68.3/2，即 84.2%，所以项目在 14.57 天内完成的概率是 84.2%，即接近 85%。

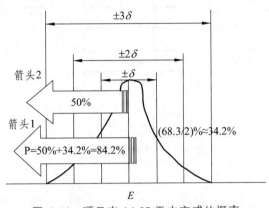

图 6-16　项目在 14.57 天内完成的概率

6.6.2　制订进度计划的成果物

1．进度基准

进度基准是经过批准的进度模型，只有通过正式的变更控制程序才能进行变更，用作与实际结果进行比较的依据。它被相关干系人接受和批准，其中包含基准开始日期和基准结束日期。在监控过程中，将用实际开始和结束日期与批准的基准日期进行比较，以确定是否存在偏差。进度基准是项目管理计划的组成部分。

2．项目进度计划

项目进度计划是进度模型的输出，展示活动之间的相互关联，以及计划日期、持续时间、里程碑和所需资源。项目进度计划可以是概括（有时称为主进度计划或里程碑进度计划）或详细的项目进度计划的表现形式：列表、图形。项目进度计划可以采用以下一种或多种图形来呈现：

1）横道图（甘特图）

横道图也叫甘特图，在横道图中，进度活动列于纵轴，日期排于横轴，活动持续时间则表示为按开始和结束日期定位的水平条形。甘特图（Gantt）是美国工程师和社会学家在 1916 年发明的，又称横道图（Bar Chart，也称条形图），是各种任务活动与日历表的对照图。甘特图可以显示任务的基本信息，使用甘特图能方便地看到任务的工期、开始和结束时间以及资源的信息，主要用于对软件项目的阶段、活动和任务的进度完成状态的跟踪。横道图相对易读，常用于向管理层汇报情况。

2）里程碑图

与横道图类似，但仅标示出主要可交付成果和关键外部接口的计划开始或完成日期。

3）项目进度网络图

（1）纯逻辑图。

通常用节点法绘制，没有时间刻度，纯粹显示活动及其相互关系，有时也称为"纯逻辑图"，如图 6-17 所示。

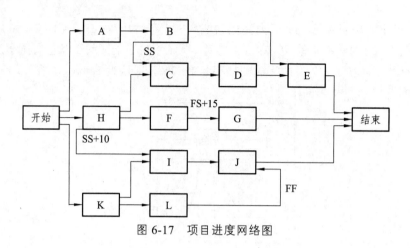

图 6-17 项目进度网络图

（2）逻辑横道图。

项目进度网络图也可以是包含时间刻度的进度网络图，如图 6-27 中的详细进度计划。这些图形中有活动日期，通常会同时展示项目网络逻辑和项目关键路径活动。

本例子也显示了如何通过一系列相关活动来对每个工作包进行规划。

（3）时标逻辑图。

包含时间刻度和表示活动持续时间的横条，以及活动之间的逻辑关系。它用于优化展现活动之间的关系，许多活动都可以按顺序出现在图的同一行中。

以水平时间坐标为尺度表示工作时间，以实箭线表示工作，实箭线的水平投影长度表示该工作的持续时间；以虚箭线表示虚工作，由于虚工作的持续时间为零，故虚箭线只能垂直画；以波形线表示工作与其紧后工作之间的时间间隔，如图 6-18 所示。

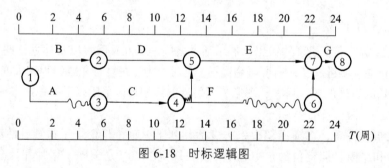

图 6-18 时标逻辑图

3. 进度数据

项目进度模型中的进度数据是用以描述和控制进度计划的信息集合。进度数据至少包括进度里程碑、进度活动、活动属性，以及已知的全部假设条件与制约因素，所需的其他数据因应用领域而异。经常可用作支持细节的信息包括（但不限于）：

（1）资源直方图：表示按时段计列的资源需求。

（2）备选的进度计划：如最好情况或最坏情况下的进度计划、经资源平衡或未经资源平衡的进度计划、有强制日期或无强制日期的进度计划。

（3）进度应急储备。

进度数据还可包括资源直方图、现金流预测，以及订购与交付进度安排等。

4．项目日历

在项目日历中规定可以开展进度活动的工作日和工作班次。它把可用于开展进度活动的时间段（按天或更小的时间单位）与不可用的时间段区分开来。在一个进度模型中，可能需要采用不止一个项目日历来编制项目进度计划，因为有些活动需要不同的工作时段。可能需要对项目日历进行更新。

5．项目管理计划更新

如果在项目进度管理的各过程中有批准的变更，则项目管理计划中进度管理计划部分就应该将这些批准的变更纳入其中。

6．项目文件更新

可能需要更新的项目文件包括（但不限于）：

（1）活动资源需求。资源平衡可能对所需资源类型与数量的初步估算产生显著影响。如果资源平衡改变了项目资源需求，就需要对其进行更新。

（2）活动属性。更新活动属性以反映在制订进度计划过程中所产生的对资源需求和其他相关内容的修改。

（3）日历。每个项目都可能有多个日历，如项目日历、单个资源的日历等，作为规划项目进度的基础。

（4）风险登记册。可能需要更新风险登记册，以反映进度假设条件所隐含的机会或威胁。

6.7 控制进度

项目进度管理的最后一个过程就是进度控制。像范围控制一样，进度控制也是项目整合管理中整体变更控制过程的一部分。控制进度是监督项目活动状态、更新项目进展、管理进度基准变更以实现计划的过程。本过程的主要作用是，提供发现计划偏离的方法，从而可以及时采取纠正和预防措施，以降低风险。

控制项目进度的变更会涉及许多事情。首先，最重要的是要确保所编制的项目进度符合实际。许多项目，尤其是软件项目，制订的期望进度与实际相差甚远。其次，要使用纪律手段来控制项目的进度，并且要由领导来强调按进度开展项目的重要性。尽管有多种工具和技术能够帮助制订和管理项目的进度，但是项目经理必须掌控几个重要的人事问题，以保证项目按进度开展。

控制进度作为整体变更控制过程的一部分，关注如下内容：

（1）判断项目进度的当前状态。

（2）对起进度变更的因素施加影响。

（3）判断项目进度是否已经发生变更。

（4）在变更实际发生时对其进行管理。

项目进度控制是依据项目进度基准计划对项目的实际进度进行监控，使项目能够按时完成。有效项目进度控制的关键是监控项目的实际进度，及时、定期地将它与计划进度进行比较，并立即采取必要的纠正措施。项目进度控制必须与其他变化控制过程紧密结合，并且贯穿于项目的始终。当项目的实际进度滞后于计划进度时，发现问题、分析问题根源并找出妥善的解决办法。通常可用以下一些方法缩短活动的工期：

（1）投入更多的资源以加速活动进程。

（2）指派经验更丰富的人去完成或帮助完成项目工作。

（3）减小活动范围或降低活动要求。

（4）通过改进方法或技术提高生产效率。

对进度的控制，还应当重点关注项目进展报告和执行状况报告，它们反映了项目当前进度、费用、质量等方面的执行情况和实施情况，是进行进度控制的重要依据。

6.7.1　控制进度的方法

1. 进度报告

进度报告及当前进度状态包括如下一些信息，如实际开始和完成日期，以及未完计划活动的剩余持续时间。如果还使用了实现价值这样的绩效测量，则也可能含有正在进行的计划活动的完成百分比。为了便于定期报告的进度，组织内参与项目的各个单位可以在项目生命周期内自始至终使用统一的模板。模板可以用纸，也可以用计算机文件。

2. 进度变更控制

进度变更控制系统规定项目进度变更所应遵循的手续，包括书面申请、追踪系统以及核准变更的审批级别。进度变更控制系统的功能属于整体变更控制过程的一部分。

3. 绩效衡量

绩效衡量技术的结果是进度偏差（SV）与进度效果指数（SPI）。进度偏差与进度效果指数用于估计实际发生任何项目进度偏差的大小。进度控制的一个重要作用是判断已发生的进度偏差是否需要采取纠正措施。例如，非关键路径计划活动的重大延误对项目总体进度可能影响甚微，而关键路径或接近关键路径上的一个短得多的延误，却有可能要求立即采取行动。

4. 项目管理软件

用于制订进度表的项目管理软件能够追踪与比较计划日期与实际日期，预测实际或潜在的项目进度变更所带来的后果，因此是进度控制的有用工具。

5. 偏差分析

在进度监视过程中，进行偏差分析是进度控制的一个关键职能。将目标进度日期同实际或预测的开始与完成日期进行比较，可以获得发现偏差以及在出现延误时采取纠正措施所需的信息。在评价项目进度绩效时，总时差也是分析项目时间实施效果的一个必不可少的规划组成部分。

6.7.2　控制进度的成果物

1. 更新的项目进度表

项目进度表更新指对用于管理项目的项目进度模型资料所做出的任何修改。必要时，要通知有关的利害关系者。

重新绘制的项目进度网络图展示出得到批准的剩余持续时间和对工作计划所做的修改。有些时候，项目进度可能延误非常严重，需要修改目标开始与完成日期，制订新的目标进度表，才能为指导工作、测量绩效提供现实的数据。

2. 更新的进度基准

修改进度表是一种特殊类型的项目进度表更新。修改指改变经过批准的进度基准的计划开始与完成日期。一般是在批准项目范围或费用估算方面的变更请求之后才改变上述日期。只有在批准变更时，才制订经过修改的进度基准。原来的进度基准和进度模型一直保存到制订出新的进度基准，以防丢失项目进度表的历史数据。

3. 绩效衡量

为各工作分解结构组成部分，特别是工作细目与控制账户计算得出的进度偏差与进度效果指数数值，记入文件并通知各利害关系者。

4. 请求的变更

进度偏差分析，连同对进度绩效报告的审查、绩效测量的结果，以及对项目进度模型的修正都会对项目进度基准提出变更请求。项目进度变更也可能不要求调整项目管理计划的其他组成部分。请求的变更是通过整体变更控制过程审查和处置的。

5. 推荐的纠正措施

纠正措施指为使项目未来进度的绩效与批准的项目进度基准保持一致而采取的任何行动。进度管理领域的纠正措施通常涉及赶进度，即采取特殊行动以保证计划活动按时完成，或者至少把延误降低到最低程度。纠正措施往往要求进行根本原因分析，直明造成偏差的原因。这种分析可能涉及并非实际造成偏差的计划活动。因此，可以利用项目进度表中排在后面的计划活动对项目进度出现偏差后的恢复进行规划和实施。

6. 组织过程资产

偏差的原因、选取纠正措施时的思考过程，以及从进度控制中汲取的其他教训均应形成文字，纳入组织过程资产之中，使其成为本项目和实施组织其他项目历史数据库的组成部分。

6.8 应用软件进行软件项目进度管理

项目进度管理包括了规划进度管理、定义活动、排列活动顺序、估算活动资源、估算活动持续时间、制订进度计划、控制进度 7 个过程。使用项目管理软件可以对其中的制订进度计划以及控制进度两个过程进行管理，其他的几个过程在线下进行，并将相应的文档上传到项目管理软件的项目库中。本小节将以"招投标管理系统"为例介绍如何使用项目管理软件进行进度管理。

1. 制订进度计划

在线下已经制订了进度计划，需在线上将需求分解为任务，方便指派和跟踪。任务列表如图 6-19 所示，任务编辑页面如图 6-20 所示，在线上可以通过子任务功能把任务分解为子任务，如图 6-21 所示。

图 6-19 任务列表

图 6-20 任务编辑页面

图 6-21 子任务界面

2. 控制进度

控制进度是监督项目活动状态、更新项目进展、管理进度基准变更以实现计划的过程。项目经理可以根据项目管理软件提供的任务状态、记录工时、功能列表和燃尽图了解项目进度，从而采取纠正和预防措施，以降低风险。

1）团队成员按时反馈进度

项目开始之后，团队成员需要每天向项目经理汇报任务完成情况和工时消耗情况。项目管理软件提供了团队成员自主更新任务状态并且记录工时的功能，每个人可以按照每天的工作内容进行任务状态更新记录和工时记录，项目经理在线上根据团队成员反馈的任务状态和工时记录查看项目进度。项目管理软件记录工时功能如图 6-22 所示。

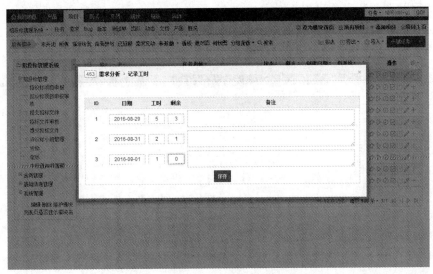

图 6-22 记录工时

团队成员需要每天更新自己所负责的任务，因为燃尽图的绘制就是通过预计剩余这个字段来计算的。

2）了解项目进展

除了每天召开站立会议，项目经理还可以通过项目的各种列表功能来掌握项目的进展情况，项目经理通过项目管理软件提供 3 种功能列表掌握项目进度：

（1）首页的项目进展列表。

通过这个列表，可以很方便地知道目前项目的进展情况。这个图里面的进度是按照总消耗/（总消耗 + 总剩余）计算出来的一个工时的进度，如图 6-23 所示。

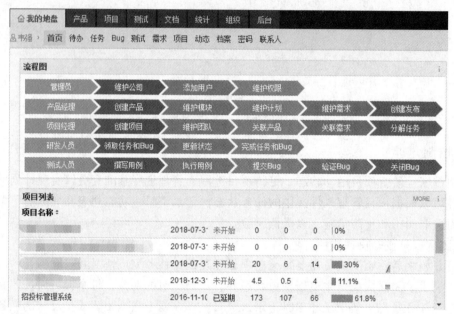

图 6-23　我的地盘项目列表

（2）项目视图的所有项目列表。

在项目视图中的所有项目页面，也可以查看所有项目进展情况，包括项目结束日期、项目状态、总预计工时、总消耗工时、总剩余工时和项目总体进度，如图 6-24 所示。

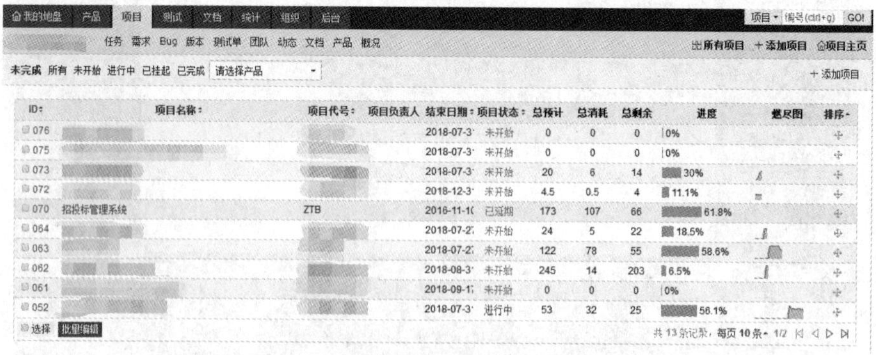

图 6-24　项目视图项目列表

（3）通过任务列表查看具体的任务的进展情况。

通过项目任务树状图，了解项目需求和任务的开发情况。树状图功能可以清晰地显示项目所关联的需求、需求和任务的关联关系以及任务的开发情况，如图 6-25 所示。

图 6-25　树状图

3）燃尽图

项目经理通过燃尽图可以直观地查看项目进度，项目管理软件可以将项目中所有任务预计剩余的时间累加起来，绘制成燃尽图，如图 6-26 所示。

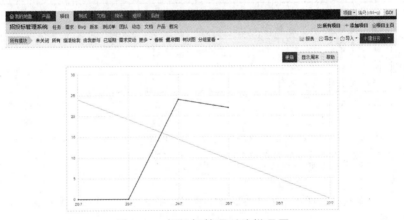

图 6-26　招投标管理系统燃尽图

此图横轴为日期，纵轴为工时数。

工时数是项目中所有任务剩余工时的总和，每天计算一下，形成坐标，然后把线连接起来，形成此燃尽图。

6.9 "招投标管理系统"项目进度管理案例分析

在项目范围管理中已经收集完成项目的需求和定义范围，创建了 WBS，接下来需要制订项目的进度计划来指导项目后续的一系列工作。

制订进度计划需要依据活动清单、活动属性、活动资源需求、资源分解结构、活动持续时间估算等文档来制订，想要获得这些文档需要完成的工作依次为：定义活动、排列活动顺序、估算活动资源、估算活动持续时间。

6.9.1 规划进度管理案例分析

规划进度管理的成果物进度管理计划如表 6-9 所示。

表 6-9 进度管理计划

项目名称	招投标管理系统		日期		2016 年 8 月 27 日
进度方法：甘特图、关键路径法					
进度工具：Project					
精准度		计量单位		偏差临界值	
渐进明细		工作日（天）		无提前或滞后量	
进度报告信息和格式：项目周报、项目月报					
过程管理					
定义活动	分解 滚动式规划 专家谈判				
排列活动顺序	1．紧前关系绘图法； 2．提前量与滞后量				
估算活动资源	1．专家判断； 2．备选方案分析； 3．发布的估算数据				
估算活动持续时间	1．专家判断； 2．3 点估算。 3 点估算公式：活动持续时间估算＝（最可能持续时间*4＋最乐观＋最悲观）/6				
更新、管理和控制	更新项目进度计划流程如下： 1．更新项目进度计划 （1）项目经理组织项目组成员，根据《需求规格说明书》制订详细的《项目进度计划表》； （2）制订项目进度计划的同时，根据《项目风险管理指南》识别项目风险，更新《风险登记册》； （3）责任人：项目经理。 2．提交项目进度计划 （1）项目经理将《项目进度计划表》《风险登记册》提交给项目管理专员； （2）责任人：项目经理。 3．项目进度计划评审 （1）项目管理专员组织 PMO 成员对《项目进度计划表》《风险登记册》进行评审； （2）将评审意见反馈给项目经理，项目经理再对项目计划进行修订； （3）项目管理专员归档修订确认后的《项目进度计划表》《风险登记册》； （4）责任人：项目经理				

6.9.2 定义活动案例分析

根据第 5 章创建项目范围管理中创建 WBS 案例分析小节得到的 WBS，邀请公司有相关经验的专家使用分解方法对活动进行分解，以需求阶段的定义活动为例，得到需求阶段的活动清单表、活动属性表、整个项目的里程碑清单表，如表 6-10，表 6-11，表 6-12 所示。

表 6-10 "招投标管理系统"需求阶段的活动清单

编号	活动名称	工作描述
2.1	制订需求调研计划	制订调研的计划
2.2	需求调研	根据需求调研计划在用户单位进行需求调研
2.3	需求分析	根据调研的需求进行需求分析
2.3.1	编制需求规格说明书	根据需求分析的结果编制需求规格说明书
2.3.2	评审需求规格说明书	组织用户对需求规格说明书进行评审
2.3.3	修改需求规格说明书	根据评审意见进行修改
2.3.4	确认需求规格说明书	对修改后的文档进行再次确认
2.3.5	建立需求跟踪矩阵	根据评审通过的文档建立需求跟踪矩阵

以需求阶段的需求分析为例来说明如何识别活动的属性，如表 6-11 所示。

表 6-11 "招投标管理系统"需求调研的活动属性

编号：2.2			活动名称：需求调研		
工作描述：根据需求调研计划在用户单位进行需求调研					
紧前活动	本活动与紧前活动的关系	本活动相对于紧前活动的时间提前或滞后量	紧后活动	本活动与紧后活动的关系	本活动相对于紧后活动的时间提前或滞后量
制订需求调研计划	完成—开始关系（FS）	无	需求分析	开始—开始关系（SS）	提前 5 个工作日
资源需求的数量和类型：项目经理 1 名，需求分析师 1 员		技能要求:熟悉需求分析过程	其他需要的资源：无		
人力投入的类型：法定工作日					
执行的工作地点：公司办公室					
强制日期或其他制约因素：无					
假设条件：假设需求分析师的技能满足要求					

（1）紧前活动："需求调研"的紧前活动指发生在需求调研之前必须完成的工作应是"制订需求调研计划"。

（2）本活动与紧前活动的关系：只有"制订需求调研计划"紧前活动完成后，"需求调研"紧后活动才能开始，所以应该是完成-开始关系（FS）。

（3）本活动相对于紧前活动的时间提前或滞后量："需求调研"相对于紧前活动"制订需求调研计划"不能提前开始，但可以在"制订需求调研计划"后滞后几天开始，本案例中没有需要滞后的原因，所以可以紧接着开始，即无提前或滞后量。

表 6-12 "招投标管理系统" 里程碑清单

序号	里程碑名称	里程碑描述	类型
1	项目计划通过评审	完成计划阶段的工作，计划经公司内部评审通过	可选
2	需求规格说明书通过评审	完成需求阶段的工作，需求规格说明书经用户评审通过	必要
3	系统设计通过评审	完成设计阶段的工作，系统设计经用户评审通过	必要
4	代码通过评审	完成实现阶段的工作，代码经内部评审通过	可选
5	测试通过	完成测试阶段的工作，测试经内部评审通过	必要
6	通过用户验收	完成实施阶段的工作，通过用户验收	必要

（4）紧后活动："需求调研"的紧后活动指发生在需求调研之后必须完成的工作应是"需求分析"。

（5）本活动与紧后活动的关系：可以一边进行"需求调研"，一边进行"需求分析"，所以两者的关系应该是开始—开始关系（SS），即只有需求调研开始后，需求分析才能开始。

（6）本活动相对于紧后活动的时间提前或滞后量："需求调研"相对于"需求分析"，可以在需求分析开始前 5 天开始。

6.9.3 排列活动顺序案例分析

根据已经识别出的活动可以排列活动的顺序，根据定义活动时得到的需求调研的活动属性表在 Project 中可以形成如图 6-27 所示的项目进度网络图（局部）。

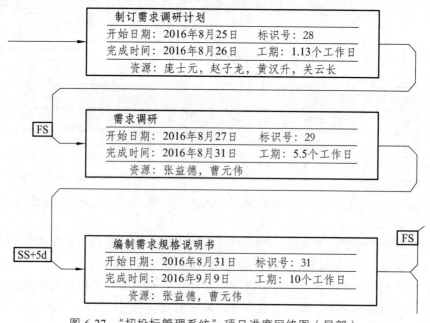

图 6-27 "招投标管理系统"项目进度网络图（局部）

如图 6-27 所示，使用到了紧前关系绘图法、提前量和滞后量。

标识号 28 "制订需求调研计划"与标识号 29 "需求调研"的依赖关系是完成—开始关系（FS），即有制订需求调研计划完成后，需求调研才能开始。

标识号 29 "需求调研"与标识号 31 "编制需求规格说明书"的依赖关系是开始-开始关系（SS），滞后量是 5 天，即在需求调研开始后 5 天，就可以开始编制需求规格说明书。

6.9.4 估算活动资源案例分析

根据活动清单、活动属性估算活动资源，得到活动资源需求，如表 6-13 所示。

表 6-13 "招投标管理系统"活动资源需求表

编号	资源类型	资源名称	数量	依据、用途、作用	到位日期
R1	人力资源	项目经理	1	负责计划，监督和指导项目的进展	2016 年 8 月 20 日
R2	人力资源	项目助理	1	协助项目经理监督和指导项目的进展	2016 年 8 月 20 日
R3	人力资源	需求分析师	2	负责需求调研、需求分析	2016 年 8 月 20 日
R4	人力资源	设计人员	2	负责项目的概要设计、功能设计	2016 年 8 月 20 日
R5	人力资源	开发人员	4	负责项目的开发工作	2016 年 8 月 20 日
R6	人力资源	测试人员	2	对项目的功能性测试	2016 年 8 月 20 日
R7	人力资源	配置管理员	1	对项目进行配置管理工作	2016 年 8 月 20 日
R8	人力资源	质量保证员	1	保证"过程质量"和"产品质量"	2016 年 8 月 20 日
R9	设备	PC 服务器	1	配置管理、数据库服务器、测试	2016 年 8 月 20 日
R10	设备	PC 主机	5	用于编写文档、开发	2016 年 8 月 20 日
R11	软件	Oracle 10g	1	数据库服务器	2016 年 9 月 10 日
R12	软件	Microsoft Windows 7	5	除服务器外，项目组成员使用的操作系统	2016 年 9 月 10 日
R13	软件	hearken5.0	4	开发工具	2016 年 9 月 10 日

6.9.5 估算活动持续时间案例分析

由 WBS 中的每个工作包分解出来的活动，通过专家判断得出每项活动的最乐观的持续时间、最可能的持续时间、最悲观的持续时间，通过 3 点估算法计算出活动持续时间估算 =（最可能持续时间 × 4 + 最乐观 + 最悲观）/6，部分活动持续时间如表 6-14 所示。

表 6-14 “招投标管理系统”活动持续时间估算表（部分）

WBS 编号	活动名称	最乐观的持续时间	最可能的持续时间	最悲观的持续时间	活动持续时间估算
2.1	制订需求调研计划	1	2	3	2
2.2	需求调研	8	10	18	11
2.3.1	编制需求规格说明书	8	10	18	11
2.3.1	评审需求规格说明书	1	2	3	2
2.3.1	修改需求规格说明书	1	2	3	2
2.3.1	确认需求规格说明书	1	2	3	2
2.3.1	建立需求跟踪矩阵	1	2	3	2

6.9.6 制订进度计划案例分析

根据前面所有的成果物活动清单、活动属性、项目进度网络图、活动资源需求、活动持续时间估算表在项目管理软件 Project 中得到项目进度计划表，如图 6-28 所示。

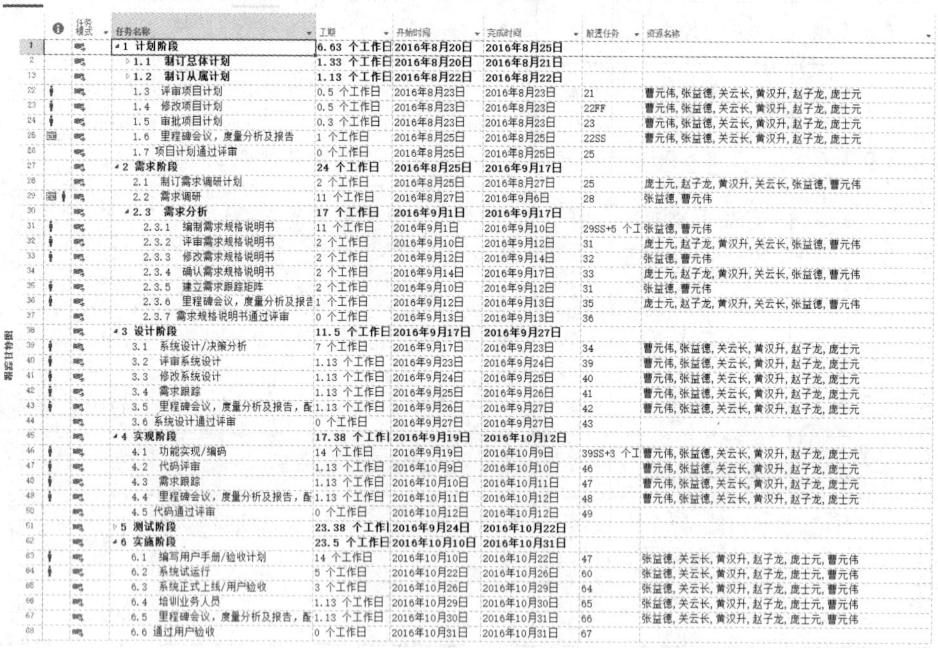

	任务名称	工期	开始时间	完成时间	前置任务	资源名称
1	1 计划阶段	6.63 个工作日	2016年8月20日	2016年8月25日		
2	1.1 制订总体计划	1.33 个工作日	2016年8月20日	2016年8月21日		
13	1.2 制订从属计划	1.13 个工作日	2016年8月22日	2016年8月22日		
22	1.3 评审项目计划	0.5 个工作日	2016年8月23日	2016年8月23日	21	曹元伟,张益德,关云长,黄汉升,赵子龙,庞士元
23	1.4 修改项目计划	0.5 个工作日	2016年8月23日	2016年8月23日	22FF	曹元伟,张益德,关云长,黄汉升,赵子龙,庞士元
24	1.5 审批项目计划	0.3 个工作日	2016年8月23日	2016年8月23日	23	曹元伟,张益德,关云长,黄汉升,赵子龙,庞士元
25	1.6 里程碑会议，度量分析及报告	1 个工作日	2016年8月25日	2016年8月25日	22SS	曹元伟,张益德,关云长,黄汉升,赵子龙,庞士元
26	1.7 项目计划通过评审	0 个工作日	2016年8月25日	2016年8月25日	25	
27	2 需求阶段	24 个工作日	2016年8月25日	2016年9月17日		
28	2.1 制订需求调研计划	2 个工作日	2016年8月25日	2016年8月27日	25	庞士元,赵子龙,黄汉升,关云长,张益德,曹元伟
29	2.2 需求调研	11 个工作日	2016年8月27日	2016年9月6日	28	张益德,曹元伟
30	2.3 需求分析	17 个工作日	2016年9月1日	2016年9月17日		
31	2.3.1 编制需求规格说明书	11 个工作日	2016年9月1日	2016年9月10日	29SS+5 个工	张益德,曹元伟
32	2.3.2 评审需求规格说明书	2 个工作日	2016年9月10日	2016年9月12日	31	庞士元,赵子龙,黄汉升,关云长,张益德,曹元伟
33	2.3.3 修改需求规格说明书	2 个工作日	2016年9月12日	2016年9月14日	32	张益德,曹元伟
34	2.3.4 确认需求规格说明书	2 个工作日	2016年9月14日	2016年9月17日	33	庞士元,赵子龙,黄汉升,关云长,张益德,曹元伟
35	2.3.5 建立需求跟踪矩阵	2 个工作日	2016年9月10日	2016年9月12日	31	张益德,曹元伟
36	2.3.6 里程碑会议，度量分析及报告	1 个工作日	2016年9月12日	2016年9月13日	35	庞士元,赵子龙,黄汉升,关云长,张益德,曹元伟
37	2.3.7 需求规格说明书通过评审	0 个工作日	2016年9月13日	2016年9月13日	36	
38	3 设计阶段	11.5 个工作日	2016年9月17日	2016年9月27日		
39	3.1 系统设计/决策分析	7 个工作日	2016年9月17日	2016年9月23日	34	曹元伟,张益德,关云长,黄汉升,赵子龙,庞士元
40	3.2 评审系统设计	1.13 个工作日	2016年9月23日	2016年9月24日	39	曹元伟,张益德,关云长,黄汉升,赵子龙,庞士元
41	3.3 修改系统设计	1.13 个工作日	2016年9月24日	2016年9月25日	40	曹元伟,张益德,关云长,黄汉升,赵子龙,庞士元
42	3.4 需求跟踪	1.13 个工作日	2016年9月25日	2016年9月26日	41	曹元伟,张益德,关云长,黄汉升,赵子龙,庞士元
43	3.5 里程碑会议，度量分析及报告，酝	1.13 个工作日	2016年9月26日	2016年9月27日	42	曹元伟,张益德,关云长,黄汉升,赵子龙,庞士元
44	3.6 系统设计通过评审	0 个工作日	2016年9月27日	2016年9月27日	43	
45	4 实现阶段	17.38 个工作	2016年9月19日	2016年10月12日		
46	4.1 功能实现/编码	14 个工作日	2016年9月19日	2016年10月9日	39SS+3 个工	曹元伟,张益德,关云长,黄汉升,赵子龙,庞士元
47	4.2 代码评审	1.13 个工作日	2016年10月9日	2016年10月10日	46	曹元伟,张益德,关云长,黄汉升,赵子龙,庞士元
48	4.3 需求跟踪	1.13 个工作日	2016年10月10日	2016年10月11日	47	曹元伟,张益德,关云长,黄汉升,赵子龙,庞士元
49	4.4 里程碑会议，度量分析及报告，酝	1.13 个工作日	2016年10月11日	2016年10月12日	48	曹元伟,张益德,关云长,黄汉升,赵子龙,庞士元
50	4.5 代码通过评审	0 个工作日	2016年10月12日	2016年10月12日	49	
51	5 测试阶段	23.38 个工作	2016年9月24日	2016年10月22日		
62	6 实施阶段	23.5 个工作日	2016年10月10日	2016年10月31日		
63	6.1 编写用户手册/验收计划	14 个工作日	2016年10月10日	2016年10月22日	47	张益德,关云长,黄汉升,赵子龙,庞士元,曹元伟
64	6.2 系统试运行	5 个工作日	2016年10月22日	2016年10月26日	60	张益德,关云长,黄汉升,赵子龙,庞士元,曹元伟
65	6.3 系统正式上线/用户验收	3 个工作日	2016年10月26日	2016年10月29日	64	张益德,关云长,黄汉升,赵子龙,庞士元,曹元伟
66	6.4 培训业务人员	1.13 个工作日	2016年10月29日	2016年10月30日	65	张益德,关云长,黄汉升,赵子龙,庞士元,曹元伟
67	6.5 里程碑会议，度量分析及报告，酝	1.13 个工作日	2016年10月30日	2016年10月31日	66	张益德,关云长,黄汉升,赵子龙,庞士元,曹元伟
68	6.6 通过用户验收	0 个工作日	2016年10月31日	2016年10月31日	67	

图 6-28 “招投标管理系统”进度计划表

进度计划表中的任务名称是从活动清单中获取，前置任务是从活动属性中获取，资源名称是从活动资源需求中获取，工期是从活动持续时间估算表中获取，0 个工作日表示的是里程碑节点如“需求规格说明书通过评审”。

在 Project 中切换成甘特视图，如图 6-29 所示，可以看到图中里程碑节点是用菱形四边形表示的。

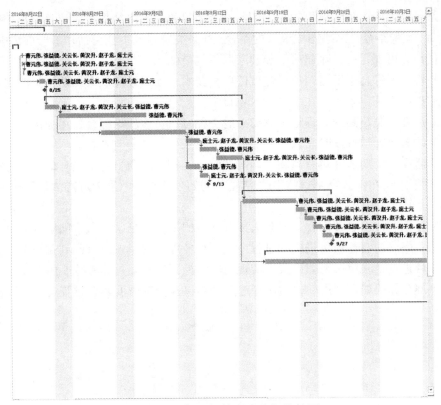

图 6-29 "招投标管理系统"甘特图

6.10 本章小结

本章常常被视为项目冲突的主要来源，因为许多软件项目的完工都超出了时间预期。本章主要内容包括：规划进度管理、定义活动、活动排序、活动资源估算、活动工期估算、制订进度计划和进度控制、利用软件进行软件项目进度管理。

定义活动是指识别为完成项目而必须开展的具体活动。这一过程通常能够使工作分解结构变得更加详细具体。

活动排序是指确定活动间的关系或依赖关系。活动间的关系有 3 种来源，分别是：基于工作特征的强制关系、基于项目团队经验的自由关系、基于非项目活动的外部关系。在使用关键路径分析法之前必须完成项目活动排序。

网络图是显示活动排序的有效技术。绘制网络图有两种方法：箭线图法和前导图法。任务间存在 4 种关系：完成—开始、完成—完成、开始—开始和开始—完成。

活动资源估算是指确定将要分配给每项活动的资源（人、设备和原材料）的质量和类型。项目和组织的特征将会影响资源的估计。活动工期估计是指估计完成每项活动所需的时间。这些时间估计包括实际工作时间加占用时间。

制订进度计划就是依据项目时间管理前几个过程的结果来确定项目的开始日期和结束日期。项目经理常常使用甘特图来显示项目进度。追踪甘特图显示了计划和实际的进度信息。

关键路径法可用于预测项目的总工期。一个项目的关键路径是决定项目最早完成日期的一系列活动。关键路径是网络图中最长的路径。如果关键路径上任何活动的开展出现了延误，那整个项目都会出现延误，除非项目经理采取纠偏措施。

赶工和快速追踪是用于缩短项目进度的两种技术。项目经理及其团队成员必须注意项目中不合理的进度安排，尤其是在信息技术项目中。

关键链进度编制法是约束理论（TOC）的一种应用。该理论综合使用关键路径分析、资源限制和缓冲来保证项目按时完成。

当个别活动的工期估计具有高度不确定性时，一种用于项目工期估计的网络分析技术就是计划评审技术（PERT）。该技术使用了活动工期的乐观估计、最大可能估计和悲观估计值。现在 PERT 已经不常用了。

尽管进度编制技术非常重要，但是大部分项目的失败都是因为人事问题，而不是因为网络图绘制得不好。在制订项目进度的过程中，项目经理必须考虑所有的利益相关者，制订符合实际的项目进度，并使用纪律手段来实现进度目标，这些都是非常重要的。

最后一部分介绍如何利用软件对制订进度计划以及控制进度两个过程进行管理。

7 软件项目成本管理

项目成本管理是指为了保障软件项目实际发生的成本不超过项目预算，在批准的预算内按时、按质、经济高效地完成既定目标而开展的成本管理活动，具体要依靠规划成本管理、成本估计、成本预算、成本控制4个过程来完成。图7-1展示了软件项目成本的组成。

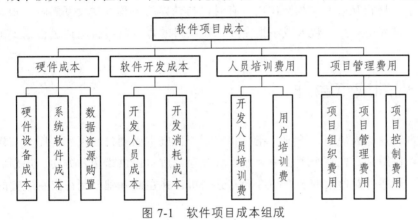

图 7-1 软件项目成本组成

按照成本类别的不同，表7-1对成本进行了分类。

表 7-1 成本分类

名称	含义	举例
直接成本	直接可以归属于项目工作的成本	人工费、材料费、项目设备使用费
间接成本	不能或不便于直接计入某一成本计算对象，而需先按发生地点或用途加以归集，待月终选择一定的分配方法进行分配后才计入有关成本计算对象的费用	水费、房租、管理费用
固定成本	不随生产量、工作量或时间的变化而变化的非重复成本	计算机
可变成本	随着生产量、工作量或时间而变的成本	原材料、人工费
沉没成本	由于过去的决策已经发生了的，而不能由现在或将来的任何决策改变的成本，已经付出且不可收回的成本	固定资产、知识产权
机会成本	当把一定的经济资源用于生产某种产品时放弃的另一些产品生产上最大的收益	如果选择另一个项目而放弃这一项目收益所引发的成本
可控成本	项目经理可以控制的	直接成本、可变成本
不可控成本	项目经理不能直接控制	间接成本、固定成本
生命周期成本	考虑整个产品生命周期成本	产品设计成本、制造成本、使用成本、废弃处置成本、环境保护成本

项目成本管理由一些过程组成，包含所有为了保证项目在预算内完成的过程，一般包括以下过程：

（1）规划成本管理过程——为规划、管理花费和控制项目成本而制订政策、程序和文档的过程。

（2）成本估计过程——对完成项目活动所需资金进行近似估算的过程。

（3）成本预算过程——包括将整个成本估计配置到各项工作，以建立一个衡量绩效的基准计划，其主要输出是成本基准计划。

（4）成本控制过程——包括控制项目预算的变化，其主要输出是修正的成本估算、更新预算、纠正行动和取得的教训。

以上 4 个过程相互影响、相互作用，有时也与外界的过程发生交互影响，根据项目的具体情况，每一过程由一人、数人或小组完成，在项目的每个阶段，上述过程至少出现一次。

7.1 规划成本管理

规划成本管理是为规划、管理、花费和控制项目成本而制订政策、程序和文档的过程。本过程的主要作用是：在整个项目中为如何管理项目成本提供指南和方向。规划成本是企业的重要因素，可通过对过去的老产品进行充分分析，并在此基础上制订出更适宜的规划。

7.1.1 规划成本管理的方法

1. 专家判断

基于历史信息，对项目环境及以往类似项目的信息提供有价值的见解。对是否需要联合使用多种方法，以及如何协调方法之间的差异提出建议。

针对正在开展的活动，基于某应用领域、知识领域、学科、行业等的专业知识而做出的判断，应用于制订成本管理计划。

2. 分析技术

在制订成本管理计划时，可能需要选择项目筹资的战略方法，如自筹资金、股权投资、借贷投资等。成本管理计划中可能也需详细说明筹集项目资源的方法，如自制、采购、租用或租赁。如同会影响项目的其他财务决策，这些决策可能对项目进度和风险产生影响。组织政策和程序可能影响采用哪种财务技术进行决策。

可用的技术包括（但不限于）：回收期、投资回报率、内部报酬率、现金流贴现和净现值。

3. 会 议

项目团队可能举行规划会议来制订成本管理计划。参会人员可能包括项目经理、项目发起人、选定的项目团队成员、选定的干系人、项目成本负责人，以及其他必要人员。

7.1.2　规划成本管理的成果物

规划成本管理的主要成果物为成本管理计划，它描述将如何规划、安排和控制项目成本。规划了如何管理和控制项目成本，包括估算活动成本的方法和需要达到的准确度。成本管理计划包括以下信息：

1．计量单位

需要规定每种资源的计量单位，例如用于测量时间的人时数、人天数或周数，用于计量数量的米、升、吨、千米或立方码，或者用货币表示的总价。

2．精确度

根据活动范围和项目规模，设定成本估算向上或向下取整的程度（例如，100.49 美元取整为 100 美元，995.59 美元取整为 1 000 美元）。

3．准确度

为活动成本估算规定一个可接受的区间，其中可能包括一定数量的应急储备。

4．组织程序链接

工作分解结构为成本管理计划提供了框架，以便据此规范地开展成本估算、预算和控制。

5．控制临界值

可能需要规定偏差临界值，用于监督成本绩效。它是在需要采取某种措施前，允许出现的最大偏差。通常用偏离基准计划的百分数来表示。

6．报告格式

需要规定各种成本报告的格式和编制频率。

7．过程描述

对其他每个成本管理过程进行书面描述。

8．绩效测量规则

需要规定用于绩效测量的挣值管理（EVM）规则。例如，成本管理计划应该：

（1）定义 WBS 中用于绩效测量的控制账户。

（2）确定拟用的挣值测量技术（如加权里程碑法、固定公式法、完成百分比法等）。

（3）规定跟踪方法，以及用于计算项目完工估算（EAC）的挣值管理公式，该公式计算出的结果可用于验证通过自下而上方法得出的完工估算。

9. 其他细节

关于成本管理活动的其他细节包括（但不限于）：

（1）对战略筹资方案的说明。

（2）处理汇率波动的程序。

（3）记录项目成本的程序。

7.2 估算成本

如果想在预算约束内完成项目，项目经理就必须认真做项目预算。在列出一个好的资源需求清单之后，项目经理和项目团队需要算出这些资源的成本估计。估算成本是对完成项目活动所需资金进行近似估算的过程。本过程的主要作用是，确定完成项目工作所需的成本数额。

进行成本估算，应该考虑将向项目收费的全部资源，包括（但不限于）人工、材料、设备、服务、设施，以及一些特殊的成本种类，如通货膨胀补贴、融资成本或应急成本。成本估算是对完成活动所需资源的可能成本的量化评估。成本估算可在活动层级呈现，也可以汇总形式呈现。

项目成本管理的一个主要输出是成本估算。项目经理通常会为大多数项目开展几种类型的成本估算，以下是 3 种基本的估算类型：

1. 粗数量级（ROM）估计（Rough Order Of Magnitude Estimate）

这类估算最早在项目正式开始之前进行（如估算一个项目将花费多少钱），项目经理和高层管理使用这种估算来帮助做出项目选择决定。这类估算的时间框架经常是在项目完成前三年或更长时间以前。一个 ROM 估算的准确度一般是 – 50% ~ 100%，意味着项目的实际费用可能比 ROM 估算低 50%或高 100%。对软件项目估算，这一精度范围经常还要更宽一些。因为软件项目成本在过去经常超支，所以在对软件开发项目进行成本估算时，很多软件专家自动选择这一估计翻倍。

2. 预算估计/概算（Budgetary Estimate）

是为把资金分配到一个组织所做的预算，许多组织至少对未来两年进行预算。项目在完成之前的 1 ~ 2 年也做预算估计。预算估计的精度通常是 – 10% ~ 25%，意味着实际费用可能比预算成本低 10%或高 25%。

3. 确定性估算（Definitive Estimate）

提供了项目成本的精确估算。确定性估算用来估算最终的项目成本，并做出许多购买决定。在项目完成的一年前或更短时间内可做出确定性估算。确定性估算是 3 种估计类型中最准确的估算。这类估算的准确度一般在 – 5% ~ 10%之间，意味着实际费用可能比确定性估计少 5%或多 10%。表 7-2 所示显示了 3 种基本的成本估算类型。

表 7-2 成本估算的类型

估算类型	什么时候做	为什么做	精度多少
粗数量级	项目生命周期前期,经常是项目完成前的 3~5 年	提供选择决策的成本估算	−50%~100%
预算	项目早期,1~2 年	把钱分配到预算计划	−10%~25%
确定	项目后期,少于 1 年	为采购提供详细内容,估计实际费用	−5%~10%

7.2.1 成本估算的方法

完成一个良好的成本估算是很困难的,有几种可用的工具和技术能帮助我们进行成本估算。通常使用的工具和技术有类比估算、由下到上估算、参数化建模、代码行估算法、功能点估算、3 点估算和使用项目管理软件来估算成本。

1. 类比估算

成本类比估算是指以过去类似项目的参数值(如范围、成本、预算和持续时间等)或规模指标(如尺寸、重量和复杂性等)为基础,来估算当前项目的同类参数或指标。在估算成本时,这项技术以过去类似项目的实际成本为依据,来估算当前项目的成本。这是一种粗略的估算方法,有时需要根据项目复杂性方面的已知差异进行调整。

这种技术需要大量的专家判断,并且一般情况下成本比其他估算方法要少,也不够精确。可以针对整个项目或项目中的某个部分进行类比估算,也可以与其他估算方法联合使用。

2. 由下到上估算法

自下到上估算是对工作组成部分进行估算的一种方法。先对单个工作包或活动的成本进行最具体、细致的估算;然后把这些细节性成本向上汇总或"滚动"到更高层次,用于后续报告和跟踪。自下而上估算的准确性及其本身所需的成本,通常取决于单个活动或工作包的规模和复杂程度。例如,表 7-3 所示是采用由下到上估算法计算的过程结果,先根据任务分解的结果,评估每个子任务的成本,然后逐步累加,最后得到项目的总成本。

表 7-3 由下到上估算法估算项目的成本

子任务	成本(万元)	成本(万元)	总成本(万元)
项目 A			43
项目准备阶段	5	5	
设计阶段	3	3	
基础模块开发 1		10	
公共控制子系统	4		
中央会计子系统	3		
客户信息子系统	3		

子任务	成本（万元）	成本（万元）	总成本（万元）
基础模块开发 2		23	
账户管理子系统	5		
出纳管理子系统	3		
凭证管理子系统	5		
会计核算子系统	4		
储蓄子系统	6		
现场联调	2	2	

3. 参数化建模

参数化建模（Parametric Modeling）是在一个数学模型中通过利用项目特征（参数）来估计项目成本。基于软件开发项目使用的编程语言、编程人员的专业水平、涉及数据的大小和复杂程度，一个参数化模型估计每行代码要花费 50 美元。当构建模型的历史信息准确、参数可数量化、模型相对项目大小适度时，参数模型是最可靠的。

4. 代码行估算法

代码行（Line Of Code，LOC）估算是传统的估算方法，尤其适合于过程化语言。这种方法依据以往开发类似产品的经验和历史数据，估计实现一个功能所需的源程序行数。在项目早期可能会有功能点、组件或任何早期可利用的数据，能转换成代码行数，在缺乏历史数据时，可用专家意见估算出可能的、不可能的、最可能的代码行数。

源代码行一般不包括不需要交付的支持软件，如测试驱动程序。如果这些不交付支持软件的开发与交付软件的开发一样仔细，需要自己的评审、测试、文档等，那么也应该计算在内，目的是度量投入程序开发中的智力工作量。

定义一行代码是有困难的，这涉及不同语言之间可执行语句和数据声明概念上的差异。为跨越不同编程语言，定义一致的度量标准，采用逻辑源语句，并根据计算源语句定义检查表进行判断。计算源语句定义检查表如表 7-4 所示。

表 7-4　计算源语句定义检查表

序号	检查类别	源语句检查规则（同一类别多个规则是或的关系）
1	语句类型	可执行的；不可执行的申明或编译指令
2	如何产生	编程；用自动转换器转换；拷贝或不做修改的利用；修改
3	起因	新任务；以前的版本、构造或发布；以前的复用库；以前的其他软件组件或类库
4	用法	在主要的产品中，或作为其中的一部分
5	交付	交付为源代码
6	功能性	运行中；起作用（有意的死代码，在特殊情况下激活）
7	复制	原始代码；对存储在主代码中的原始语句进行物理拷贝
8	开发状态	已完成系统测试
9	语言	对每种语言分别合计
10	说明	Null、Continue 和空操作；使用 Begin…End 或｛…｝对，表示可执行语句；Elseif 语句；关键字，如过程划分、接口和实现

代码行技术的主要优点体现在代码是所有软件开发项目都有的"产品",而且很容易计算代码行数,但是代码行也存在许多问题:

(1)代码行数量依赖于所用的编程语言和个人编程风格,因此,计算的差异也会影响用多种语言编写的程序规模,进而也很难对不同语言开发的项目的生产率进行直接比较。

(2)项目早期,在需求不稳定、设计不成熟、实现不确定的情况下很难准确地估算代码量。

(3)代码行估算法强调编码的工作量,只是项目实现阶段的一部分。

5. 功能点估算法

功能点估算法用系统的功能数量来测量其规模,以一个标准的单位来度量软件产品的功能,与实现产品所使用的语言和技术没有关系。功能点是从功能的角度来度量系统,与所使用的技术无关,不用考虑开发语言、开发方法以及所使用的硬件平台。目前,功能点估算法是最重要、最有效的软件规模估算方法之一,在软件规模估算中起着重要作用。功能点估算法分为以下3个步骤。

1)未调整功能点数估算

未调整功能点数的估算通过以下几步进行:

(1)定义计算边界。即标识要度量的应用程序与外部应用程序和用户区域的边界。对于计算机系统交互非常普遍,必须从用户角度划分边界,确定计算范围,如图 7-2 所示,用户功能点类型如表 7-5 所示。

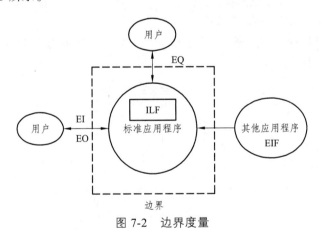

图 7-2 边界度量

表 7-5 用户功能点介绍

序号	功能点	英文全称	英文缩写
1	外部输入	External Input	EI
2	外部输出	External Output	EO
3	外部查询	External Inquiry	EQ
4	内部逻辑文件	Internal Logical File	ILF
5	外部接口文件	External Interface File	EIF

（2）按类型确定功能点数。根据软件需求和设计文档，明确划分表 7-5 中的 5 种用户功能类型，对每种类型功能点数分别统计。

（3）PERT 每类功能点数量估算。对每类功能点要产生 3 个估算量。

最乐观功能点数 a_i——在最有利的情况下，第 i 类功能点的最低规模。

最可能功能点数 m_i——在正常情况下，第 i 类功能点的最可能规模。

悲观功能点数 b_i——在最不利的情况下，第 i 类功能点的最高规模。

每类功能点的期望值为 E_i：！

$$E_i = \frac{a_i + 4m_i + b_i}{6}$$

（4）确定复杂等级。每个功能点赋予一个功能点复杂性等级。功能点复杂性等级由数据元素类型（Data Element Type，DET）、记录元素类型（Record Element Type，RET）和参考文件类型（Reference File Type，RFT）的数目决定。

数据元素类型（DET）：一个 DET 就是一个唯一的用户可辨认的、不可递归的域。例如，一个通信地址由省、市、县、镇、村、组、邮政编码等 7 个域组成，可以计算为 7 个 DET。

记录元素类型（RET）：一个 RET 就是一个用户可辨认的 ILF 或 EIF 中的数据元素组成的子组。例如，人员信息（雇员、顾客）可以计算为两个 RET。

参考文件类型（RFT）：指可维护、读取、参考的 ILF 和可读、参考的 EIF 的数目。例如，一个 EQ 基本处理需要两个来自 EIF 的数据，可作为两个 RFT 计算。

每个功能的复杂性等级，具体确定为"低""一般""高"3 个等级。各种类型功能点的复杂性等级如表 7-6、表 7-7 和表 7-8 所示。

（5）计算未调整功能点。对于表 7-6、表 7-7 和表 7-8 中的每个 UFP 复杂性等级有一个对应的复杂性权重，如表 7-9 所示。

表 7-6　EI 的复杂性等级

参考文件类型	数据元素类型		
	1~4	5~15	>15
0~1	低	低	中
2	低	中	高
≥3	中	高	高

表 7-7　EO 和 EQ 的复杂性等级

参考文件类型	数据元素类型		
	1~5	6~19	>19
0~1	低	低	中
2~3	低	中	高
>3	中	高	高

表 7-8 ILF 和 EIF 的复杂性等级

参考文件类型	数据元素类型		
	1～19	20～50	>50
0～1	低	低	中
2～5	低	中	高
>5	中	高	高

表 7-9 复杂性权重

功能点类型	复杂性权重		
	低	中	高
外部输入	3	4	6
外部输出	4	5	7
外部查询	3	4	6
内部逻辑文件	7	10	15
外部接口文件	5	7	10

未调整的功能点数是通过表 7-10 计算出来的。未调整功能点数栏的计算公式为低、中、高功能点的数量分别乘以其权重之和。即

$$未调整功能点数 = 数量（低）\times 权重（低）+ 数量（中）\times 权重（中）+$$
$$数量（高）\times 权重（高）$$

表 7-10 未调整功能点数量估算表

功能点类别	数量	低		中		高		未调整功能点数（UFP）
		数量	权重	数量	权重	数量	权重	
外部输入		3		4		6		
外部输出		4		5		7		
外部查询		3		4		6		
内部逻辑文件		7		10		15		
外部接口文件		5		7		10		
总计数值		****		****		****		

2）调整后功能点数估算

UFP 是通过建立一个标准来确定某个特定的测量参数进行计算，复杂性权重的确定带有一定的主观性。UFP 域功能点调整系数（Function Point Adjust Factor，FPAF）相乘得到调整后的功能点数作为软件规模估算的功能点数。

FPAF 通过技术复杂因子（Technical Complexity Factor，TCF）进行计算。

TCF 共由 3 大类 14 个因子组成，如表 7-11 所示。每个因子按照其对系统的重要程度分为 6 个级别，如表 7-12 所示。

表 7-11　技术复杂因子组成

因子大类	系统复杂度	输入和输出复杂度	应用软件复杂度
因子名称	数据通信	事务率	复杂处理
	分布式处理	在线数据项	重要性
	性能	用户使用效率	安装难易程度
	配置项负载	在线更新	操作难易程度
			多个地点
			修改难易程度

表 7-12　权重表（F_i 的取值）

0	1	2	3	4	5
没有影响	偶有影响	轻微影响	一般影响	较大影响	严重影响

FPAF 用下式计算：

$$FPAF = 0.65 + 0.01 + (\sum_{i=1}^{14} F_i)$$

调整后的功能点数 FP 用下式计算：

$$FP = UFP \times FPAF$$

3）成本估算

软件开发包括需求、设计、编码、测试、评审以及项目管理等所需要的时间。软件生产率的影响因素很多，每个软件组织需要根据自身的具体情况进行分析，这需要大量的历史数据作为基础，对于缺乏类似数据的组织来说，找出生产率因素并不容易。

根据软件的功能点数和生产率，可估算出软件的开发周期和成本。

估算软件成本的计算公式为

$$软件开发成本（PM）= \frac{功能点数量FP}{开发工具的日生产率 \times 19}$$

式中，一个月的实际工作天数按 19 天计算。

公式结果以人/月作为计量单位。如果改为货币单位，可用人/月 × 劳动力月成本。

6．3 点估算

通过考虑估算中的不确定性与风险，使用 3 种估算值来界定活动成本的近似区间，可以提高活动成本估算的准确性：

最可能成本（C_m）：对所需进行的工作和相关费用进行比较现实的估算，所得到的活动成本。

最乐观成本（C_o）：基于活动的最好情况，所得到的活动成本。

最悲观成本（C_p）：基于活动的最差情况，所得到的活动成本。

基于活动成本在 3 种估算值区间内的假定分布情况，使用公式来计算预期成本（C_e）。基于三角分布和贝塔分布的两个常用公式如下：

（1）三角分布：$C_e = (C_o + C_m + C_p)/3$；

（2）贝塔分布：$C_e = (C_o + 4C_m + C_p)/6$。

基于 3 点的假定分布计算出期望成本，并说明期望成本的不确定区间。

7.　使用项目管理软件来估算成本

项目管理通过应用软件、电子表单、模拟和统计工具等来辅助成本估算。这些工具能简化某些成本估算技术的使用，使人们能快速考虑多种成本估算方案。许多组织也使用更高级的和集成化的财务应用软件，为会计和财务部门提供重要的成本相关信息。本节特别强调如何在成本管理中使用项目管理软件。

在每一个项目成本管理过程中，项目成本管理软件都是十分有用的工具，能够帮助用户研究整个项目的信息或关注有成本限制的任务。用户可以使用软件为资源和任务分配成本、准备成本估算、制订成本预算、监督成本绩效。Project 2013 有几个标准的成本报告：现金流、预算、超支任务、超预算资源和挣值报告。对于这几个报告，其中有一些必须输入百分比格式的完成信息和实际费用，就像当手工计算挣值或做其他分析时需要的那些信息一样。

有些人喜欢使用电子表格软件，以便享受更大的灵活性。使用其他软件的项目经理也经常会这样做，这是因为在组织中，这些软件有更普遍的使用性，并且有更多的人知道如何使用它们。

许多组织在项目组合和整个企业中正使用企业项目管理软件来汇总和分析各种类型的项目数据。企业项目管理工具从多个项目中整合信息来显示项目的地位状况或执行的好坏。但是，就使用任何软件来说，经理们都必须确保数据是精确的、最新的，并且在做出任何一个重大决定之前都要问一些相关的问题。

7.2.2　成本估算的不精确原因及解决方法

尽管有许多工具和技术辅助都能进行项目成本估算，但是许多软件项目的成本估算仍然不尽人意。软件开发项目方面的著名作者汤姆·迪马可提出了这些不精确的原因和克服它们的一些方法。

1.　估算过快

对一个大型软件项目而言，做出成本估算是一项需要开展大量的工作的复杂任务。而许多成本估算必须十分快地做出来，要求在清晰的系统需求得出之前就完成。在调查员全面了解系统中真正需要什么信息之前，不得不为项目做出粗数量级估算和预算估计。很少出现软件项目前期的估算比后期还精确的情况。记住，在项目的各个阶段都要做出估算，同时项目经理需要解释每个估算的合理性，这是很重要的。

2. 缺少估算经验

做软件项目成本估算的人经常没有太多的成本估算经验，特别是做大项目的经验，也没有足够多的精确的、可靠的项目数据来支持估算。如果一个组织拥有良好的项目管理技术，并且能记录下来成本估算等可靠的系统数据，能帮助提高组织的估算水平。让相关人员接受关于成本估算的培训和指导也能提高成本估算的水平。

3. 习惯于眼高手低

例如，专家或项目经理也许是基于自己的能力进行估算，而忘记了还有许多初级人员在项目中工作。估算者也可能忘记考虑整合、测试大型软件项目所需要的额外成本。项目经理和高层管理对估算进行评审，为确保评估公正提出一些重要问题，这都是十分重要的。

4. 管理者渴望精确

管理者可能需要有一个估算，但是真正需要的是一个精确的数字，来帮助他们投标和争取内部资助。对项目经理来说，帮助做出良好的成本和进度估计，并且用领导和沟通技术来支持这些估算是非常重要的。慎重地对待初始估算也是很重要的，高层管理者从不会忘记最开始的估算，并且很少记住批准的变更是如何影响估算的。随时让高层管理者知道对成本估算都做了哪些修改，这是个永不停止的和重要的过程。

7.2.3 成本估算的成果物

项目成本估算的工作成果物包括以下内容。

1. 活动成本估算

活动成本估算是指完成计划活动所需资源的可能成本的量化估计。成本估算可以是汇总的或详细分列的。成本估算应该覆盖活动所使用的全部资源，包括（但不限于）直接人工、材料、设备、服务、设施、信息技术，以及一些特殊的成本种类，如融资成本、通货膨胀补贴、汇率或成本应急储备。如果间接成本也包含在项目估算中，则可在活动层次或更高层次上计算间接成本。

2. 估算依据

成本估算所需的支持信息的数量和种类，因应用领域而异。不论其详细程度如何，支持性文件都应该清晰、完整地说明成本估算是如何得出的。

3. 请求的变更

成本估算过程可以产生影响成本管理计划、活动资源需求和项目管理计划的其他组成部分的变更请求。

请求的变更通过整体变更控制过程进行处理和审查。

4. 更新的成本管理计划

如果批准的变更请求是在成本估算过程中产生的并且将影响成本的管理，则应更新项目管理计划中的成本管理计划。

7.3 制订预算

制订预算是汇总所有单个活动或工作包的估算成本,建立一个经批准的成本基准的过程。这些活动或工作包都是依据项目的工作分解结构设立的。因此,WBS 是成本预算过程所需的一个输入。本过程的主要作用是,确定成本基准,可据此监督和控制项目绩效。

成本估算是对完成项目所有活动所需要的资源的货币价值进行某种近似估计的过程或结果。成本预算是根据工作分解结构的每个任务或者工作包的成本估算,计算整个项目的预算成本的过程或者结果。下面用一个案例帮助区分两者的区别。

案例:我们以装修 80 平方米的房屋来举例子。

估算:一般有三种方法:自上而下、自下而上和参数法。自上而下,你只要问一下同样装修 80 平方米房子的朋友,按照这个标准大概多少钱就可以了,比如是 5 万元装修费;自下而上,你自己计算一下,80 平方米的地板砖多少钱,墙面多少钱,厨具多少钱,家电多少钱,人工多少钱,最后算出来大概是 4.5 万元;参数法,你查一下大概 1 平方米 450 元装修,80 平方米一共是 3.6 万元。算法不一样,当然得出的估算值也会不一样,但是每一种估算方法都有一个范围,都不会很准,因此估算的范围一般跟实际都有很大的偏差(-50% ~ 75%)。

预算:预算的流程则不同,首先要把装修分成几个活动,比如装修卫生间、装修客厅、装修卧室。然后你要对每一个活动进行估算,然后把每一个活动的估算值汇总,得出的是预算值,得出预算值后,你还要再按照时间或者按照活动再分下去,这样才完成了预算的过程 ,从而得到预算基准。

正确地编制成本预算,可为企业预算期成本管理工作指明奋斗目标,并为进行成本管理提供直接依据。而且,成本预算还能动员和组织全体职工精打细算、挖掘潜力,控制成本耗费,促使企业有效地利用人力、物力、财力努力改善经营管理,以尽可能少的劳动耗费获得较好的经济效益。

7.3.1 成本预算的特征

成本预算具有以下特征:

1. 计划性

在软件项目计划中,根据 WBS 分解结构将软件项目分解成多个工作包,形成一种系统结构。成本预算就是将成本估计总费用尽量精确地分配到 WBS 的每一个组成部分,从而形成与 WBS 相同的系统结构。

2. 约束性

因为软件项目高级管理人员在制订预算是通常希望尽可能"准确"，既不过分慷慨，以避免浪费或管理松散；也不过分吝啬，以避免任务无法完成或质量低下。所以成本预算也是一种资源分配计划，结果可能并不满足相关人员的礼仪要求，而表现为一种约束，相关人员只能在这种约束条件下工作。

3. 控制性

项目预算实质上是一种控制机制。管理者的任务不仅是完成预定目标，而且还必须具有效率，尽可能在完成目标的前提下节省资源，获得最大的经济效益。管理者必须小心谨慎地控制资源，不断根据进度检查使用的资源量，如果出现与预算的偏差，就需要进行修改。因此，预算可以作为一种度量资源实际使用量和计划量之间差异的极限标准使用。

此外，成本预算在整个计划和实施过程中起着重要作用。预算与资源的使用相联系，通过成本预算掌握开发进度。在软件开发过程中，应不断收集和报告有关进度和费用数据，以及对未来问题和相应费用的预计，通过对比预算进行控制，必要时对预算进行修正。图 7-3 所示展示了项目成本预算的组成部分。

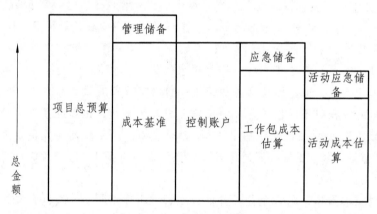

项目成本预算的组成部分

图 7-3　项目成本预算组成

7.3.2　编制成本预算的原则

为了使成本预算真正发挥作用，制订成本预算应该遵循以下原则：

1. 成本预算要与软件开发目标相联系

开发目标包括质量目标和进度目标，成本与质量、进度关系密切，三者既统一又对立，进行成本预算确定成本控制目标时，必须同时考虑质量目标和进度目标。质量目标要求越高，成本预算也越高；进度越快，成本越高。因此，成本预算要与质量计划和进度计划保持平衡，防止顾此失彼，相互脱节。

2. 成本预算要切实可行

成本预算过低，实际费用过高，或者实际费用过低，预算过高，都会失去成本控制基准的意义。所以编制成本预算时，要根据相关的财经法规、方针政策，从实际出发，即达到控制成本的目的，又切实可行。

3. 成本预算要以软件需求为基础

软件需求是成本预算的基石，如果以模糊的需求为基础进行成本预算，则预算不具有现实性，容易发生实际成本超支。

4. 成本预算要有一定的弹性

在软件开发过程中，经常有难以预料的事件发生，这就会对预算的执行产生影响。因此，编制成本预算，要留有一定的余地，使预算具有适应条件变化的能力，具有一定的弹性。通常可以在整个项目预算中留出 10%～15%的不可预见的费用，以应对开发过程中可能出现的意外情况。

7.3.3　成本预算的方法

1. 成本汇总

先把成本估算汇总到 WBS 工作包，再由工作包汇总到 WBS 更高层次，最终得到整个项目的总成本。

2. 专家判断

基于应用领域、知识领域、学科、行业或相似项目的经验，专家判断可对制订预算提供帮助。专家判断可来自受过专业教育或具有专业知识、技能、经验或培训经历的任何个人或小组。专家判断可从许多渠道获取，包括但不限于：

（1）执行组织内的其他部门。

（2）顾问。

（3）干系人，包括客户。

（4）专业与技术协会。

（5）行业团体。

3. 历史关系

有关变量之间可能存在一些可据此进行参数估算或类比估算的历史关系。可以基于这些历史关系，利用项目特征（参数）来建立数学模型，预测项目总成本。数学模型可以是简单的（例如，建造房屋的总成本取决于单位面积建造成本），也可以是复杂的（例如，软件开发项目中的成本模型中有多个变量，且每个变量又受许多因素的影响）。

类比和参数建模的成本及准确性可能差别很大。满足下面这些条件时它们将最为可靠：

（1）用来建模的历史信息准确。

（2）模型中的参数易于量化。

（3）模型可以调整，以便对大项目、小项目和各项目阶段都适用。

7.3.4 成本预算的成果物

成本预算，还有需求的变更和澄清，可能引发作为项目管理计划一部分的成本管理计划的更新，也为项目的资金需求提供了信息。主要成果物是成本基准和项目资金需求。

1. 成本基准

成本基准是经过批准的、按时间段分配的项目预算，不包括任何管理储备变更控制程序，用作与实际结果进行比较的依据。成本基准是不同进度活动经批准的预算总和。由于成本基准中的成本估算与进度活动直接关联，因此就可按时间段分配成本基准，得到一条 S 曲线，如图 7-4 所示。

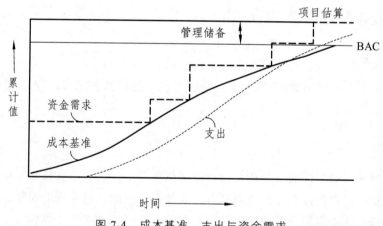

图 7-4 成本基准、支出与资金需求

2. 项目资金需求

根据成本基准，确定总资金需求和阶段性（如季度或年度）资金需求。成本基准中既包括预计的支出，也包括预计的债务。项目资金通常以增量而非连续的方式投入，并且可能是非均衡的，呈现出阶梯状。如果有管理储备，则总资金需求等于成本基准和管理储备之和。在资金需求文件中，也可说明资金来源。

7.4 控制成本

成本控制是在项目开发过程中，定期收集项目的实际成本数据，与成本的基准计划值进行对比分析，及时发现并纠正偏差，来控制项目预算的变化。本过程的主要作用是，发现实际与计划的差异，以便采取纠正措施，降低风险。

项目成本控制工作是一项综合管理工作，是在项目开发过程中尽量使项目实际发生的成本控制在项目预算范围之内的一项项目管理工作。项目成本控制涉及对于各种能够引起项目成本变化因素的控制（事前控制），项目开发过程的成本控制（事中控制）和项目实际成本变动的控制（事后控制）三个方面，精确把握成本使用，以求最合理地使用开发经费，是减小实际成本与预算成本偏差的有效手段。成本控制是项目管理的重要内容，成本控制过程是一个动态过程，流程如图 7-5 所示。

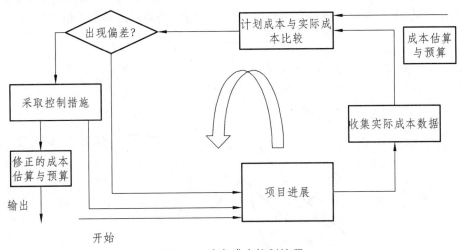

图 7-5　动态成本控制流程

软件项目的成功率非常低，软件开发有高度不可预测性。软件危机的主要原因之一就是对开发成本和进度的估算不准确、执行过程缺乏控制。软件开发成本控制是避免或最终根除软件危机的重要路径之一。下面是几个由于糟糕的成本控制造成项目失败的案例。

（1）澳大利亚（Australia）：澳大利亚起重机集团有限公司在安装 ERP 系统时存在的问题导致成本超支估计会达到 150 万美元。根据起重机公司官员的说法，这些问题也许导致公司会对软件开发公司提起经济诉讼。

（2）印度（India）：中央政府部门现在实施的多达 274 个项目正经受着严重的成本超支和时间超期问题。这些问题正严重影响着这些项目的潜在收益。根据提交给总理办公室的一份报告，只有 65 个项目处于正常的监控之下。这些项目中成本超支最大的是能源部门，37 个能源项目的最初成本估计从 55 254.39 千万卢比（折合 120 多亿美元）上升到 70 679.03 千万卢比（多达 150 多亿美元）。

（3）巴基斯坦（Pakistan）：在实施 Neelum 峡谷 66.5 兆瓦水力发电项目中，巴基斯坦承受了 17.98 亿卢比的超支（多达 3 000 万美元）。通过官方途径，DaiIry Times 报道，超支是由于大量的失误引起的，它们使项目成本蹿升到 44.01 亿卢比（7.4 千万美元）。他们说，巴基斯坦遭遇如此大的超支问题是由于存在大量的管理混乱、资金挪用和未经主管批准而进行的变更。

7.4.1 控制成本的方法

7.4.1.1 挣值管理

挣值管理（Earned Value Management，EVM）是进行项目绩效评价的一种工具。它综合考虑了范围、时间、成本等数据。给定成本绩效的基线后，项目经理及其团队通过输入实际信息就可以确定项目达到的范围、时间成本目标的程度，然后将实际信息和基线进行对比。基线（Baseline）是最初的项目计划加上批准后的变更。实际信息包括 WBS 各条目的工作是否完成了，或者大约完成了多少，工作开始、结束的具体时间，以及实际花费了多少才完成这个工作。使用 S 曲线反映一个预算超支和进度滞后的项目的累加挣值（EV），如图 7-6 所示。

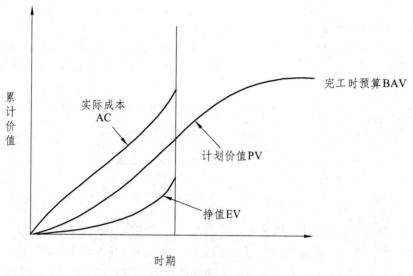

图 7-6　挣值管理 S 曲线

EVM 的原理适用于所有行业的所有项目。下面是需要理解的相关概念：

计划价值（Planned Value，PV）也叫预算，是经过批准的总成本估计中在一个给定时间段内可花费在一个活动上的部分。

实际成本（Actual Cost，AC）是在一定时期内，完成一个活动所花费的直接和间接成本之和。

挣值（Earned Value，EV）是对实际完成的实体或实物工作价值的估计。它是依据这个项目或活动最初的计划成本，以及至今团队完成项目或活动的比率而得出的。

成本偏差（Cost Variance，CV）是用挣值减去实际费用。如果成本偏差是一个负数，那意味着完成工作的花费比原计划的要多。如果成本偏差是正的，那意味着完成工作的花费比原计划的少。为零表示计划花费与实际花费刚好相等。

进度偏差（Schedule Variance，SV）是用挣值减去计划值。负的进度偏差意味着完成工作花费了比原计划更多的时间，而正的进度偏差意味着完成工作花费的时间比原计划的少。为零表示实际进度等于计划进度。

成本绩效指数（Cost Performance Index，CPI）是挣值与实际费用的比率，可用来估计完成项目的预计成本。如果成本绩效指数等于 1，那意味着成本和预算是一致的。如果成本绩效指数小于 1 或 100%，那项目到此就超出了预算。如果成本绩效指数大于 1 或 100%，那项目到此的花费就低于预算。

进度绩效指数（Schedule Performance Index，SPI）是挣值与计划值的比，可用来估算预计完成项目的时间。和成本绩效指数相似，SPI 等于 1 或 100% 的进度绩效指数意味着工期与预期的一致。如果进度绩效指数大于 1 或 100%，项目到此超前于预期。如果进度绩效指数小于 1 或 100%，说明项目到此落后于预期。

表 7-13 所示是常用的计算公式，表 7-14 所示是某个活动的计算示例。

表 7-13 挣值公式

术语	公式
挣值	EV = 当前 PV × RP
成本偏差	CV = EV − AC
进度偏差	SV = EV − PV
成本绩效指数	CPI = EV/AC
进度绩效指数	SPI = EV/PV
完工估计（EAC）	EAC = BAC/CPI
完成估计时间	开始时间估计/SPI

表 7-14 一个活动一周后的挣值计算

活动	一周
挣值（EV）	5 000
计划值（PV）	10 000
实际费用（AC）	15 000
成本偏差（CV）	− 10 000
进度偏差（SV）	− 5 000
成本绩效指数（CPI）	33%
进度绩效指数（SPI）	50%

表 7-14 中的挣值计算是按如下公式进行的：

$$EV = 10\ 000 \times 50\% = 5\ 000$$

$$CV = 5\ 000 - 15\ 000 = -10\ 000$$

$$SV = 5\ 000 - 10\ 000 = -5\ 000$$

$$CPI = 5\ 000 / 15\ 000 = 33\%$$

$$SPI = 5\ 000 / 10\ 000 = 50\%$$

7.4.1.2 预测技术

预测技术包括在预测当时的时间点根据已知的信息和知识，对项目将来的状况做出估算和预测。根据项目执行过程中获得的工作绩效信息产生预测、更新预测、重新发布预测。工作绩效信息是关于项目的过去绩效和在将来能影响项目的信息，如完成时估算和完成时尚需估算。

根据挣值技术涉及的参数，包括 BAC、截至目前的实际成本（AC^c）和累加 CPI^c 效率指标用来计算 ETC 和 EAC。BAC 等于计划活动、工作包和控制账目或其他 WBS 组件在完成时的总 PV。计算公式为

$$BAC = 完工的 PV 总和$$

预测技术帮助评估完成计划活动的工作量或工作费用，即 EAC。预测技术可帮助决定 ETC，它是完成一个计划活动、工作包或控制账目中的剩余工作所需的估算。虽然用以确定 EAC 和 ETC 的挣值技术可实现自动化并且计算起来非常神速，但仍不如由项目团队手动预测剩余工作的完成成本那样有价值或精确。基于项目实施组织提供的完工尚需估算进行 ETC 预测技术是：基于新估算计算 ETC。

ETC 等于由项目实施组织确定的修改后的剩余工作估算。该估算是一个独立的、没有经过计算的，对于所有剩余工作的完成尚需估算；该估算考虑了截止到目前的资源锁绩效和生产率，它是比较精确的综合估算。

另外，也可通过挣值数据来计算 ETC，两个典型公式如下：

（1）基于非典型的偏差计算 ETC。

如果当前的偏差被看作是非典型的，并且项目团队预期在以后将不会发生这种类似偏差时，这种方法被经常使用。ETC 等于 BAC 减去截止到目前的累加挣值（EV^c）。计算公式为

$$ETC = (BAC - EV^c)$$

（2）基于典型的偏差计算 ETC。

如果当前的偏差被看作是可代表未来偏差的典型偏差时，这种方法被经常使用。ETC 等于 BAC 减去累加 EV^c 后除以累加成本执行（绩效）指数（CPI^c），计算公式为

$$ETC = (BAC - EV^c)/CPI^c$$

EAC 是根据项目绩效和定性风险分析确定的最可能的总体估算值。EAC 是在既定项目工作完成时，计划活动、WBS 组件或项目的预期或预见最终总估算。基于项目实施组织提供的完工估算进行 EAC 预测的一种技术是：使用新估算来计算 EAC。

EAC 等于截止到目前的实际成本（AC^c）加上由实施组织提供的新 ETC。如果过去的执行情况显示原先的估算假设有根本性的缺陷，或由于条件发生变化假设条件不再成立时，这种方法被经常使用。计算公式为

$$EAC = AV^c + ETC$$

两个常用的使用挣值计算 EAC 的预测技术是下述两种技术或其某种变形。

（1）使用剩余预算计算 EAC。

EAC 等于 AC^C 加上完成剩余工作所需的预算，而完成剩余工作所需的预算等于完成时预算减去挣值。如果当前的偏差被看作是非典型的，并且项目团队预期在以后将不会发生这种类似的偏差时，这种方法被经常使用。计算公式为

$$EAC = AC + BAC - EV$$

（2）使用 CPIS 计算 EAC。

EAC 等于载止目前的实际成本（AC）加上完成剩余项目工作所需的预算。完成剩余工作所需的预算等于 BAC 减去 EV 后再由绩效系数修正（一般是 CPI^C）。这种方法在当前的偏差被看作是可代表未来偏差的典型偏差时常被采用。计算公式为

$$EAC = AC^C + [(BAC - EV)/CIP^C]$$

另外，还有一个预测指标，成为完成工作绩效指数（To Complete Performance Index，TCPI），表示剩余预算每单位成本所对应的工作价值，计算公式

$$TCPI = (BAC - EV)/(BAC - AC)$$

下面通过一个事例帮助理解预测技术。

问：

（1）假设 BAC = 200，AC = 120，EV = 80，CPI = 0.666。如果当前的偏差是典型的，而且类似的偏差在未来还会发生，那么完工估算是？

（2）在你的项目里，数据如下：BAC = \$300 000　AC = \$100 000　EV = \$150 000　CPI = \$1.5。你有理由相信现在的偏差可能是由于无关因素产生的，你不认为相同的偏差在未来再次发生。你项目的 EAC 可能为？

答：

（1）项目绩效 CV 在典型情况下计算项目的 EAC 采用

$$EAC = BAC/CPI = 200/0.666 = 300.3$$

（2）由于当前的偏差是非典型的 EAC 计算公式为

$$EAC = AC + (BAC - EV) = 250\ 000$$

7.4.2　控制成本的成果物

1. 工作绩效信息

WBS 各组件的 CV，SV，CPI，SPI，TCPI 和 VAC 值，都需要记录下来，并传达给干系人。

2. 变更请求

分析项目绩效后，可能会就成本基准或项目管理计划的其他组成部分提出变更请求。变更请求可以包括预防或纠正措施。

3. 项目管理计划的更新

项目管理计划可能需要更新的内容包括（但不限于）：

（1）成本基准。在批准对范围、活动资源或成本估算的变更后，需要对成本基准做出相应的变更。又是成本偏差太过严重，以至于需要修订成本基准，以便为绩效测量提供现实可行的依据。

（2）成本管理计划。成本管理计划中需要更新的内容包括：用于管理项目成本的控制临界值或所要求的准确度。要根据干系人的反馈意见，对它们进行更新。

7.5 应用软件进行软件项目成本管理

项目成本管理包括了规划成本管理、估算成本、制订预算、控制成本4个过程。使用项目管理软件可以对其中的控制成本过程进行管理，其他的几个过程在线下进行，并将相应的文档上传到项目管理软件的项目库中。本小节将以"招投标管理系统"为例介绍如何使用项目管理软件进行成本管理。

在项目管理软件上可以利用员工负载表来查看每个团队成员的工时，并根据员工负载表来计算实际的成本，作为控制成本的一个重要依据，如图7-7所示。

图 7-7　员工负载表

7.6 "招投标管理系统"项目成本管理案例分析

7.6.1　规划成本管理案例分析

根据对规划成本管理理论的理解，制订出成本管理计划如图7-8所示。

成本管理计划

项目名称：＿＿＿＿＿＿＿＿＿＿ 日期：＿＿＿＿＿＿＿＿＿＿

准确度	计量单位	控制临界值

注：

准确度：描述项目估算所需达到的准确程度。随着项目信息越来越详细，估算的准成都会逐步提高（渐进明细）。如果把滚动式计划用于成本估算的细化分级指南，伴随时间的推移，这些指南会提高成本估算的准确度。

计量单位：说明成本是使用百、千或是其他计量单位。如果是国际项目，它还会指明当前的货币。

控制临界值：说明确定是否把活动、工作包或者项目作为整体，是否需要预防措施，或者超出预算后是否需要纠正措施。通常以偏离基准的百分比来表示。

绩效测量规则

（明确 WBS 中的进度及指出评定水平。对于使用挣值管理的项目，描述要使用的测量方法，如权重里程碑确法、固定公式法以及完成百分比法等。记录用当前的绩效趋势来推测未来成本所用的方程。）

成本报告信息和格式

（记录项目状态和进度报告所需的成本信息。如果使用特定的报告格式，则附上样本或特定的表格模板。）

过程管理

成本估算	
制定预算	
更新、管理、控制	

注：

成本估算：说明用于估算的估算方法，如类比估算、三点估算等。

制定预算：记录如何制定成本基准，包括应急储备和管理如何处理的信息。

更新、管理、控制：记录更新预算的过程，包括更新频率、权限和版本。说明如果有必要，进行成本基准维护和重设基准的指南。

图 7-8　成本管理计划目录

7.6.2　估算成本案例分析

在项目规划阶段，项目经理拿到前期的成本管理计划、人力资源管理计划，对"招投标管理系统"使用参数化建模估算法进行了成本估算。

1. 估算依据

项目经理曹元伟根据前期的成本管理计划、人力资源管理计划统计出人力资源费率和项目所需要的其他成本，如表 7-15 和表 7-16 所示。

表 7-15　人力资源费率表

人力资源	技能	费率/（元/h）	费率/（元/天）
曹元伟	软件开发	37	259
张汉	软件开发	30	210
关亮	软件开发	31	217
黄宇	软件开发	32	224
赵宇	软件开发	35	245
庞宏	软件开发	25	175

注：1 天 7 个小时

表 7-16　其他成本

资源	费用/（元/天）
水、电	20
房租	50

2. 活动成本估算表

根据估算依据确定的活动成本估算如表 7-17 所示，估算出活动成本为 104 933 元。

表 7-17　活动成本估算表

活动	人力资源	活动历时/天	人力资源成本/元	间接成本/元	估算值/元
召开项目启动会议	所有项目团队成员、相关干系人	1	1 330	70	1 200
收集数据	张汉，关亮	1	427	70	497
可行性研究	曹元伟，关亮，黄宇	4	2 800	280	3 080
撰写问题定义报告	黄宇，关亮	1	441	70	511
制订项目计划	曹元伟，张汉，关亮	2	1 372	140	1 512
客户需求调研	曹元伟，庞宏，黄宇，赵宇	5	4 515	350	4 865
客户需求分析	曹元伟，黄宇，赵宇	5	3 640	350	3 990
研究现有系统	张汉，关亮	8	3 416	560	3 976
撰写需求分析报告	关亮，黄宇	1	441	70	511
设计界面	黄宇，赵宇	10	4 690	700	5 390
总体设计	曹元伟，张汉，赵宇，黄宇，庞宏	20	22 260	1400	23 660
撰写设计报告	庞宏，张汉，赵宇	2	1 260	140	1 400
方案评估	庞宏，关亮，曹元伟	1	651	70	721
开发软件	曹元伟，张汉，赵宇，黄宇，庞宏，关亮	30	39 900	2100	42 000
开发网络	曹元伟，黄宇，庞宏，关亮	5	4 375	350	4 725
撰写开发报告	曹元伟，张汉，黄宇	2	1 386	140	1 526
测试软件	赵宇，黄宇	6	2 814	420	3 234
撰写测试报告	赵宇，黄宇	1	469	70	539
实施培训	关亮，张汉，庞宏	1	602	70	672
撰写实施报告	关亮，庞宏	2	784	140	924
合　计			97 573	7 560	104 933

说明：

（1）金额单位为人民币元。

（2）人力资源成本＝人力资源费率×活动历时/天。

（3）间接成本＝其他成本×活动历时/天。

（4）估算值＝人力资源成本＋间接成本。

活动"可行性研究"的直接成本等于表 7-17 中的活动历时 4 乘以表 7-16 中的曹元伟，关亮和黄宇的费率之和 700，即 700×4＝2 800 元；间接成本等于表 7-17 中的活动历时 4 乘以表 7-16 中的水、电和房租之和，即 4×（20＋50）＝280 元。估算值＝2 800＋280＝3 080 元。

参数化建模估算法是根据人力资源管理计算估算的，以人员工时为计算基准，因此受项目进度计划的影响较大。当项目无法按照进度完成的时候，会出现实际成本高于估算成本的情况。因此，在制订进度计划的时候，要求项目经理拥有类似的项目经验，能制订合理的进度计划，才能保证参数化建模估算方法的准确性。

7.6.3　制订预算案例分析

项目经理根据以上得到的活动成本估算、估算依据和成本管理计划，做出成本基准如表7-18 所示。

表 7-18　各阶段的累计计划成本表-成本基准

任务	开始日期	结束日期	费用/元	累计费用/元
项目启动	2016 年 8 月 20 日	2016 年 8 月 25 日	1 200.00	1 200.00
问题定义	2016 年 8 月 25 日	2016 年 9 月 8 日	4 088.00	5 288.00
项目计划	2016 年 9 月 8 日	2016 年 9 月 19 日	1 512.00	6 800.00
系统分析	2016 年 9 月 11 日	2016 年 9 月 26 日	13 342.00	20 142.00
系统设计	2016 年 9 月 16 日	2016 年 10 月 13 日	31 171.00	51 313.00
系统开发	2016 年 9 月 24 日	2016 年 10 月 22 日	48 251.00	99 564.00
测试	2016 年 10 月 22 日	2016 年 10 月 26 日	3 773.00	103 337.00
部署	2016 年 10 月 26 日	2016 年 11 月 5 日	1 596.00	104 933.00

说明：累计费用＝当前及之前各阶段费用之和

根据各阶段的累计计划成本表生成的成本估算柱状图，如图 7-9 所示。

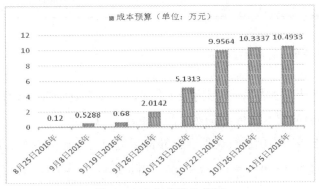

图 7-9　成本预算柱状图

根据各阶段的累计计划成本表生成的累计计划成本（PV）曲线图，如图 7-10 所示。

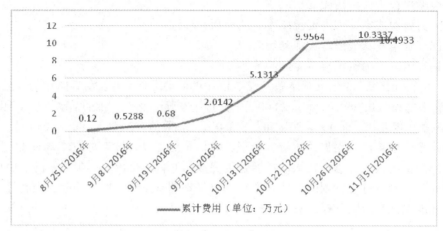

图 7-10　累计计划成本（PV）曲线图

根据指定的成本基准，制订项目各阶段的资金需求，如表 7-19 所示。

表 7-19　项目资金需求表

序号	资金数量（元）	资金来源	使用说明	备注
1	1 200.00	公司	项目启动阶段人力资源费用和其他费用	无
2	4 088.00	公司	问题定义阶段人力资源费用和其他费用	无
3	1 512.00	公司	项目计划阶段人力资源费用和其他费用	无
4	13 342.00	公司	系统分析阶段人力资源费用和其他费用	无
5	31 171.00	公司	系统设计阶段人力资源费用和其他费用	无
6	48 251.00	公司	系统开发阶段人力资源费用和其他费用	无
7	3 773.00	公司	测试阶段人力资源费用和其他费用	无
8	1 596.00	公司	部署阶段人力资源费用和其他费用	无

7.6.4　控制成本案例分析

根据各阶段的累计计划成本、项目完成工作的实际支出成本和完成百分比，计算得到 AC 和 EV，最后得到项目的成本执行（绩效）表，如表 7-20 所示。

下面以任务"部署"为例进行说明，已知部署完成百分比为 90%，PV 为 1 596，EV = PV × 完成百分比 = 1 596 × 90% = 1 436.4 元；实际成本 AC = EV × 完成百分比 = 1 436.4 × 90% = 1 292.76 元。

表 7-20 成本执行（绩效）表

WBS 编号	任务	完成百分比/%	BCWS（PV）/元	AC/元	EV/元
1	项目启动	100	1 200.00	1 200.00	1 200.00
2	问题定义	100	4 088.00	4 088.00	4 088.00
3	项目计划	100	1 512.00	1 512.00	1 512.00
4	系统分析	100	13 342.00	13 342.00	13 342.00
5	系统设计	100	31 171.00	31 171.00	31 171.00
6	系统开发	100	48 251.00	48 251.00	48 251.00
7	测试	100	3 773.00	3 773.00	3 773.00
8	部署	90	1 596.00	1 292.76	1 436.4
合计			104 933.00	104 269.76	104 773.40
项目总预算（BAC）：104 933.00					

说明：

（1）计划价值（Planned Value，PV）/BCWS（Budgeted Cost of Work Scheduled）：完成计划工作量的预算值（由表 7-19 所得）；

（2）实际成本（Actual Cost，AC）：所完成工作的实际支出成本；

（3）挣值（Earned Value，EV）：实际完成工作量的预算值。

由计划价值（PV）、挣值（EV）和实际成本（AC），得到项目各阶段的偏差分析表和成本预测分析依据表，如表 7-21 和表 7-22 所示。

表 7-21 偏差分析表

WBS 编号	任务	进度偏差 SV	进度绩效指数 SPI	成本偏差 CV	成本绩效指数 CPI	偏差分析
1	项目启动	0	1	0	1	按计划完成，预算正确
2	问题定义	0	1	0	1	按计划完成，预算正确
3	项目计划	0	1	0	1	按计划完成，预算正确
4	系统分析	0	1	0	1	按计划完成，预算正确
5	系统设计	0	1	0	1	按计划完成，预算正确
6	系统开发	0	1	0	1	按计划完成，预算正确
7	测试	0	1	0	1	按计划完成，预算正确
8	部署	−159.6	0.9	143.64	1.11	未按计划完成，节约 143.64

说明：

（1）进度偏差（Schedule Variance，SV）是指检查日期进度 EV（挣值）与 PV（计划价值）之间的差异，其计算公式为

$$SV = EV - PV$$

当 SV>0 时，表示进度提前；

当 SV<0 时，表示进度延误；

当 SV = 0 时，表示实际进度等于计划进度。

（2）成本偏差（Cost Variance，CV）是指检查期间 EV（挣值）与 AC（实际成本）之间的差异，其计算公式为

$$CV = EV - AC$$

当 CV<0 时，表示实际消耗人工（或费用）超过预算值即超支；

当 CV>0 时，表示实际消耗人工（或费用）低于预算值，即有节余或效率高；

当 CV = 0 时，表示实际消耗人工（或费用）等于预算值。

（3）成本绩效指数（Cost Performed Index，CPI）是指 EV（挣值）与 AC（实际成本）值之比（或工时值之比），其计算公式为

$$CPI = EV / AC$$

当 CPI>1，表示低于预算，即实际费用低于预算费用；

当 CPI<1，表示超出预算，即实际费用高于预算费用；

当 CPI = 1，表示实际费用与预算费用吻合。

（4）进度绩效指数（Schedul Performed Index，SPI）是指 EV（挣值）与 PV（计划价值）之比，其计算公式为

$$SPI = EV / PV$$

当 SPI>1，表示进度提前，即实际进度比计划进度快；

当 SPI<1，表示进度延误，即实际进度比计划进度慢；

当 SPI = 1，表示实际进度等于计划进度。

表 7-22　成本预测分析依据表

单位：元

指标	项目启动费用	问题定义费用	项目计划费用	系统分析费用	系统设计费用	系统开发费用	测试费用	部署费用
成本基准 PV（累计）	1 200	5 288	6 800	20 142	51 313	99 564	103 337	104 933
实际成本 AC（累计）	1 200	5 288	6 800	20 142	51 313	99 564	103 337	104 269.76
实际完成工作预算 EV（累计）	1 200	5 288	6 800	20 142	51 313	99 564	103 337	104 773.40

由表 7-20、表 7-21 和表 7-22 的结果制得表 7-23。

表 7-23　成本预测分析结果表

单位：元

预测项	计算公式	预测值（元）	分析说明
完工尚需费用预测 ETC	ETC =（BAC − EV）/CPI =（BAC − EV）/（EV/AC）	159.6	完工尚需费用 159.6
完工总成本预测 EAC	EAC = AC + ETC	104 429.36	完工总成本预计 104 429.36 元
完工偏差 VAC	VAC = BAC − EAC	503.64	节约 503.64 元

说明：

（1）完工估算（EAC）是根据项目绩效和风险量化对项目总成本的预测。其计算公式为

$$EAC = ETC + AC$$

（2）完工尚需估算（ETC）是指到完成项目还将需要花费多少成本，即按照当前的进展，成本的消耗情况，还需要多少费用。其计算公式为

$$ETC = EAC - AC = (BAC - EV) / CPI$$

（3）完工预算（BAC）或称"总预算"。其计算公式为

$$BAC = 完工时的 PV 总和$$

（4）完工偏差（VAC）是对预算亏空量或盈余量的一种预测，是完工预算与完工估算之差。其计算公式为

$$VAC = BAC - EAC$$

VAC>0，表示在计划成本之内；

VAC = 0，表示与计划成本持平；

VAC<0，表示超过计划成本。

以上结论是当项目运行到部署阶段所得数据计算出的结果。项目在部署阶段还未超支。

部署阶段的成本偏差：$CV = EV - AC > 0$；

进度偏差：$SV = EV - PV < 0$。

结论：当项目运行到部署阶段时，成本未超支，但工期滞后。

7.7 本章小结

项目成本管理是信息技术项目的一个传统的弱项。软件项目经理必须承认成本管理的重要性和理解基本的成本概念、成本估算、预算和控制。本章主要内容包括：规划成本管理、估算成本、制订预算、控制成本和应用软件进行软件项目成本管理。

成本估算是项目成本管理的一个主要内容。有几种成本估算的方法，包括粗数量级的、预算的和确定性的估算。在项目生命周期的不同阶段使用不同的估算方法，每种方法的精度是不一样的。还有几种成本估计的工具和技术，包括类比估算、由下向上估算、参数化建模、代码行估算法和计算机化的工具。

成本预算包括为每一个单独的工作条目分配成本。搞清楚特定的组织如何制订预算，以便有针对性地制订估算方案，这是十分重要的。

成本控制是一项综合管理工作，是指在项目开发过程中尽量使项目实际发生的成本控制在项目预算范围之内的一项项目管理工作。

有若干软件产品可以辅助项目成本管理。最后一部分介绍如何利用软件对控制成本过程进行管理。

8 软件项目质量管理

软件项目质量管理是贯穿整个软件生命周期的重要工作，是软件项目顺利实施并成功完成的可靠保证。

软件项目质量管理是指确定质量方针、目标和职责，并通过质量体系中的质量规划、质量保证以及质量控制来使其实现所有管理职能的全部活动。

项目质量管理的主要内容包括保证软件满足目标需要的过程，涵盖了软件质量方面的指挥和控制活动。它确保项目需求，包括产品需求，得到满足和确认。同时，在质量方面指挥和控制的活动，包括质量方针、质量目标、质量规划、质量保证和质量控制。

项目质量管理（Project Quality Management）的目的是确保项目满足它所承载的需要。项目团队必须与关键的利益相关者，特别是项目的主要客户建立良好的关系，以了解质量对于他们的意义，毕竟是客户最终决定质量是否能被接受。许多软件项目的失败，是因为项目团队仅仅关注满足生产主要产品的书面要求，忽略了其他利益相关者对项目的需求和期望。

因此，质量必须与项目范围、时间及成本处于同等地位。如果一个项目的利益相关者对项目管理的质量或项目的最终产品不满意，那么项目团队就要调整范围、时间及成本，以使利益相关者满意。仅仅满足范围、时间及成本的书面要求是不够的。为使利益相关者满意，项目团队必须与所有利益相关者建立良好的工作关系，并了解他们的规定或潜在的需要。

项目质量管理包括 3 个主要过程：

1. 规划质量管理

是指确定与项目相关的质量标准及实现这些标准的方式。将质量标准纳入项目设计是质量规划的一个关键部分。对一个信息技术项目而言，质量标准包括考虑系统成长，规划系统合理的响应时间，或确保系统提供持续准确的信息。质量标准也适用于信息技术服务。比如，你可以为求助台响应时间的长短设定标准，或保修期内为项目硬件运送替代件花费时间的长短设定标准。

2. 质量保证（Quality Assurance）

是指定期评估所有的项目绩效，以确保项目符合相关的质量标准。质量保证过程要负责整个项目的生命周期的质量。高层管理者必须带头正视所有员工在质量保证中所扮演的角色，特别是高层管理人员的角色。

3. 质量控制（Quality Control）

是指监控具体的项目结果，确保它们符合相关的质量标准，识别提高总体质量的方法。

8.1 规划质量管理

规划质量管理是确定与项目相关的质量标准及实现这些标准的方式。将质量标准纳入项目设计中是质量规划的一个关键部分。对一个软件项目而言，质量标准包括考虑系统成长，规划系统合理的响应时间，或确保系统提供持续准确的信息。它的主要作用是，为整个项目中如何管理和确认质量提供指南和方向。

确保项目质量管理的第一步就是做好规划。质量规划是指预见情形并为产生所期望的结果准备对策的能力。现代质量管理的最新趋势是预防缺陷，贯穿于选择合适的材料、培训、向人们灌输质量观点、为确保合理结果进行过程规划等一系列活动。在项目质量规划中，重要的是为每个独特项目确定相关的质量标准，将质量融入项目产品及管理项目的过程中。

规划质量管理也强调针对纠正措施进行沟通交流，以确保质量管理是易于理解并且是完整的。在项目质量规划中，重要的是描述那些直接有助于满足客户需求的重要因素。

8.1.1 规划质量管理的方法

1. 质量成本（COQ）

质量成本包括在产品生命周期中为预防不符合要求、为评价产品或服务是否符合要求，以及因未达到要求（返工），而发生的所有成本。失败（劣质）成本常分内部（项目内部发现的）和外部（客户发现的）两类。图 8-1 给出了每类质量成本的一些例子。

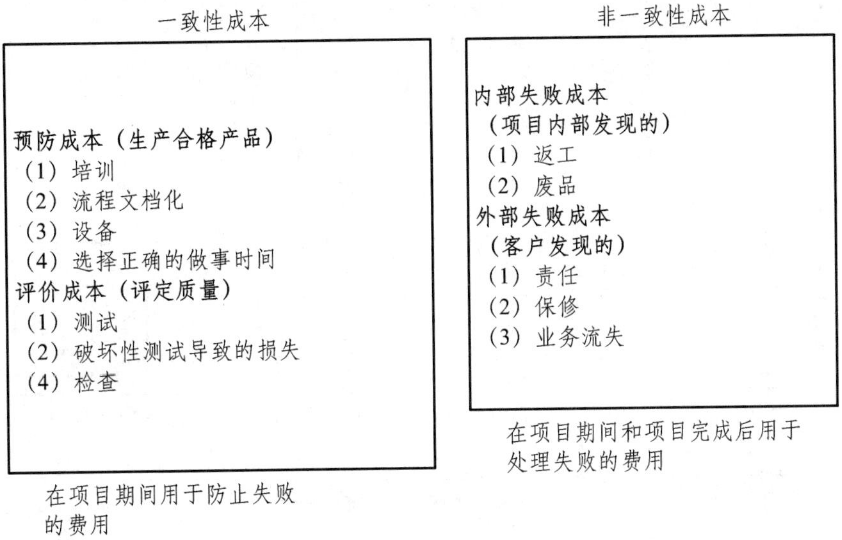

```
        一致性成本                          非一致性成本

 ┌─────────────────────────┐      ┌─────────────────────────┐
 │                         │      │ 内部失败成本             │
 │                         │      │ （项目内部发现的）       │
 │ 预防成本（生产合格产品）│      │ （1）返工                │
 │ （1）培训               │      │ （2）废品                │
 │ （2）流程文档化         │      │ 外部失败成本             │
 │ （3）设备               │      │ （客户发现的）           │
 │ （4）选择正确的做事时间 │      │ （1）责任                │
 │ 评价成本（评定质量）    │      │ （2）保修                │
 │ （1）测试               │      │ （3）业务流失            │
 │ （2）破坏性测试导致的损失│      │                         │
 │ （4）检查               │      └─────────────────────────┘
 │                         │
 │                         │      在项目期间和项目完成后用于
 │                         │      处理失败的费用
 └─────────────────────────┘

 在项目期间用于防止失败
 的费用
```

图 8-1 质量成本

2. 7 种基本质量工具

7 种基本质量工具，也称 7QC 工具，用于解决与质量相关的问题。

（1）因果图［见图 8-2（a）］，又称鱼骨图或石川图。问题陈述放在鱼骨的头部，作为起点，用来追溯问题来源，回推到可行动的根本原因。在问题陈述中，通常把问题描述为一个要被弥补的差距或要达到的目标。通过看问题陈述和问"为什么"来发现原因，直到发现可行动的根本原因，或者列尽每根鱼骨上的合理可能性。要在被视为特殊偏差的不良结果与非随机原因之间建立联系，鱼骨图往往是行之有效的。基于这种联系，项目团队应采取纠正措施，消除在控制图中呈现的特殊偏差。

（2）流程图［见图 8-2（b）］，也称过程图，用来显示在一个或多个输入转化成一个或多个输出的过程中，所需要的步骤顺序和可能分支。它通过映射 SIPOC 模型中的水平价值链的过程细节，来显示活动、决策点、分支循环、并行路径及整体处理顺序。流程图可能有助于了解和估算一个过程的质量成本。通过工作流的逻辑分支及其相对频率，来估算质量成本。这些逻辑分支，是为完成符合要求的成果而需要开展的一致性工作和非一致性工作的细分。

（3）核查表［见图 8-2（c）］，又称计数表，是用于收集数据的查对清单。它合理排列各种事项，以便有效地收集关于潜在质量问题的有用数据。在开展检查以识别缺陷时，用核查表收集属性数据就特别方便。用核查表收集的关于缺陷数量或后果的数据，又经常使用帕累托图来显示。

（4）帕累托图［见图 8-2（d）］，是一种特殊的垂直条形图，用于识别造成大多数问题的少数重要原因。在横轴上所显示的原因类别，作为有效的概率分布，涵盖 100%的可能观察结果。横轴上每个特定原因的相对频率逐渐减少，直至以"其他"来涵盖未指明的全部其他原因。在帕累托图中，通常按类别排列条形，以测量频率或后果。

（5）直方图［见图 8-2（e）］，是一种特殊形式的条形图，用于描述集中趋势、分散程度和统计分布形状。与控制图不同，直方图不考虑时间对分布内的变化的影响。

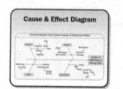

(a)因果图：找出根本原因

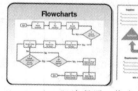

(b)流程图：找出失效环节

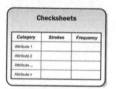

(c)核查表：收集和分析数据

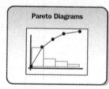

(d)帕累托图：2/8法则

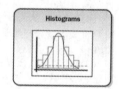

(e)直方图：表示发生次数

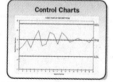

(f)控制图：确定过程是否可控

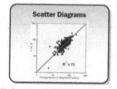

(g)散点图：确定两变量间的关系

图 8-2　七种基本质量工具

（6）控制图［见图 8-2（f）］，用来确定一个过程是否稳定，或者是否具有可预测的绩效。根据协议要求而制订的规格上限和下限，反映了可允许的最大值和最小值。超出规格界限就可能受处罚。上下控制界限不同于规格界限。控制界限根据标准的统计原则，计算确定代表一个稳定的过程的自然波动范围。项目经理和干系人可基于计算出的控制界限，发现须采取纠正措施的检查点，以便预防非自然的绩效。纠正措施旨在维持一个有效过程的自然稳定性。对于重复性过程，控制界限通常设在离过程均值（0 西格玛）±3 西格玛的位置。如果某个数据点超出控制界限，或连续 7 个点落在均值上（下）方，就认为过程已经失控。控制图可用于监测各种类型的输出变量。虽然控制图最常用来跟踪批量生产中的重复性活动，但也可用来监测成本与进度偏差、产量、范围变更频率或其他管理工作成果，以便帮助确定项目管理过程是否受控。

（7）散点图［见图 8-2（g）］，又称相关图，标有许多坐标点（X，Y），解释因变量 Y 相对于自变量 X 的变化。相关性可能成正比例（正相关）、负比例（负相关）或不存在（零相关）相关性。如果存在相关性，就可以画出一条回归线，来估算自变量的变化将如何影响因变量的值。

3. 标杆对照

标杆对照是将实际或计划的项目实践与可比项目的实践进行对照，以便识别最佳实践，形成改进意见，并为绩效考核提供依据。

作为标杆的项目可以来自执行组织内部或外部，或者来自同一应用领域。标杆对照也允许用不同应用领域的项目做类比。

4. 实验设计

实验设计（DOE）是一种统计方法，用来识别哪些因素会对正在生产的产品或正在开发的流程的特定变量产生影响。DOE 可以在规划质量管理过程中使用，以确定测试的数量和类别，以及这些测试对质量成本的影响。

5. 统计抽样

统计抽样是指从目标总体中选取部分样本用于检查。抽样的频率和规模应在规划质量管理过程中确定，以便在质量成本中考虑测试数量和预期废料等。

8.1.2　规划质量管理的成果物

1. 质量管理计划

质量管理计划是项目管理计划的组成部分，描述将如何实施组织的质量政策，以及项目管理团队准备如何达到项目的质量要求。

质量管理计划可以是正式或非正式的，非常详细或高度概括的，其风格与详细程度取决于项目的具体需要。应该在项目早期就对质量管理计划进行评审，以确保决策是基于准确信息的。这样做的好处是，更加关注项目的价值定位，降低因返工而造成的成本金额超支和进度延误。

2．过程改进计划

过程改进计划是项目管理计划的子计划或组成部分。过程改进计划详细说明对项目管理过程和产品开发过程进行分析的各个步骤，以识别增值活动。需要考虑的方面包括：

（1）过程边界。描述过程的目的、过程的开始和结束、过程的输入输出、过程责任人和干系人。

（2）过程配置。含有确定界面的过程图形，以便于分析。

（3）过程测量指标。与控制界限一起，用于分析过程的效率。

（4）绩效改进目标。用于指导过程改进活动。

3．质量测量指标

质量测量指标专用于描述项目或产品属性，以及控制质量过程将如何对属性进行测量。通过测量，得到实际数值。测量指标的可允许变动范围称为公差。例如，对于把成本控制在预算的 ±10% 之内的质量目标，就可依据这个具体指标测量每个可交付成果的成本并计算偏离预算的百分比。质量测量指标用于实施质量保证和控制质量过程。质量测量指标的例子包括准时性、成本控制、缺陷频率、故障率、可用性、可靠性和测试覆盖度等。

4．质量核对单

核对单是一种结构化工具，通常具体列出各项内容，用来核实所要求的一系列步骤是否已得到执行。基于项目需求和实践，核对单可简可繁。许多组织都有标准化的核对单，用来规范地执行经常性任务。质量核对单应该涵盖在范围基准中定义的验收标准。

5．项目文件更新

可能需要更新的项目文件包括（但不限于）干系人登记册、责任分配矩阵、WBS 和 WBS 词典。

8.2　质量保证

质量保证涉及满足项目相关质量标准的所有活动。质量保证的另一目标是持续的质量改进。

实施质量保证过程执行在项目质量管理计划中所定义的一系列有计划、有系统的行动和过程。质量保证旨在建立对未来输出或未完输出（也称正在进行的工作）将在完工时满足特定的需求和期望的信心。质量保证通过用规划过程预防缺陷，或者在执行阶段对正在进行的工作检查出缺陷，来保证质量的确定性。

实施质量保证是审计质量要求和质量控制测量结果，确保采用合理的质量标准和操作性定义的过程。本过程的主要作用是促进质量过程改进。

8.2.1 实施质量保证的方法

实施质量保证过程使用规划质量管理和控制质量过程的方法。除此之外，其他可用的工具包括：

1. 亲和图

亲和图与心智图相似。针对某个问题，产生出可联成有组织的想法模式的各种创意。在项目管理中，使用亲和图确定范围分解的结构，有助于 WBS 的制订。

2. 过程决策程序图（PDPC）

用于理解一个目标与达成此目标的步骤之间的关系 PDPC 有助于制订应急计划，因为它能帮助团队预测那些可能破坏目标实现的中间环节。

3. 关联图

关系图的变种，有助于在包含相互交叉逻辑关系（可有多达 50 个相关项）的中等复杂情形中创新性地解决问题。可以使用其他工具（诸如亲和图、树形图或鱼骨图）产生的数据，来绘制关联图。

4. 树形图

也称系统图，可用于表现诸如 WBS、RBS（风险分解结构）和 OBS（组织分解结构）的层次分解结构。在项目管理中，树形图依据定义嵌套关系的一套系统规则，用层次分解形式直观地展示父子关系。树形图可以是横向（如风险分解结构）或纵向（如团队层级图或 OBS）的。

5. 优先矩阵

用来识别关键事项和合适的备选方案，并通过一系列决策，排列出备选方案的优先顺序。先对标准排序和加权，再应用于所有备选方案，计算出数学得分，对备选方案排序。

6. 活动网络图

过去称为箭头图，包括两种格式的网络图：AOA（活动箭线图）和最常用的 AON（活动节点图）。活动网络图连同项目进度计划编制方法一起使用，如计划评审技术（PERT）、关键路径法（CPM）和紧前关系绘图法（PDM）。

7. 矩阵图

一种质量管理和控制工具，使用矩阵结构对数据进行分析。在行列交叉的位置展示因素、原因和目标之间的关系强弱。

8. 质量审计

质量审计是用来确定项目活动是否遵循了组织和项目的政策、过程与程序的一种结构化的、独立的过程。质量审计的目标是：

（1）识别全部正在实施的良好及最佳实践。

（2）识别全部违规做法、差距及不足。

（3）分享所在组织和/或行业中类似项目的良好实践。

（4）积极、主动地提供协助，以改进过程的执行，从而帮助团队提高生产效率。

（5）强调每次审计都应对组织经验教训的积累做出贡献。

采取后续措施纠正问题，可以带来质量成本的降低，并提高发起人或客户对项目产品的接受度。质量审计可事先安排，也可随机进行；可由内部或外部审计师进行。

质量审计还可确认已批准的变更请求（包括更新、纠正措施、缺陷补救和预防措施）的实施情况。

9. 过程分析

过程分析是指按照过程改进计划中概括的步骤来识别所需的改进。它也要检查在过程运行期间遇到的问题、制约因素，以及发现的非增值活动，过程分析包括根本原因分析，该分析是用于识别问题、探究根本原因，并制订预防措施的一种具体技术。

10. 质量审计

质量审计是质量保证的一个重要工具。质量审计（Quality Audit）是对具体质量管理活动的结构性的评审，这有助于确定可吸取的教训，并且可以改进目前和未来的项目绩效。在具体领域中有专长的内部审计师或第三方组织都可以实施质量审计。质量审计可以是预先安排的，也可以是随机进行的。工业工程师通常通过帮助设计项目的具体质量量度，然后在整个项目中进行应用和分析量度，以此实施质量审计。

8.2.2 实施质量保证的成果物

实施软件质量保证过程的成果物主要有：

1. 变更请求

可以提出变更请求，并提交给实施整体变更控制过程，以全面考虑改进建议。可以为采取纠正措施、预防措施或缺陷补救而提出变更请求。

变更请求是对实施过程中存在的确有必要进行变更的地方提出的申请，提交给实施整体变更控制过程，以全面考虑改进建议。其内容也可以包含对项目管理计划更新的请求、项目文件更新的请求和组织过程资产更新的请求。

2. 项目管理计划更新

项目管理计划中可能需要更新的内容包括（但不限于）包括质量管理计划、范围管理计划、进度管理计划、成本管理计划。

3. 项目文件更新

可能需要更新的项目文件包括（但不限于）质量审计报告、培训计划、过程文档。

4. 组织过程资产更新

可能需要更新的组织过程资产包括（但不限于）组织的质量标准和质量管理系统。

8.3 控制质量

控制质量是监督并记录质量活动执行结果，以便评估绩效并推荐必要的变更的过程。因此，质量控制的一个主要目标是改进质量。该过程的主要作用包括：

（1）识别过程低效或产品质量低劣的原因，建议并采取相应措施消除这些原因。

（2）确认项目的可交付成果及工作满足主要干系人的既定需求，足以进行最终验收。

控制质量过程使用一系列操作技术和活动，来核实已交付的输出是否满足需求。在项目规划和执行阶段开展质量保证，来建立满足干系人需求的信心；在项目执行和收尾阶段开展质量控制，用可靠的数据来证明项目已经达到发起人或客户的验收标准。

8.3.1 控制质量的方法

软件项目管理工作中对软件质量的管理，必定会产生很多变更请求，因为目前任何软件项目都无法在计划过程中完美地计划好一切。同理，对于其他的计划、指标、文件等，也会出现多次更新的情况，并反复的作为某一过程的输入或输出。优秀的项目经理会在每次项目管理工作中搜集、整理、分析、总结这些成果物，形成经验教训文档，用于提升自身工作经验和能力。

软件项目的质量需要通过合适的工具和技术进行检测，下面是一些常用的方法：

1. 7种基本质量管理和控制工具

（1）亲和图。针对某个问题，产生出可联成有组织的想法模式的各种创意。使用亲和图确定范围分解的结构，协助制订 WBS。

（2）过程决策程序图（PDPC）。用于理解一个目标与达成此目标的步骤之间的关系。PDPC有助于预测可能破坏目标实现的中间环节，用于制订应急计划。

（3）关联图。关系图的变种，有助于在包含相互交叉逻辑关系（可有多达50个相关项）的中等复杂情形中创新性地解决问题。可以使用其他工具（如亲和图、树形图或鱼骨图）产生的数据，来绘制关联图。

（4）树形图。也称系统图，可用于表现如WBS，RBS（风险分解结构）和OBS（组织分解结构）的层次分解结构。在项目管理中，树形图依据定义嵌套关系的一套系统规则，用层次分解形式直观地展示父子关系。树形图可以是横向（如风险分解结构）或纵向（如团队层级图或OBS）的。

（5）优先矩阵。用来识别关键事项和合适的备选方案，并通过一系列决策，排列出备选方案的优先顺序。先对标准排序和加权，再应用于所有备选方案，计算出数学得分，对备选方案排序。

（6）活动网络图。过去称为箭头图，包括两种格式的网络图：AOA（活动箭线图）和最常用的AON（活动节点图）。活动网络图连同项目进度计划编制方法一起使用，如计划评审技术（PERT）、关键路径法（CPM）和紧前关系绘图法（PDM）。

（7）矩阵图。一种质量管理和控制工具，使用矩阵结构对数据进行分析。在行列交叉的位置展示因素、原因和目标之间的关系强弱。

2. 软件质量审计

质量审计是有资格的人员独立的评价过程，用来保证项目符合项目质量管理要求和遵照已建立的质量程序和政策。

软件质量审计包括软件过程审计和软件产品审计。需求过程审计、设计过程审计、编码过程审计、测试过程审计属于软件过程审计；需求规格审计、设计说明书审计、代码审计、测试报告审计属于软件产品审计。

好的软件质量审计应确保以下工作符合要求：

（1）各类审计符合既定质量计划要求。

（2）产品是安全的和适用的。

（3）遵照有关法律和规则。

（4）数据收集和分发系统准确而充分。

（5）必要时采取正确的措施。

（6）识别改进机会。

3. 统计抽样

统计抽样是项目质量管理中的一个关键概念。这些概念包括统计抽样、置信因子、标准差及变量。标准差和变量是理解质量控制图表的基础性概念。统计抽样是按照质量管理计划中的规定，抽取和测量样本。

样本量取决于你希望样本相对于总体的代表性程度。决定样本量的一个简单公式如下：

$$样本量 = 0.25 \times (置信因子/可接受错误)$$

置信因子表示你想多大程度上确信抽样数据并不包含总体中非自然存在的偏差，表 8-1 所示为常用的置信因子。

表 8-1 常用的置信因子

可接受的置信度	置信因子
95%	1.960
90%	1.645
80%	1.281

4．测　试

测试是最常用的质量控制技术，几乎要贯穿系统开发生命周期的每个阶段。

常用的测试方法有：

（1）单元测试（Unit Testing）是用来测试每一个单个部件（经常是一个程序），以确保它尽可能没有缺陷。单元测试是在集成测试之前进行的。

（2）集成测试（Integration Testing）发生在单元测试和系统测试之间，检验功能性分组元素。它保证整个系统的各个部分能集合在一起工作。

（3）系统测试（System Testing）是指作为一个整体来测试整个系统。它关注宏观层面，以保证整个系统能正常工作。

（4）用户可接受性测试（User Acceptance Testing）发生在接收系统交付之前，是由最终用户进行的一个独立测试。它关注的是系统对组织的业务适用性，而非技术问题。

为帮助提高软件开发项目的质量，对组织来说，重要的是要遵循一套全面、严格的测试方法。系统开发者及测试人员也必须与所有的项目利益相关者建立合作关系，确保系统能满足他们的需要和预期，且确保测试能合理完成，如果没能成功地进行合理的测试，就会产生巨大的成本。

8.3.2　控制质量的成果物

1．质量控制测量结果

对质量控制活动的结果的书面记录。以规划质量管理过程所确定的格式加以记录。

2．确认的变更

对变更或补救过的对象进行检查，做出接受或拒绝的决定，并把决定通知干系人。被拒绝的对象可能需要返工。

3．核实的可交付成果

控制质量过程的一个目的就是确定可交付成果的正确性。开展控制质量过程的结果，是核实的可交付成果。核实的可交付成果是确认范围过程的一项输入，以便正式验收。

4．工作绩效信息

从各控制过程收集，并结合相关背景和跨领域关系进行整合分析而得到的绩效数据。例如，关于项目需求实现情况的信息：拒绝的原因、要求的返工，或所需的过程调整。

5．变更请求组织

如果推荐的纠正措施、预防措施或缺陷补救导致需要对项目管理计划进行变更，则应按既定的实施整体变更控制过程进行。

6．项目管理计划更新

项目管理计划中可能需要更新的内容包括（但不限于）质量管理计划、过程改进计划。

7．项目文件更新

可能需要更行的项目文件包括（但不限于）质量标准、协议、质量审计报告和变更日志，附有纠正行动计划、培训计划和效果评估、过程文档。

8．组织过程资产更新

可能需要更新的组织过程资产包括（但不限于）：

（1）完成的核对单。如果使用了核对单，完成的核对单就会成为项目文件和组织过程资产的一部分。

（2）经验教训文档。偏差的原因、采取纠正措施的理由，以及从控制质量中得到的其他经验教训，都应记录下来，成为项目和执行组织历史数据库的一部分。

8.4　应用软件进行软件项目质量管理

项目质量管理包括了规划质量管理、实施质量保证、控制质量 3 个过程。对于文档的质量管理，如需求文档、设计文档等是在线下进行的，对于代码的质量，主要是通过测试来保证和控制的，规划质量管理则是在线下进行，相应的文档上传到项目管理软件的项目库中。本小节将以"招投标管理系统"为例介绍如何使用项目管理软件进行质量管理。线上测试流程如图 8-3 所示，公司使用项目管理软件对控制质量（测试）过程进行管理，省去了线下交接任务的过程，开发和测试人员可以在线上直接跟踪 Bug 处理情况。

1. 提交测试申请

开发人员完成一定任务后，可以通过项目管理软件在线上提交测试单给测试人员进行测试。测试单还没有指派的功能，所以需要项目经理线下通知测试团队进行测试，或者是创建测试类型的任务，指派给相应的测试人员，如图 8-4 所示。

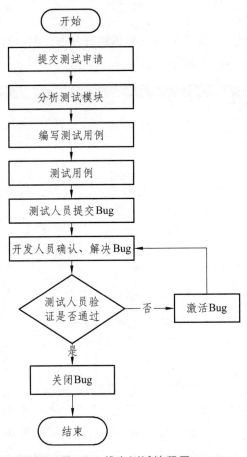

图 8-3 线上测试流程图

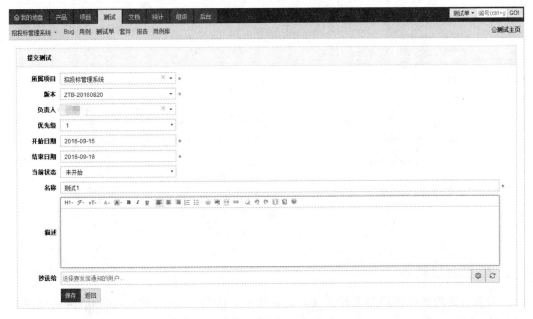

图 8-4 提交测试单

2. 分析测试模块

测试人员收到测试申请后，需要对测试范围进行分析，创建测试模块，在项目管理软件上进行测试模块的维护，如图 8-5 所示。

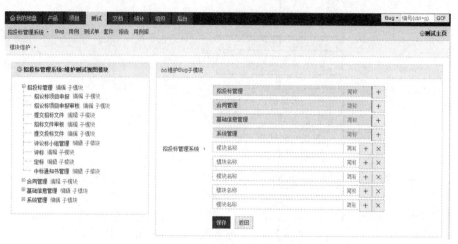

图 8-5　维护测试模块

3. 创建测试用例

在需求评审通过后，测试人员就可以开始编写测试用例了，项目管理软件提供了编写测试用例功能，将测试用例步骤分开，每一个测试用例都由若干个步骤组成，每一个步骤都可以设置自己的预期值，这样可以非常方便进行测试结果的管理和 Bug 的创建，如图 8-6 所示。

图 8-6　创建测试用例

4. 管理测试版本

利用项目管理软件管理测试时，开发人员线上申请测试之后，会生成相应的测试任务给测试人员。这时候测试人员要做的就是为这个测试版本关联相应的测试用例，如图 8-7 所示。

图 8-7 管理测试版本

5. 执行测试用例，提交 Bug

在编写好测试用例后，测试人员对用例进行测试，并且记录 Bug。测试人员可以通过项目管理软件对测试结果和 Bug 进行记录。测试单提交之后，测试人员可以根据测试单的范畴执行测试用例，如果一个用例执行失败，那么在项目管理软件中可以直接由这个测试用例创建一个 Bug，而且其重现步骤会自动拼装，如图 8-8 和图 8-9 所示。

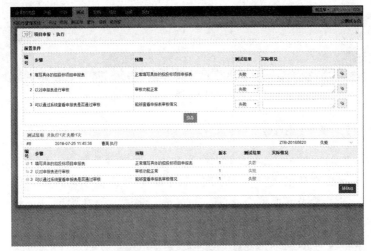

图 8-8 执行测试用例

图 8-9 提交 Bug

6. 确认 BUG，解决 BUG

测试人员提交了 Bug 之后，开发人员可以在线上快速地记录确认和解决 Bug，如果开发人员来不及解决 Bug，可以先确认 Bug，给测试人员一个反馈，方便测试人员查看 Bug 解决情况，解决 Bug 后进行记录，如图 8-10 所示。

图 8-10　解决 Bug

7. 验证 BUG，关闭 BUG

当开发人员解决 Bug 之后，测试人员验证 Bug，如果没有问题，则将其关闭；如果 Bug 仍然存在，则将 Bug 交给开发人员重新解决。项目管理软件提供验证和关闭 Bug 功能，使用项目管理软件管理省去了线下烦琐交接任务的过程，测试人员在验证 Bug 已解决后在线上关闭，如图 8-11 所示。

图 8-11　关闭 Bug

8. 查看报表统计

在进行质量管理时，项目经理需要查看 Bug 分布情况，在项目管理软件中的统计报表功能提供查看 Bug 的统计信息，如图 8-12 所示。

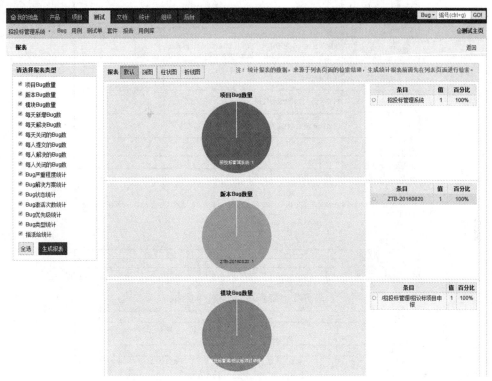

图 8-12 Bug 统计报表

8.5 "招投标管理系统"项目质量管理案例分析

8.5.1 规划质量管理案例分析

1. 制订质量管理计划

通过对需求规格说明书以及项目管理计划的分析与总结，旨在描述将如何实施组织的质量政策，以及项目管理团队准备如何达到项目的质量要求。得到质量管理计划，如表 8-2 所示。

2. 质量核对单

从组织过程资产库中获取到了质量核对单模板，有很多种类的质量核对单包括项目策划、项目监控、风险管理、变更控制等，不同的质量核对单检查项有所不同，形式都类似，如表 8-3 所示是需求质量核对单的模板。

表 8-2　质量管理计划表

1、基本信息	
项目名称	招投标管理系统
项目经理	曹元伟
项目计划周期	3个月
质量保证员	张翼德
质量经理	关云长
质量保证工具	核查表

2、主要活动		
审核方式	审核计划	估计工作量（小时）
根据项目计划审核	按照项目计划不定期评审，项目计划的每个阶段的活动至少审核一次，每个工作产品至少审核一次	4
定期审核	每月至少审核一次	4
事件驱动的审核	当发生客户投诉时进行审核	3
	当组织要求审核时进行审核	3

3、参与活动	
参与的主要活动	1、参与例会
	2、参与评审

4、NC处理机制

说明：主要描述NC处理机制和NC升级机制，可以参照《质量保证指南》，也可以直接在这里说明参照《质量保证指南》即可。

5、报告机制	
报告周期	1次/月
提交方式	电子文档
报告对象	质量保证经理、项目经理、分管副总

表 8-3　需求质量核对单模板

一、项目信息					
项目名称					
项目简称		项目经理		QA	

二、检查信息					
检查人	检查日期	检查工作量	检查人	检查日期	检查工作量

序号	关键	检查项	是	否	NA	说明
阶段：需求确立						
1		软件需求明确并形成文档				
2	★	软件需求文档经过了评审				
3		是否对项目组成员讲解过需求				
4	★	需求是否经过了客户确认				
5		是否制定了需求调研计划并执行				
6		需求中不可测试的部分是否在验收计划中标识				
7		是否形成了需求跟踪矩阵				
阶段：需求变更						
1		每一个需求变更是否都填写了需求变更请求表				
2		对于影响重大需求变更是否得到了CCB的批准				
3		是否对每一个需求变更都在需求变更跟踪表中进行了跟踪				
4		是否对每一个需求变更都进行了影响程度的分析				
5		是否对需要批量处理的需求变更都定期作了处理				
6		需求变更执行后，需求分析员是否都进行了跟踪和关闭				
7		需求发生变更后，是否及时更新了需求说明书				
8		需求发生变更后，是否及时跟新了需求跟踪矩阵				

审核结论：_____

审核意见：

3. 质量测量指标

根据需求文件中描述的功能制订了对应的质量测量指标用于指导测试，如表 8-4 所示是招投标管理系统的部分功能的测量指标和测量方法。

表 8-4 质量测量指标表

项目名称	招投标管理系统	估算日期	2016 年 9 月 11 日
WBS 编号	项目	测量指标	测量方法
4.1.1.1	管理合格供方库	功能性	黑盒测试
4.1.1.1	管理合格供方库	可靠性	集成测试
4.1.1.1	管理合格供方库	易用性	用户界面测试
4.1.1.1	管理合格供方库	可移植性	兼容性测试
4.1.1.2	招议标项目申报	功能性	黑盒测试
4.1.1.2	招议标项目申报	可靠性	集成测试
4.1.1.2	招议标项目申报	易用性	用户界面测试
4.1.1.2	招议标项目申报	可移植性	兼容性测试
4.1.1.3	提交招标文件	功能性	黑盒测试
4.1.1.3	提交招标文件	可靠性	集成测试
4.1.1.3	提交招标文件	易用性	用户界面测试
4.1.1.3	提交招标文件	可移植性	兼容性测试

8.5.2 实施质量保证案例分析

依据质量管理计划，在需求阶段对质量进行审计，形成质量核对单，如表 8-5 所示。表格中的 NA 表示此项不适用（Not Applicable）项目，审核结论有以下 4 种选项：

（1）FI：完全满足（Fully Implemented），有明确的书面直接证据；有间接书面证据或是访谈证据；无缺点、弱点；

（2）LI：大部分满足（Largely Implemented），有明确的书面直接证据；有间接书面证据或是访谈证据；有缺点、弱点；

（3）PI：部分满足（Partially Implemented），无书面直接证据或不合适；间接书面证据或访谈证据表明做了部分；有缺点、弱点；

（4）NI：没有满足（Not Implemented），没有任何证据或者证据完全不合适。

8.5.3 控制质量案例分析

在招投标管理系统测试阶段，对测试产生的 Bug 进行统计，形成 Bug 跟踪表，截取了 Bug 跟踪表中的部分内容，如表 8-6 所示。

表 8-5　质量核对单

一、项目信息						
项目名称			招投标管理系统			
项目简称	ZTB	项目经理	曹元伟		QA	庞士元
二、检查信息						
检查人	检查日期	检查工作量		检查人	检查日期	检查工作量
步子山	2016/9/16	0.5天		张子纲	2016/9/17	1天

序号	关键	检查项	是	否	NA	说明
阶段：需求确立						
1		软件需求明确并形成文档	√			
2	★	软件需求文档经过了评审	√			
3		是否对项目组成员讲解过需求	√			
4	★	需求是否经过了客户确认	√			
5		是否制定了需求调研计划并执行	√			
6		需求中不可测试的部分是否在验收计划中标识	√			
7		是否形成了需求跟踪矩阵	√			
阶段：需求变更						
1		每一个需求变更是否都填写了需求变更请求表	√			
2		对于影响重大需求变更是否得到了CCB的批准	√			
3		是否对每一个需求变更都在需求变更跟踪表中进行了跟踪	√			
4		是否对每一个需求变更都进行了影响程度的分析	√			
5		是否对需要批量处理的需求变更都定期作了处理	√			
6		需求变更执行后，需求分析员是否都进行了跟踪和关闭	√			
7		需求发生变更后，是否及时更新了需求说明书	√			
8		需求发生变更后，是否及时跟新了需求跟踪矩阵	√			

审核结论：Fl

审核意见：通过，没有问题

表 8-6　BUG 跟踪表

编号	BUG 描述	提出人	提出时间	类型	问题级别	路径追踪	状态	修复者	解决时间	检验者	检查结果
1	没有限制月份字段的只读属性导致用户可以手动填写日期	步子山	2016.9.10	设计缺陷	D 轻微	登录功能页面	未解决	张翼德	2016.9.10	步子山	已解决
2	未达到功能需求	步子山	2016.9.12	设计缺陷	A 十分严重	资料分类管理页面	已解决	张翼德	2016.9.12	步子山	已解决
3	页面响应时间10s以上	张子纲	2016.9.15	性能问题	B 严重	接口访问页面	已解决	张翼德	2016.9.15	张子纲	未解决
4	保存按钮失效	张子纲	2016.9.16	编码错误	A 十分严重	保存信息页面	已解决	关亮	2016.9.16	张子纲	已解决
5	接口无返回值	张子纲	2016.9.18	设计缺陷	A 十分严重	接口测试页面	已解决	关亮	2016.9.18	张子纲	已解决
6	刷新按钮无反应	严曼才	2016.9.20	设计缺陷	C 一般	资料查询页面	已解决	关亮	2016.9.20	严曼才	已解决
7	过滤查询无结果	严曼才	2016.9.23	编码错误	C 一般	资料查询页面	已解决	关亮	2016.9.23	严曼才	已解决
8	创建物理表响应10 s 以上	严曼才	2016.9.25	性能问题	B 严重	资料发布页面	已解决	关亮	2016.9.25	严曼才	未解决

8.6　本章小结

项目质量管理包括质量规划、质量保证和质量控制。质量规划确认哪项质量标准与项目有关及如何满足这些标准。质量保证是评价总体及项目的绩效，确保项目满足相关质量标准。质量控制是检验具体的项目结果，确保其符合质量标准，明确改进整体质量的方法。本章主要过程包括：规划质量管理、实施质量保证、控制质量和应用软件进行软件项目质量管理。

项目质量管理的方法有很多。质量的 7 种基本工具包括因果图、控制图、运行图、散点图、柱状图、帕累托图及流程图。统计抽样帮助确定在分析一个总体时样本的一个实际数目。

软件项目仍有很大的质量改进余地。强有力的领导有助于强化质量的重要性。理解质量成本为质量改进提供了一个动力。提供一个好的工作场所可以提高质量和生产率。理解利益相关者的期望和文化差异也和项目的质量管理相关。建立并遵循成熟度模型可帮助组织系统地改进其项目管理过程，提高项目的质量和成功率。

最后一部分介绍如何利用软件对软件质量进行管理。

9 软件项目人力资源管理

项目人力资源管理包括组织、管理与领导项目团队的各个过程。项目团队由完成项目而承担不同角色与职责的人员组成。项目团队成员可能具备不同的技能，可能是全职或者兼职的，可能随项目进展而增加或减少，项目团队成员也可称为项目人员。尽管项目团队成员被分派了特定的角色和职责，但让他们全员参与项目规划和决策仍是有益的。团队成员在规划阶段就参与进来，既可使他们对项目规划工作贡献专业知识，又可以增强他们对项目的责任感。

项目人力资源管理的各个过程包括：

1. 规划人力资源管理

识别和记录项目角色、职责、所需技能、报告关系，并编制人员配备管理计划的过程。

2. 组建项目团队

确认人力资源的可用情况，并为开展项目活动而组建团队的过程。

3. 建设项目团队

提高工作能力，促进团队成员互动，改善团队整体氛围，以提高项目绩效的过程。

4. 管理项目团队

跟踪团队成员工作表现，提供反馈，解决问题并管理团队变更，以优化项目绩效的过程。

软件项目人力资源有着不同于其他行业的特征，主要表现在以下几方面：

（1）软件从业人员具有年轻化的特征。

（2）软件从业人员总体具有较高的文化素养。

（3）软件从业人员具有学习能力强的特点。

（4）软件从业人员具有较强的自主性。

（5）软件从业人员对工作的期望值越高、成就感越强。

（6）软件人才缺口大，两级人才严重不足。

（7）软件从业人员具有较高的流动性。

（8）员工业绩难以量化考核。

9.1 规划人力资源管理

A公司是中等规模的软件研发公司,招聘项目经理1人,人力资源部通过网络招聘成功物色到2名候选人。其中人已结婚生子,个性内向,专业能力较强,曾在相关大型软件项目工作过,有带团队的经历;另一人单身,个性外向,喜欢与人打交道,有全面的项目管理体系知识,有项目管理实操经验。公司的主要客户为政府部门,需要反复与政府部门进行需求确认,因为政府部门的需求经常会变更,验收过程长,如果与项目合同不符合,需要进行再开发,验收完毕后才会付尾款。现技术部门认为A能胜任,因为A技术过硬,而业务部门觉得B比较合适,因为B沟通能力好。这种情况,要如何做选择?

本案例中,招聘的过程应做好工作分析,明确招聘岗位的工作职责。项目经理属于管理类岗位,需要任职者有较强的组织、沟通、协调能力。这种岗位的特点是,技术能力要强,综合素质要高。本案例中,两人都具有较好的项目管理的经验。政府部门的需求经常变更,需要项目经理经常沟通确认。产品开发完毕后,正式验收要符合政府部门的确认过程,也需要大量的产品功能介绍方面的沟通。所以,结合其岗位职责,任职资格要求,B更适合公司的实际需求。

软件项目对人的要求和依赖较大,人是决定项目成败的关键因素。如何组建一支结构合理的项目团队,提高团队整体的能力和效率,有效地使用人员和保留人才,并进行有效的沟通和冲突解决,是比较困难的事情。因此要做好项目的人力资源管理,确保项目的成功实现。

人力资源管理在项目管理环节的绩效等表现,使人力资源管理在项目管理中发挥着越来越重要的作用。一个成功的项目需要认识到,人的因素在顺利完成项目的过程中所具有的重要地位,要知道离开了人力因素,任何项目根本就不会存在。人力因素在保证低成本、快速度和高质量地完成项目过程中发挥重要的整合作用。

规划人力资源管理是识别和记录项目角色、职责、所需技能、报告关系,并编制人员配备管理计划的过程。其作用是建立项目角色与职责、项目组织图,以及包含人员招募和遣散时间表的人员配备管理计划。其核心为输入、工具和技术以及输出。

规划人力资源管理所需要的一些重要文档有:

1. 项目管理计划

说明项目将如何执行、监督和控制的文件,包括项目概要、合同承诺、合同基线、任务、项目交付物、项目完成标志、术语与条件、项目基准、约束条件、子管理计划、范围管理计划、需求管理计划、进度管理计划、成本管理计划等。

2. 活动资源需求

需要根据活动资源需求确定项目所需的人力资源,包括项目经理、项目助理、需求分析人员、设计人员、开发人员、测试人员、配置管理员、质量保证员、服务器、主机等。

3. 事业环境因素

团队不能直接控制的,将对项目、项目集或项目组合产生影响、限制或指导作用的各类条件。包括组织、市场、技术、政策、商业数据、信息系统、授权系统等。

4. 组织过程资产库

执行组织所持有的并被其使用的计划、流程、政策、程序和知识库。

9.1.1 规划人力资源管理的方法

1. 组织图和职位描述

可采用多种格式来记录团队成员的角色与职责。大多数格式属于以下三类：层级型、矩阵型和文本型。此外，有些项目人员安排可在子计划（如风险、质量或沟通管理计划）中列出。无论使用什么方法，目的都是要确保每个工作包都有明确的责任人，确保全体团队成员都清楚地理解其角色和职责。例如，层级型可用于规定高层级角色，而文本型更适合用于记录详细职责。用于记录和描述组织结构、组织关系以及成员角色的方法。

1）层级型

按照组织现有部门、单元或团队排列，并在每个部门下列出项目活动或工作包，如图 9-1 所示。

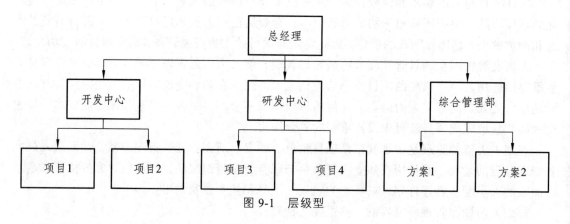

图 9-1　层级型

按资源类别和类型排列，并在每个类别下列出资源，如图 9-2 所示。

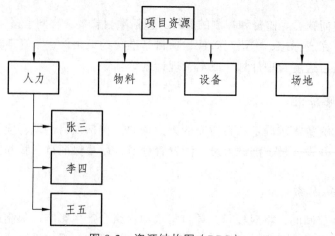

图 9-2　资源结构图（RBS）

2）矩阵型

矩阵是用来显示分配给每个工作包的项目资源的表格，如表 9-1 所示。它显示工作包或活动与项目团队成员之间的关系，反映与每个人相关的所有活动以及与每项活动相关的所有人员。它也可确保任何一项任务都只有一个人负责，从而避免职责不清。

表 9-1　RACI 职责分配矩阵

职责	人员				
活动	小张	小李	小刘	小王	小赵
定义	A	R	I	I	I
设计	I	A	R	R	C
开发	I	A	R	R	C
测试	A	I	I	I	I

注：R = Responsible（执行）；　　　C = Consult（征询意见）；
　　A = Accountable（负责）；　　　I = Inform（通报）。

3）文本型

如果需要详细描述团队成员的职责，就可以采用文本型。文本型文件通常以概述的形式，提供诸如职责、职权、能力和资格等方面的信息。这种文件有多种名称，如职位描述、角色—职责—职权表。该文件可作为未来项目的模板，特别是在根据当前项目的经验教训对其内容进行更新之后。

2．人际交往

指在组织、行业或职业环境中与他人的正式或非正式互动。人员配备管理的有效性会受各种政治与人际因素的影响。人际交往是了解这些政治与人际因素的有益途径。通过成功的人际交往，增长与人力资源有关的知识，如胜任力、专门经验和外部合作机会，增加获取人力资源的途径，从而改进人力资源管理。人际交往活动的例子包括主动写信、午餐会、非正式对话（如会议和活动）、贸易洽谈会和座谈会。人际交往在项目初始时特别有用，并可在项目期间及项目结束后有效促进项目管理职业的发展。

3．专家判断

基于某个应用领域、知识领域学科和行业等的专业知识而做出的，关于当前活动的合理判断：

（1）列出对人力资源的初步要求。

（2）根据组织的标准化角色描述，分析项目所需的角色。

（3）确定项目所需的初步投入水平和资源数量。

（4）根据组织文化确定所需的报告关系。

（5）根据经验教训和市场条件，指导提前配备人员；识别与人员招募、留用和遣散有关的风险。

（6）为遵守适用的政府法规和工会合同，制订并推荐工作程序。

4. 会　议

有组织、有目的地把众人聚集起来一起商讨问题的活动方式。规划人力资源管理的主要成果物为人力资源管理计划。它包含：

（1）项目管理计划组成部分。

（2）描述如何定义、配置、管理及最终遣散项目人力资源的指南。

（3）包括（但不限于）：

① 角色和职责。角色是在项目中分配给某人的职务。职责是为完成项目活动而项目团队成员必须履行的责任和工作。

② 项目组织图。

③ 人员配备管理计划。说明将在何时、以何种方式获得项目团队成员，以及他们需要在项目中工作多久。它描述了如何满足项目对人力资源的需求。基于项目需求，人员配备管理计划可以是正式或非正式的、非常详细或高度概括的。应该在项目期间不断更新人员配备管理计划，以指导持续进行的团队成员招募和发展活动。人员配备管理计划的内容因应用领域和项目规模而异。它包括人员招募、资源日历、人员遣散计划、培训需要、认可与奖励、合规性、安全性。

9.1.2　规划人力资源管理的成果物

规划人力资源管理的成果物是人力资源管理计划。人力资源管理计划是项目管理计划的组成部分，它描述如何定义、配置、管理及最终遣散项目人力资源的指南，包括了人员的角色和职责、项目组织图、人员配备管理计划等，如图 9-3 所示。

人力资源管理计划

目录

人力资源管理计划 1
1 人力资源管理概述 2
2 成员角色与职责 2
　2.1 角色 2
　2.2 职权 3
　2.3 岗位职责 3
　　2.3.1 项目经理主要职责 3
　　2.3.2 系统架构师 4
　　2.3.3 需求分析师主要职责 5
　　2.3.4 系统分析师主要职责 5
　　2.3.5 数据库设计师主要职责 6
　　2.3.6 软件开发主要职责 6
　　2.3.7 测试经理主要职责 6
　　2.3.8 测试工程师主要职责 7
　　2.3.9 项目级配置管理员的职责 7
　　2.3.10 组织级配置管理员的职责： 7
　　2.3.11 质量保证人员（QA）主要职责 8
　2.4 岗位能力 9
　　2.4.1 项目经理 9
　　2.4.2 软件架构师 9
　　2.4.3 需求分析师 9
　　2.4.4 系统分析师 10
　　2.4.5 软件开发师 10
　　2.4.6 综合技能要求 10
3 项目组织结构 10
4 人员配置管理计划 11
　4.1 人员招募 11
　4.2 资源日历 11
　4.3 人员培训 11
　4.4 人才激励与奖励 12
　4.5 人员遣散 12

图 9-3　人力资源管理计划

角色：指在项目中，某人承担的职务或分配给某人的职务。

职权：使用项目资源、做出决策、签字批准、验收可交付成果并影响他人开展项目工作的权力。

岗位职责：为完成项目活动，项目团队成员必须履行的职责和工作。

岗位能力：为完成项目活动，项目团队成员需具备的技能和才干。

人员配置管理计划：描述了人员在什么时候、以什么方式进入和离开团队。这通常是项目管理计划的一部分，它的细致程度因项目类型的不同而有所不同。例如，如果一个信息技术项目计划平均一年需要 100 名员工，人员配置管理计划就会清楚列出项目所需要的各种工作人员，如 Java 程序员、商业分析师、技术编辑等，还会列出每种工作人员每个月所需要的数量，以及规定如何获得、培训、奖励这些人员，和完成项目后如何重新分配工作等。以上这些问题都充分迎合了项目、雇主和组织的需要。它包括了以下内容：

人员招募：需要考虑的问题有人员是属于内部还是外部，集中办公或者分散，技术成本等。

资源日历：表明每种具体资源的可用工作日和工作班次的日历。

人员遣散计划：事先确定遣散团队成员的方法与时间。

培训需要：帮助团队成员获得相关证书，以提高工作能力，从而使项目从中受益。

认可与奖励：用明确的奖励标准和事先确定的奖励制度来促进并加强团队成员的优良行为。

合规性：遵循适用的政府法规、工会合同和其他现行的人力资源政策。

安全：规定一些政策和程序，使团队成员远离安全隐患。

9.2 组建项目团队

组建项目团队是确认人力资源的可用情况，并为开展项目活动而组建团队的过程。组建项目团队的过程包括获得所需的人力资源（个人或团队），将其分配到项目中工作。本过程的主要作用是，指导团队选择和职责分配，组建一个成功的团队。在大多数情况下，可能无法得到"最理想"的人力资源，但项目管理小组必须保证所用的人员能符合项目的要求。

因为集体劳资协议、分包商人员使用、矩阵型项目环境、内外部报告关系或其他各种原因，项目管理团队不一定对团队成员选择有直接控制权。在组建项目团队过程中，应特别注意下列事项：

（1）项目经理或项目管理团队应该进行有效协商或谈判，并影响那些能为项目提供所需人力资源的人员。

（2）不能获得项目所需的人力资源，可能影响项目进度、预算、客户满意度、质量和风险。人力资源不足或人员能力不足会降低项目成功的概率，甚至可能导致项目取消。

（3）如因制约因素（如经济因素或其他项目对资源的占用）而无法获得所需人力资源，在不违反法律、规章、强制性规定或其他具体标准的前提下，可能不得不使用替代资源（也许能力较低）。

在项目的计划阶段，应该对上述因素加以考虑并做出适当安排。项目经理或项目管理团队应该在项目进度计划、项目预算、项目风险计划、项目质量计划、培训计划及其他相关计划中，说清楚缺少所需人力资源的后果。

9.2.1 组建项目团队的方法

1. 事先分派

在某些情况下，可以预先将人员分派到项目中。这些情况常常是：由于竞标过程中承诺分派特定人员进行项目工作，或者该项目取决于特定人员的专业技能，如表9-2所示。

表9-2 项目人员分配表

项目人员分配表			
姓名	类别	部门	职务
张汉	项目组成员	研发中心	初级研发工程师
黄宇	项目组成员	研发中心	中级研发工程师
赵宇	项目组成员	研发中心	中级研发工程师
庞宏	项目组成员	研发中心	中级研发工程师
关亮	项目组成员	研发中心	中级研发工程师

2. 谈 判

人员分派在多数项目中必须通过谈判协商进行。例如项目管理团队可能需要与以下人员协商：

（1）负有相应职责的部门经理。目的是确保所需的员工可以在需要的时间到岗并且工作到任务完成。

（2）项目执行组织中的其他项目管理团队。目的是适当分配稀缺或特殊的人力资源，多个项目都需要这些稀缺的人力资源。如同组织中关系学的重要性一样，管理团队影响他人的能力在人员分配协商中起着十分重要的作用。例如，一个部门经理在决定把一位各项目都抢着要的出色人才分派给哪个项目时，除考虑项目的重要紧急程度外，也会权衡从项目中能得到哪些回报。

（3）外部组织、卖方、供应商、承包商等。项目经理通过协商谈判获取合适的、稀缺的、特殊的、合格的、经认证的或其他诸如此类的特殊人力资源。特别需要注意与外部谈判有关的政策、惯例、流程、指南、法律及其他标准。

在人员分派谈判中，项目管理团队影响他人的能力很重要，如同在组织中的政治能力一样重要。例如，职能经理在决定把杰出人才分派给哪个项目时，将会权衡各竞争项目的优势和知名度。

3. 招 募

当执行组织缺少内部工作人员去完成这个项目时，就需要从外部获得必要的服务，包括聘用或分包。

4. 虚拟团队

虚拟团队为团队成员的招募提供了新的途径。虚拟团队可以被定义为有共同目标、在完成各自任务过程中很少有时间或者没有时间能面对面工作的一组人员。现代沟通技术如基于 Internet 的 Email、QQ 群、微信群或视频会议使这种团队成为可能。通过虚拟团队的形式可以：

（1）在公司内部建立一个由不同地区员工组成的团队。

（2）为项目团队增加特殊技能的专家，即使这个专家不在本地。

（3）把在家办公的员工纳入虚拟团队，以协同工作。

（4）由不同班组（早班、中班和夜班）员工组成一个虚拟团队。

（5）把行动不便或残疾的员工纳入团队。

（6）可以实施那些原本因为差旅费用过高而被忽略的项目。

虚拟团队也有一些缺点，例如，可能产生误解、有孤立感、团队成员之间难以分享知识和经验、采用通信技术也要花费成本等。

在建立一个虚拟团队时，制订一个可行的沟通计划就显得更加重要。可能需要额外的时间以设定明确的目标，制订方案以处理冲突，召集人员参与决策过程，并与虚拟团队一起通力合作，以使项目成功。

5. 多标准决策分析

（1）制订出选择标准，并据此对候选团队成员进行定级或打分。可用下列标准对团队成员进行打分：

① 可用性。团队成员能否在项目所需时段内为项目工作，在项目期间内是否存在影响可用性的因素。

② 成本。聘用团队成员所需的成本是否在规定的预算内。

③ 经验。团队成员是否具备项目所需的相关经验。

④ 能力。团队成员是否具备项目所需的能力。

⑤ 知识。团队成员是否掌握关于客户、类似项目和项目环境细节的相关知识。

⑥ 技能。团队成员是否具有相关的技能来使用项目工具，开展项目执行或培训。

⑦ 态度。团队成员能否与他人协同工作，以形成有凝聚力的团队。

⑧ 国际因素。团队成员的位置、时区和沟通能力。

（2）根据各种因素对团队的不同重要性，赋予选择标准不同的权重。

9.2.2 组建项目团队的成果物

组建项目团队的成果物是项目人员分派、资源日历、项目管理计划更新。

项目人员分派（见表9-3）：通过把合适的人员分派到团队，来为项目配备人员。与项目人员分派相关的文件包括项目团队名录和致团队成员的备忘录，还需要把人员姓名插入项目管理计划的其他部分，如项目组织图和进度计划。

表 9-3　项目人员分派

项目人员分派表			
姓名	类别	部门	职务
×××	项目经理	开发中心	项目经理
×××	项目组成员	开发中心	初级研发工程师
×××	项目组成员	研发中心	中级研发工程师
×××	项目组成员	研发中心	中级研发工程师

资源日历（见图 9-4）：记录每个项目团队成员在项目上的工作时间段。必须很好地了解每个人的可用性和时间限制（包括时区、工作时间、休假时间、当地节假日和在其他项目的工作时间），才能编制出可靠的进度计划。

图 9-4　资源日历

项目管理计划更新（见图 9-5）：项目管理计划中可能需要更新的内容，包括（但不限于）人力资源管理计划。例如，承担某个角色的人员未达到人力资源管理计划所规定的全部要求，就需要更新项目管理计划，对团队结构、人员角色或职责进行变更。

项目管理计划 目录		
1	项目概要	P2
2	合同承诺	P6
2.1	合同基线	P7
2.2	任务	P8
2.3	项目交付物	P9
2.4	项目完成标志	P10
2.5	术语与条件	P11
3	项目基准	P12
3.1	范围基准	P13
3.2	进度基准	P14
3.3	成本基准	P15
4	组织结构	P16
5	约束条件	P20
6	子管理计划	P21
6.1	范围管理计划	P22
6.2	需求管理计划	P23
6.3	进度管理计划	P24
6.4	成本管理计划	P25
6.5	…	

图 9-5　项目管理计划更新

9.3 建设项目团队

即使项目经理为项目成功地招募到了足够的技术人才，他也必须保证这些人才能像一个团队那样一起工作去实现项目目标。许多软件项目拥有很多有才能的员工，但要成功地完成项目还需要团队协作。建设项目团队的主要目的是提高工作能力，促进团队成员互动，改善团队整体氛围，以提高项目绩效的过程。

布鲁斯·塔克曼博士在 1965 年发表了他的《团队建设四阶段模型》一文，并且在 1970 年做出修改和增加了一个新的阶段。塔克曼模型描述了团队建设的 5 个阶段：

1. 形成阶段

它是指团队成员的加入，包括团队初建期和增加新成员。这是一个必经阶段，尽管没有实质开展工作。

2. 震荡阶段

在团队如何运作上成员会产生一些分歧，互相猜疑，并且在团队中经常发生冲突。

3. 规范阶段

当团队成员对工作方法达成共识后，合作将代替前段时期的冲突和不信任。

4. 辉煌阶段

这个阶段比其他阶段更加强调实现团队的目标，而不是关注团队本身。关系已经固定了，团队成员相互之间也建立起了信任。在这个阶段，团队能够管理更复杂的任务和妥善处理一些变动。

5. 解体阶段

在成功实现目标和完成各项工作之后，团队解散。

9.3.1 建设项目团队的原则

以项目进度计划为基础，将内外部与项目相关的干系人组织成一个团队，可视项目的大小，对项目团队进行分组设置，确保项目相关团队可以有效合作，包括协调问题的有效解决方案。

9.3.2 建设项目团队的指南

1. 确定项目团队的结构

确定最能满足项目目标和约束的团队结构。工作内容包括：

（1）确定所开发的产品的风险。

（2）确定可能的资源需求以及资源的可用性。

（3）建立基于工作产品的责任。

（4）利用组织过程资产，考虑时机、约束和可能影响团队结构的其他因素。

（5）体现对组织共同愿景、项目共同愿景、组织标准过程和组织过程资产应用于团队结构的理解。

（6）识别可选的团队结构。

（7）评估可选方案，选择团队结构。

2. 建立与维护项目团队

1）按照团队的结构建立和维护团队

① 选择团队的领导人。

② 为每个团队分配责任和需求。

③ 给每个团队分配资源。

④ 创建团队。

⑤ 周期性的评估和修改团队的构成和结构，最好地满足项目的需求。

⑥ 当团队领导人变更或者团队成员发生重大变化时，评审团队的构成和其在整个团队结构中的位置。

⑦ 当一个团队的责任发生变化时，对团队的构成和任务进行评审。

⑧ 对整个团队的绩效进行管理。

2）项目团队的建立

在立项申请后，开始组建项目团队，并进行项目团队中核心团队任命。核心团队全权代表项目团队全面统筹及监管项目自启动到发布的运行过程。

3）项目团队的维护

每个具体人员承担项目角色和职责后，不可能完全符合规划的人员配备要求，因此可能要对人员配备管理计划进行变更；改变人员配备管理计划的其他原因还包括晋升、退休、疾病、绩效问题和变化的工作负荷。从项目开工到发布阶段整个项目生命周期由团队核心全权统筹负责，项目完成后，项目团队宣告解散。

4）项目团队的建设

项目团队的建设是培养团队成员的能力及团队成员之间的交互作用，从而提高项目绩效。目的在于：

① 提高团队成员的技能，以便提高其完成项目活动的能力。

② 提高团队成员之间的信任感和凝聚力，以通过更多的团队协作提高生产力。

项目团队的建设通过实施团队内部的培训、奖励与表彰等多种形式体现。

5）项目团队的管理

通过跟踪团队成员的绩效、提供反馈、解决问题、协调变更事宜以提高项目绩效。随着项目的开展，角色与岗位的互配性或其他相关原因都会导致团队项目成员的新增、调整，都属于人力资源变更，需做好变更管理记录。

6）项目团队的解散

项目团队的解散分为正常解散和异常解散两种情况。正常解散是项目（产品）研发任务顺利完成，项目团队完成历史使命而宣告解散；异常解散是指项目（产品）撤项或转向情况下的项目团队的解散。

（1）正常解散。

项目团队达成项目目标、完成历史使命而宣告解散。项目成员回归原部门安排工作。

（2）异常解散。

由于特殊原因项目须中途停止，通过分管领导决策项目团队是否继续运作。项目团队异常解散后项目成员回归原部门安排工作。

7）项目团队的授权与决策

项目团队在项目的各个阶段决策点给项目团队分配资源并授予团队对该产品开发过程中所有具体事务执行上的决策权，以保证项目团队获得充分授权。获得充分授权的项目团队决策过程是一种集体决策行为，能确保产品过程决策更具效率及效果。

3. 获取人力资源的依据

1）项目人力资源计划

人力资源计划包含的基本内容如下：

（1）角色和职责：角色和职责定义了项目需要的人员的类型以及需要具备的技能和能力。

（2）项目的组织结构图：组织结构图提供了项目所需人员数量及其汇报关系。

（3）人员配备管理计划：人员配备管理计划和项目进度一起确定了每个项目团队成员工作时间段，以及有助于项目团队参与的其他重要信息。

2）事业环境因素

当招募（即获取）人员时，还要考虑事业环境因素，如：

（1）现有人力资源情况，包括可用性、能力水平、以往经验、对本项目工作的兴趣和成本费率。

（2）项目实施单位的人事管理政策，如影响外包的政策。

（3）项目实施单位的组织结构。

（4）集中办公或多个工作地点。

3）组织过程资产

参与项目的一个或多个组织可能已有管理员工工作分配的政策、指导方针或过程。这些过程资产可用来帮助人力资源部门和项目经理招募、招聘或者培训项目团队成员。

9.3.3 建设项目团队的方法

1. 培 训

项目经理通常会建议成员参加一些特殊的培训课程以提高项目团队成员能力，这些活动可以是正式或非正式的，能促进个人和团队的发展。

以 JIT 方式开展培训相当重要。许多企业为员工提供一个网上学习机会，让员工何时何地都能够学到所需的技巧。同时发现，与传统的面授培训课程相比，有时网上学习的性价比更高。保证培训的时间和教授方法适合特定的人群和情况非常重要。此外，培训现有雇员比雇佣已经懂得这些技能的新员工会更经济些。

部分成功实践六西格玛理论的企业有自己独特而有效的培训方法。他们只让潜力很大的员工参加需要投资大量时间和金钱的"六西格玛黑带培训"。此外，不会让员工轻易参加黑带培训，除非得到与他们现在的工作有关的六西格玛项目的同意，证明这个培训和他们的工作相关。参加者会在工作安排中实践在培训中学到的新的概念和技巧。潜力大的员工会因得到提拔参加这个培训而感到自豪，而通过培训，企业让这些员工开展的高收益项目也能从中受益匪浅。

培训方式包括课堂培训、在线培训、计算机辅助培训、在岗培训（由其他项目团队成员提供）、辅导及训练。

如果项目团队成员缺乏必要的管理或技术技能，可以把对这种技能的培养作为项目工作的一部分。

应该按人力资源管理计划中的安排来实施预定的培训。

也应该根据管理项目团队过程中的观察、交谈和项目绩效评估的结果，来开展必要的计划外培训。如果增加的技能有利于未来的项目，培训成本通常应该包括在项目预算中，或者由执行组织承担。

2. 团队建设活动

许多企业会提供一些内部团队建设培训活动，也会聘请外部培训公司提供专门的服务。两种常见的团队建设活动方法有体能挑战和心理偏好指示工具。选择团队建设培训方法的原则是，一定要先弄清个人需求，包括学习风格、培训历史和身体局限等。

有些企业是通过开展具有一定体能挑战的活动来建设团队。基本的军事训练或者新兵训练营是一个好的例子。愿意加入军队的人，无论男女，都必须先通过一些艰苦的体能活动，例如攀绳下降、全副装备强行军、穿越障碍课程、射击训练或求生训练等基本的项目。许多企业也采用相似的方法，把团队成员送到特定的地方，让他们通过合作来克服攀山涉水的困难或参加攀岩训练等。调查发现，体能挑战能帮助彼此陌生的团队成员更有效地在一起工作，但也可能会导致机能失调的团队变得更加糟糕。

更多的企业则让团队成员参加心理方面的团队建设活动，让团队成员从中了解自己、了解他人和学习怎样最有效地开展团队建设工作。为了像一个整体那样更有效地工作，理解和尊重每个人的不同之处非常重要。有 3 种常见的团队建设方法，包括 MBTI 职业性格测试、威尔森的学习行为风格测试和 DISC 测试。

1）MBTI 职业性格测试

MBTI 职业性格测试是一个广泛用于分析个人性格倾向的工具。伊莎贝尔·B·梅亚和凯瑟琳·C·布里格斯在第二次世界大战时期发明了第一个基于心理专家卡尔·荣格的心理类型理论的职业性格测试。

MBTI 的心理类型有以下 4 个维度：

（1）外向 E—内向 I：第 1 维度，这个维度决定了你是外向的还是内向的人。外向的人把精力投放在外部世界，内向的人则较为关注自己的内心世界。

（2）实感 S—直觉 N：第 2 维度，它与你收集信息的类型有关。感觉型的人注重事实、细节和真实性，把自我描述为务实的人。而直觉型的人大多数想象力丰富而且善于创造，看重预感或直觉。把自己形容为创新的、概念型的人。

（3）思维 T—情感 F：第 3 维度，它代表思维与情感的判断。思维型的人很富有理性或逻辑性，而情感型的人比较主观和自我。

（4）判断 J—知觉 P：第 4 维度，它涉及人对结构的态度。判断型的人喜欢确定性和任务的完整性。他们倾向于定下限期，并且认真地完成目标，同时希望其他人也这么做。知觉型的人则喜欢保持开放性和灵活性。他们更多地把限期当作一个开始的标志而不是项目的结束，并且丝毫不赞同工作第一、休闲第二的原则。

还有更多的性格类型的测试，也有很多的书籍讨论到这个话题。David Keirsey 和 Ray Choiniere 在 1998 年出版的《Please Understand Me II》（可译为《请了解第二个我》）中包括一份简易的测试，称为人格气质类型测试，是一份在荣格、梅亚和布里格斯的工作成果的基础上编写的人格类型测试。

1985 年，一份关于普通美国人和信息系统开发员的 MBTI 性格类型测试研究透露了一些有趣的差异。两者在判断/知觉这一个维度上很相似，都是倾向判断型的人稍占上风，然而在其余 3 个维度上两者有一些明显的差异。人们对大部分信息系统开发员是内向型的人这一结果并不感到惊讶。调查发现 75%的信息系统开发员是内向型的人，相比之下，全体美国人中这一比例只有 25%。这种性格的差异也许能解释信息系统开发员与问题用户的沟通问题。研究同时发现另外一个显著的差异，80%的信息系统开发员属于思维类型的，而美国人中只有 50%是这种类型。在感觉—直觉这一维度上，约 55%的信息系统开发员相信感觉，而全美国人口中仅有 25%。这些结果符合凯尔斯对于理性人的直觉—思维类型划分。受教育越多，就越喜欢研究学术，把享受技术作为一个爱好，而且追求系统工作。凯尔斯认为，直觉—思维型的人全美国不到 7%。你会为比尔·盖茨被划分为一个理性人而感到惊讶吗？

项目经理可以根据团队成员的 MBTI 类型来调整管理风格，以迎合每个人的特点。例如，如果项目经理是一个相信直觉的人，而他的一个成员是注重感觉的人，那么在讨论个人目标和工作的时候，项目经理就应该花更多的时间来向成员做出具体详细的解释。同时也应确保他的团队中有各种性格类型的人。如果团队成员都是内向型的，很难愉快地与外向的用户，或者重要的项目干系人一起工作。

当然，MBTI 也像其他的测试一样，需要谨慎地使用。一份 2007 年发表的研究报告指出，软件开发团队改善不大是由于没能正确地使用心理测试方法，而且使用者在根本上误解了人格理论。软件工程师经常这样抱怨在工作过程中为支持他们的专业活动而做一些程序开发的那些人：既不够专业，也不懂纪律。这些话同样适用于那些没有相关资历和专业背景而采用心理方法的人。

2）社交形态定位

许多企业也会把社交形态定位应用到团队建设活动当中。曾经协助发展 Wilson Learning 社交形态定位的心理学家 David Merril 把人分成 4 种相似的行为类型或区域。根据人们的推断性和感应性，其行为可能会属于下述 4 种类型之一：

（1）"驾驭型"的人具有预见性，以任务为导向，脚踏实地，为成功而奋斗。可以用上进、严格、强硬、控制欲强、苛刻、意志坚强、独立自主、实事求是、果断、高效等词语来形容这些人。

（2）"表现型"的人富于预见性，以人际关系为中心，以未来为导向，利用他们的直觉去观察周围世界的新鲜事物。可以用操纵、容易兴奋、不守纪律、反应快、任性、有野心、激励、乖僻、狂热、戏剧性、友好来形容这些人。

（3）"分析型"的人反应灵敏，以任务为中心，以过去为导向，思考深刻。可用严谨、优柔寡断、乏味、挑剔、说教、刻苦、固执、严肃、期望和整齐有序来形容这些人。

（4）"平易型"的人也是反应灵敏，以人际关系为导向，时间安排会非常依赖于与谁工作，而且很珍惜人际关系。可用下述这些词来形容他们：守纪律、不确定、善于讨好、依赖、笨拙、支持性的、受尊重、乐意、可信赖的和令人愉快。

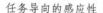

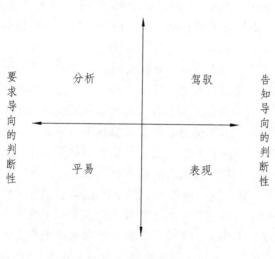

图 9-6　社会风格

图 9-6 显示了这 4 种社会风格，以及它们与判断性和感应性之间的相互联系。注意，对社会风格关系起主要决定作用的是你的判断性水平——你更喜欢告诉别人做什么，还是要求他们该做什么；以及你怎样响应任务的要求——是把重点放在任务本身上，还是执行任务的人身上。

熟悉项目干系人的行为风格能够帮助项目经理明白，为什么某些员工一起工作总是发生问题。例如，驾驭型的人在跟平易型的人一起工作时会非常着急，而分析型的人与表现型的人在一起又会产生沟通理解上的困难。

3）DISC 测试

和社交形态定位相似，DISC 测试也是一个 4 维度的行为模型。这 4 种维度——支配、影响、稳健、服从，组成了 DISC 这个名称。注意这些元素的一些相似的说法，例如，稳定（Stability）替代稳健、尽责（Conscientiousness）代替服从（Compliance）。DISC 测试是建立在心理学家威廉·莫尔顿·马斯顿博士（William Moulton Marston, Ph. D.）1928 年的工作成果基础上的。DISC 测试能反映在特定情况下人们的行为倾向。例如，它能反映出在压力下、冲突中、沟通时或在逃避一些活动时，你的行为反应。根据网络的数据显示，全世界超过 500 万人已经参加了各种形式的 DISC 测试。由于进一步的行为研究，马斯顿最初的工作得到了继续发展，DISC 评估已经由出版商开发出超过 50 种语言的版本了。

图 9-7 所示是 DISC 测试模型的 4 个维度，以及每个维度的关键特征。注意每个维度用不同的颜色和重点联系起来，如我、我们、你或者他。

支配：用红色标记，突出"我"。支配型特征包括直接、果断、自信、以结果为导向、竞争意识和非凡自信，喜欢控制和取胜欲望强烈。

影响：用黄色标记，突出"我们"。影响型特征包括容易说服、乐观、直率、表达清晰、狂热、全力取胜等。

稳健：用绿色标记，突出"你"。稳健型特征包括冷静、真诚、有同情心、合作、谨慎、避免冲突、擅长聆听、安于现状等。

服从：用蓝色标记，突出"他"。服从型特征包括数据驱动、风险规避、忧虑、单独工作、倾向过程和程序、不擅长沟通和交际等。

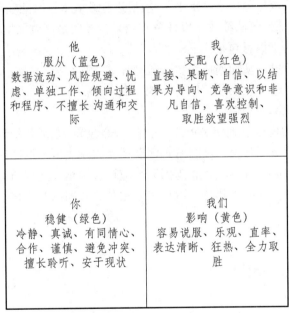

图 9-7　DISC 定位

与社交形态定位相似，人们在相对的象限里，如支配与支持，或者影响与服从，会产生意见相左的问题。还有很多其他有用的项目团队建设活动和测试，像有些人喜欢用梅雷迪斯·贝尔宾博士（Dr. Meredith Belbin）的测试来帮助确定人们倾向于选择 9 个团队角色中的哪一个。再次重申，所有项目团队建设或者是人格测试工具一定要由专家主持并谨慎运用，专家们要灵活掌握，并且只要有助于团队成功，所有必需的工作都要做到。项目经理可以利用领导能力和指挥技巧来帮助各种类型的员工更好地互相沟通，并合力完成项目目标。

3. 奖励表彰制度

另外一种促进团队建设的方法是利用基于团队的奖励表彰制度。如果管理层鼓励团队协作，会提升或者强化员工在团队中的工作热情。一些企业为成功实现公司或者项目目标的团队提供奖金、津贴或者其他形式的奖励。在立项过程当中，项目经理要能识别和奖励那些愿意加班加点去完成有难度的进度目标，或者是帮助队友的人。项目经理不应该奖励那些为了获取加班费，或者因为自己差劲的工作或计划，而加班工作的人。

项目经理必须持续进行团队绩效的评估。当发现个人或者整个团队还有改进的地方时，有责任找出最好的方法，去开发员工，并提高绩效。

9.3.4 建设项目团队的成果物

随着项目团队建设工作（如培训、团队建设和集中办公等）的开展，项目管理团队应该对项目团队的有效性进行正式或非正式评价，形成团队绩效评价成果物。

有效的团队建设策略和活动可以提高团队绩效，从而提高实现项目目标的可能性。团队绩效评价标准应由全体相关各方联合确定，并被整合到建设项目团队过程的输入中。

基于项目技术成功度（包括质量水平）、项目进度绩效（按时完成）和成本绩效（在财务约束条件内完成），来评价团队绩效。以任务和结果为导向是高效团队的重要特征。

评价团队有效性的指标可包括：

（1）个人技能的改进，从而使成员更有效地完成工作任务。

（2）团队能力的改进，从而使团队更好地开展工作。

（3）团队成员离职率的降低。

（4）团队凝聚力的加强，从而使团队成员公开分享信息和经验并互相帮助，来提高项目绩效。

通过对团队整体绩效的评价，项目管理团队能够识别出所需的特殊培训、教练、辅导、协助或改变，以提高团队绩效。项目管理团队也应该识别出合适或所需的资源，以执行和实现在绩效评价过程中提出的改进建议。应该妥善记录这些团队改进建议和所需资源，并传达给相关方。

9.4 管理项目团队

除了开发项目团队外，项目经理必须领导团队完成各种项目活动。在完成团队绩效和相关信息的评估后，项目经理必须决定项目是否需要做出变革，是否要求做好改善和预防措施，或者项目管理计划、组织过程资产是否需要更新。项目经理需要使用软技能去找出激励和管理每个团队成员的最佳方法。

9.4.1 管理项目团队的方法

1. 观察和交谈

如果你从来看不到或者不讨论这些问题，就难以准确地评价你的团队成员的工作表现，或者了解他们对工作感觉。许多项目经理喜欢不动声色地观其行、听其言，以"走动管理"

的方式来管理下属。项目经理与员工们就项目进行情况进行正式或非正式的谈话，就能从中得到一些重要的信息。而对于虚拟的员工，仍然可以通过 E-mail、电话或视频等方式来进行观察，与其讨论工作或个人问题。

2．项目绩效评价

与一般的经理一样，项目经理也能为员工们做项目绩效的评估。而项目绩效评估的需要和类型根据项目时间长度、项目复杂度、组织方针、合同要求以及相关沟通的不同而有所区别。对于项目经理来说，即使没有为员工做出正式的项目绩效评级，及时地做出绩效反馈也同样相当重要。如果团队成员粗心大意、耽误工作，项目经理应该找出这种行为的原因，然后采取恰当的行动。也许该团队成员家中有亲人逝世而不能集中精力工作，或者是他已经打算离开项目了，员工行为的理由会很大程度上影响项目经理的行动取向。

3．冲突管理

几乎没有一个项目能在没有冲突的情况下完成。在项目中，除了某些类型的冲突是合理存在的，大部分都是不合理的冲突。如本书第 10 章所述的，有几种方法能化解冲突。对于项目经理来说，最重要的是了解化解冲突的策略，并且积极、主动地管理冲突。

4．问题日志

许多项目经理会坚持写一份问题日志（Issue Log）来记录、监测和跟进一些需要解决的问题，以便团队成员能更有效地开展工作。问题的明细包括员工在哪个问题上产生了不同的意见，需要详细澄清或进一步调查的情况，或者是需要记录下来的紧要事情。重要的是，必须意识到哪些问题会挫伤团队的表现，并采取解决措施。项目经理应选派员工去解决每个问题，并且要确定一个解决的限期。

9.4.2　管理项目团队的一般性建议

团队管理领域的著名作家和顾问帕特里克·兰西奥尼（Patrick Lencioni）说过团队协作能激活团队未被开发的竞争优势。团队协作精神只会出现在成功的组织当中，而不会在失败的组织里出现。团队的 5 种机能障碍是：

（1）缺乏信任。

（2）害怕冲突。

（3）缺乏承诺。

（4）逃避责任。

（5）漠视成果。

兰西奥尼在他的著作中提出了克服这 5 种功能障碍的方法。例如，他建议团队成员做一份MBTI 职业性格测试，来帮助员工加强相互了解、建立互信；团队通过热情地、畅所欲言地讨论一些重要问题来控制冲突；为了实现承诺，他强调先找出所有可能的想法，让大家求同存异，但最后要服从决定；而在增强责任心方面，兰西奥尼强调的则是明确和关注每个人的首要任务；

对于员工来说，同事的竞争压力和鼓励比上级的施压更易激发员工的积极性。最后则是把团队的成果写在记分板上，以消除分歧，促使每个人都知道如何去实现积极的目标。

其他的有助于提高团队工作效益的建议如下：

（1）耐心、友善地对待你的团队，想着他们是最好的员工，而不是又懒又粗心的人。

（2）解决实际问题而不是一味地责备下属，言传身教地帮助他们解决问题。

（3）定期召开有效的会议，注重如何完成项目目标和正面的成果。

（4）允许团队成员用一段时间来完成基本的团队建设工作，包括组队、震荡、规范、行动和解体等阶段。不要妄想你的团队一组建就能马上高效地工作。

（5）把团队人数限制为3~7人。

（6）策划一些社交联谊活动来促进项目团队成员和其他项目干系人相互之间的了解。

（7）强调团队的认同性，订立一些团队成员喜欢的惯例。

（8）培养团队成员，鼓励团队成员之间相互帮助的风气。选择和提供一些培训，帮助个人和团队变得更加有效。

（9）肯定个人和团队所取得的成绩。

（10）创造机会与虚拟员工一起工作。有条件的话，在启动虚拟项目或者介绍一个虚拟团队的成员时，召开一个现场会议或者视频会议。仔细地筛选员工，确保在虚拟环境下能够有效地开展工作，并且要清楚说明虚拟团队成员之间的沟通方式。

正如你能想到的，团队建设和管理是许多信息技术项目的决定性因素。众多的 IT 项目经理必须突破理性或直觉的思维偏好，移情聆听并解决他人的利害问题，创造一个适合个人和团队成长、发展的工作环境。

9.4.3 管理项目团队的成果物

管理项目团队的成果物有：变更请求、项目管理计划更新、项目文件更新、事业环境因素更新、组织过程资产更新。

1. 变更请求

人员配备的变化，无论是自主选择还是由不可控事件造成，都会影响项目管理计划的其他部分。如果人员配备问题导致项目团队无法坚持项目管理计划（如在成进度拖延或预算超支），就需要通过实施整体变更控制过程来处理变更请求。人员配备变更可能包括转派人员、外包部分工作，以及替换离职人员。

2. 项目管理计划更新

项目管理计划中可能需要更新的内容包括（但不限于）人力资源管理计划。

3. 项目文件更新

可能被间接更新的项目文件包括（但不限于）问题日志、角色描述、项目人员分派。

4．事业环境因素更新

作为管理项目团队过程的结果，可能需要更新的事业环境因素包括（但不限于）对组织绩效评价的输入、个人技能更新。

5．组织过程资产更新

作为管理项目团队过程的结果，可能需要更新的组织过程资产包括（但不限于）历史信息和经验教训文档、相关模板、组织的标准流程。

9.5 应用软件进行软件项目人力资源管理

项目人力资源管理包括了规划人力资源管理、组建项目团队、建设项目团队、管理项目团队4个过程。使用项目管理软件可以对其中的组建项目团队、管理项目团队过程进行管理，其他的几个过程在线下进行，相应的文档上传到项目管理软件的项目库中，本小节将以"招投标管理系统"为例介绍如何使用项目管理软件进行人力资源管理。

组建项目团队、管理项目团队：项目经理在线下已经确认了项目团队成员后，在线上对项目团队成员进行维护。在成员变更时，在线下协商好后，同样的在项目管理软件上进行更新项目团队成员。使用项目管理软件管理团队成员如图 9-8 所示。

图 9-8 团队成员管理

9.6 "招投标管理系统"项目人力资源管理案例分析

9.6.1 规划人力资源管理案例分析

项目经理对"招投标管理系统"规划人力资源管理后形成了《人力资源管理计划》，目录如图 9-9 所示。

人力资源管理计划

目录

图 9-9　人力资源管理计划

　　下面对《人力资源管理计划》中的组织图、岗位职责、项目组织结构、资源日历进行简单的介绍。

1. 组织图

　　图 9-10 所示是"招投标管理系统"的层级型的项目组织图。

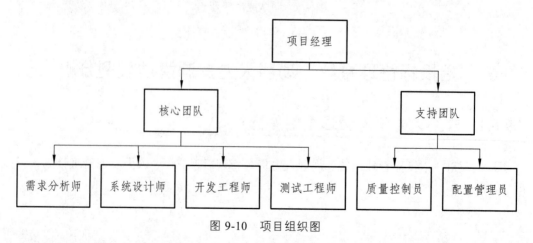

图 9-10　项目组织图

2. 职位描述

职位描述是针对项目组织图上的每一个职位的主要职责进行描述，如表 9-4 所示。

表 9-4 职位描述

项目经理
1. 计划 （a）项目范围、项目质量、项目时间、项目成本的确认。 （b）项目过程/活动的标准化、规范化。 （c）根据项目范围、质量、时间与成本的综合因素的考虑，进行项目的总体规划与阶段计划。 （d）各项计划得到上级领导、客户方及项目组成员认可。 2. 组织 （a）组织项目所需的各项资源。 （b）设置项目组中的各种角色，并分配好各角色的责任与权限。 （c）定制项目组内外的沟通计划。（必要时可按配置管理要求写项目策划目录中的《项目沟通计划》） （d）安排组内需求分析师、客户联系人等角色与客户的沟通与交流。 （e）处理项目组与其他项目干系人之间的关系。 （f）处理项目组内各角色之间的关系、处理项目组内各成员之间的关系。 （g）安排客户培训工作。 3. 领导 （a）保证项目组目标明确且理解一致。 （b）创建项目组的开发环境及氛围，在项目范围内保证项目组成员不受项目其他方面的影响。 （c）提升项目组士气，加强项目组凝聚力。 （d）合理安排项目组各成员的工作，使各成员工作都能达到一定的饱满度。 （e）制订项目组需要的招聘或培训人员的计划。 （f）定期组织项目组成员进行相关技术培训以及与项目相关的行业培训等。 （g）及时发现项目组中出现的问题。 4. 控制 （a）保证项目在预算成本范围内按规定的质量和进度达到项目目标。 （b）在项目生命周期的各个阶段，跟踪、检查项目组成员的工作质量。 （c）定期向领导汇报项目工作进度以及项目开发过程中的难题。 （d）对项目进行配置管理与规划。 （e）控制项目组各成员的工作进度，即时了解项目组成员的工作情况，并能快速地解决项目组成员所碰到的难题。 （f）不定期组织项目组成员进行项目以外的短期活动，以培养团队精神
需求分析师
1. 在项目前期根据《需求调研计划》对客户进行需求调研。 2. 收集整理客户需求，负责编写《用户需求说明书》。 3. 代表项目组与用户沟通与项目需求有关的所有事项。 4. 代表客户与项目组成员沟通项目需求有关的所有事项。 5. 负责《用户需求说明书》得到用户的认可与签字。 6. 负责将完成的项目模块给客户做演示，并收集对完成模块的意见。 7. 完成《需求变更说明书》，并得到用户的认可与签字。 8. 并协助系统架构师、系统分析师对需求进行理解

系统设计师
1. 协助需求分析师进行需求调研。 2. 分析、解析《用户需求说明书》，将系统需求整理成《软件需求规格说明书》。 3. 负责解决《软件需求规格说明书》被评审后发现的问题。 4. 在分析系统前，负责向架构设计师解释《软件需求规格说明书》的内容。 5. 协助架构设计师进行架构设计，并协助其完成《系统架构说明书》。 6. 根据《系统架构说明书》对系统进行建模。 7. 系统分析及建模完成后，负责将建模成果转化为《系统概要设计》。 8. 协助数据库设计师按《系统概要设计说明书》进行数据库逻辑设计和物理设计，完成数据库 CDM 及 PDM 图，并协助其完成《数据库设计说明书》。 9. 协助软件设计师按《系统概要设计说明书》进行《系统详细设计说明书》。 10. 指导软件工程师按《系统详细设计说明书》进行代码实现。 11. 负责重点代码检查。 12. 协助项目经理进行配置管理，并提供优化改进建议。 13. 定期对项目组成员进行技术方面的培训

开发工程师
1. 根据《系统概要设计说明书》编写《系统详细说明书》。 2. 按《系统详细设计说明书》进行代码实现。 3. 控制本模块的开发进度。 4. 对自己代码进行复查，并进行简单的测试。

测试工程师
1. 独立编写测试计划。 2. 独立编写测试用例。 3. 协调测试团队内部的工作以及与开发团队之间的工作。 4. 完成"执行测试"的工作。 5. 掌握较深层次的测试方法、测试技术和较复杂的业务流程。 6. 负责测试过程工具的研究、推广与维护，负责测试数据库维护工作。 7. 负责编写《用户手册》《操作手册》和相关培训教材。 8. 负责项目的质量审查

质量控制员
1. 制订具体项目的质量保证计划及执行。 2. 评审的组织（技术评审，决策评审，里程碑评审）。 3. 研发流程的执行监督、反馈、数据收集。 4. 项目文档维护管理。 5. 参与项目考核和产品效益考核。 6. 项目风险识别、预警

配置管理员
1. 制订配置管理计划。 2. 建立并维护配置管理库。 3. 建立并发布基线。 4. 物理审计（PCA）。 5. 跟踪并关闭变更申请。 6. 报告配置状态

3. 项目组织结构

职责分配矩阵是用来反映与每个人相关的所有活动以及与每项活动相关的所有人员。它也可确保任何一项任务都只有一个人负责，从而避免职责不清。"招投标管理系统"的项目成员根据人员特点和岗位职责要求进行职责分配，形成 RACI 职责分配矩阵如表9-5所示。

表9-5　RACI职责分配矩阵

职责	人员				
活动	张汉	关亮	黄宇	赵宇	庞宏
定义	A	R	I	C	C
设计	C	C	A	R	I
开发	I	C	C	A	R
测试	R	A	I	C	C

注：R = Responsible（执行）；　　C = Consult（征询意见）；
　　A = Accountable（负责）；　　I = Inform（通报）。

最后得出项目组织结构如表9-6所示。

表9-6　项目组织结构

	项目经理	曹元伟
核心团队	需求组	张汉、关亮
	设计组	黄宇、赵宇、庞宏
	开发组	赵宇、庞宏、张汉、关亮、黄宇
	测试组	关亮、张汉
支持团队	质量监控（QA）	刘德
	配置管理（CM）	庞宏

明确活动资源需求、事业环境因素后，在人员配置管理计划中说明将在何时、以何种方式获得项目团队成员，以及需要在项目中工作多久。

9.6.2　组建项目团队案例分析

根据项目人员资源到位情况建立资源日历，记录每个项目团队成员在项目上的工作时间段。了解每个人的可用性和时间限制（包括时区、工作时间、休假时间、当地节假日和在其他项目的工作时间），才能编制出可靠的进度计划。

以"招投标管理系统"为例，在2016年8月，项目经理统计项目成员可利用的工作时间资源情况如下：

5号：庞宏：10：00-12：00 有时间；

8号：全体项目成员有时间；

9 号：曹元伟全天有时间，赵宇 14：00-18：00 有时间，庞宏 10：00-12：00 有时间，张汉全天有时间，关亮 16：00-18：00 有时间，黄宇全天有时间；

15 号：赵宇 14：00-18：00 有时间；

17 号：曹元伟全天有时间，赵宇 14：00-18：00 有时间，庞宏 10：00-12：00 有时间，张汉全天有时间，关亮 16：00-18：00 有时间，黄宇全天有时间。

项目经理将项目人员能服务项目的工作时间一一记录到日历中，形成资源日历，方便制订计划，如图 9-11 所示。

注：□ 非工作日

图 9-11　资源日历

9.6.3　建设项目团队案例分析

在团队管理的过程中，实行项目绩效考评有利于控制项目进度和团队发展，实行个人绩效奖励有利于调动团队成员工作积极性。

绩效考核可以根据实际情况按周、月或者按项目划分考评周期。以"招投标管理系统"为例，该项目按月进行考评，主要考评点是个人的工作完成情况、工作能力、工作纪律。项目经理可以根据公司的规章制度、团队的管理经验等作为参考，有所侧重，制订出具体考评点。

其中，工作技能主要根据团队成员在工作过程中能不能解决遇到的问题以及解决问题所用的时间成本作为考评；工作态度以团队成员工作积极性以及能否带动团队积极气氛作为考评；另外对于频繁申请加班的成员识别其加班的必要性，进行加分；学习能力考查团队成员对新技术的学习、理解与应用能力，能否总结出相关学习经验文档等。评分公式如下：

$$最终得分 = 基础分数 + 工作完成情况分数 + 工作能力分数 + 加分 - 扣分$$

根据以上评分原则和评分公式员工自评后，提交团队负责人考评，得到个人的月绩效评价表，如图 9-12 所示。

月度考核内容						姓名	关云长
总分	序号	考核项	频率	分数	评分标准	员工自评	团队负责人考评
基础得分（30分）	1	基础分	月	30	每个人得分30分	30	30
工作完成情况（26分）	1	工作目标	周	4	①没有明确的工作目标，不清楚自己每天需要做什么（0分） ②工作目标比较明确，但是没有或者缺少付出，成绩不突出（1-2分） ③工作目标明确，能够按照目标，如期完成目标（3分） ④工作目标明确，对自己要求高，以身作则，敢于挑战，影响大（4分）	3	3
	2	工作计划	周	8	①对自己的工作没有计划，导致工作杂乱，总是滞后（0分） ②对自己工作有计划，但是行动迟缓，没有正当理由，经常不能按计划做事（1-3分） ③工作计划周详，但是个别事情总不能按照计划实现（4-6分） ④工作计划周详，对自己要求高，能够做到“今日事，今日毕”（7-8分）	5	5
	3	工作周报	周	4	①经常不填写工作周报，及时填写也是一笔带过，没有清楚描述工作任务（0分） ②不能及时的填写工作周报，总是集中补漏，记录空乏（1-2分） ③工作周报填写及时，但是内容比较空，对工作描述不清楚，上级无法明确了解工作任务（3分） ④工作周报填写及时，能够清楚的记录每天的工作任务，并做到一天一记（4分）	2	3
	4	工作质量	周	10	①工作质量不佳，常有差错（0分） ②工作疏忽，偶尔有小差错（1-5分） ③完成任务质量尚好，但可以再加强（6-8分） ④出色、准确，无任何差错（9-10分）	7	7
工作能力（36分）	1	责任心	周	5	①很不情愿接受分配的任务，并消极对待自己工作上的不足，经常推诿责任，将问题指向他人，并计较个人得失（0分） ②能够接受分配的任务，并正确对待工作上的不足，但未采取任何改进措施，有时推诿责任、计较个人得失（1-2分） ③对分配的任务能认真负责，对工作上的不足能加以分析，不推诿责任，不计较个人得失；（3分） ④对分配的任务非常认真负责，且愿意承担额外的工作，对工作上的不足，能经常分析，认真总结，积极改进（4-5分）	4	5
	2	主动性	周	5	①工作非常被动，即使在时间压力下，也一直等候上级指令；（1分） ②工作被动，行动迟缓，即使在时间压力下，有时也等候上级指令；（2分） ③不存在等候上级指令的状况，但工作主动性欠缺，行动不够迅速；（3分） ④主动寻找工作任务，积极思考解决方案，行动迅速；（4-5分）	3	4
	3	执行力	周	8	①对上级领导下达的指令或者任务漠不关心，不能积极响应(0分) ②对上级领导的指令或者分配的任务，有抵触情绪，但是还是能够根据指示执行（1-2分） ③能够执行上级领导的指令或者分配的任务，行动缓慢，执行效果良好（3-4分） ④严格执行上级领导的指令或者分配的任务，行动积极，但执行过程中比较墨守成规（5-6分） ⑤严格执行上级领导的指令或者分配的任务，执行过程中能主动思考，对不合理的地方能给出合理建议，行动迅速（7-8分）	6	5
	4	团队协作精神	周	8	①不善于与人合作，也从不帮助别人；工作中从不与人沟通、交流；对他人要求苛刻，别人与其合作，觉得非常难过；（1分） ②不太善于与人合作，也不太喜欢帮助别人，工作中很少与人沟通、交流；宽容性不够，别人不太愿意与其合作；（2分） ③比较善于与人合作，较喜欢帮助别人，工作中较主动与人沟通、交流；能够理解和宽容别人，能够换位思考；（3-4分） ④善于与人合作，喜欢帮助别人，主动与人交流、沟通，与其合作，感觉愉快；（5-6分） ⑤非常善于与人合作，非常喜欢帮助别人，积极主动与人交流、沟通，乐于将自己的经验或心得与别人分享，与其合作，感觉非常愉快（7-8分）	5	6
	5	专业水平	周	10	①专业技能较差，勉强达到职位要求的水平，且没有采取任何改进措施，加以提高。（0分） ②专业技能一般，能够达到职位要求的水平，但不注重提高，进步不明显。（1-4分） ③专业技能满足职位要求的水平，且不断改进提高。（5-7分） ④专业技能强，满足职位要求的水平，且注重提高，进步迅速，个人职位有进一步发展的潜能。（8-10分）	7	4
纪律性（8	1	考勤制度		8	全勤8分，旷工一次扣2分，迟到一次扣1分，调休1次扣0.5分	8	8
加分项（30分）	1	知识分享与学习	月	5	①积极参与团队、部门、公司等培训，提交了培训总结报告每1次，加0.5分。 ②在团队内部亲自主讲培训，会议照片、签到表齐全的每1次，加1分。 ③在部门内部亲自主讲培训，会议照片、签到表齐全的每1次，加3分。 ④在公司内部亲自主讲培训，会议照片、签到表齐全的每1次，加5分。 ⑤代表公司出去交流培训，有会议照片的每1次，加5分。 ⑥积极参与知识库建设，提出意见并采纳，每1条，加1分 ⑦积极分享知识经验，以文档的形式每分享1篇文章，加1分。	1	2
	2	部门/小组建设	月	5	①积极参与部门/小组建设，提交合理化建议累计1次；（1分） ②积极参与部门/小组建设，提交合理化建议累计2（含）次以上；（2分） ③积极参与部门/小组建设，提交合理化建议考有1（含）条以上被采用；（3分） ④积极参与部门/小组建设，提交的合理化建议有1条以上被采纳，且应用效果良好；（4分） ⑤积极参与部门/小组建设，提交的合理化建议有2条以上被采纳，且应用效果良好；（5分）	1	2
	3	部门文化建设	月	5	提供电视展板素材的，如视频（项目视频、拍摄）、照片、PPT等素材经采纳，每1次加1分。	3	3
	4	知识产权	月	5	①个人申请专利，被受理，每1个加5分。 ②参与软件著作权的申报资料、代码编写，加1分。	2	1
	5	加班	月	5	加班累计7小时，加1分	1	1
	5	处理疑难问题的效率	周	5	能够主动积极的思考解决方法，并且在第一时间把问题解决掉，对于团队成员的问题也能及时给予解决。1个问题加1分	2	1
扣分项（20分）	1	损害公司形象	月	-5	不论轻重直接扣5分	0	0
	2	被其他部门投诉、客户投诉	月	-5	投诉一次扣1分，每投诉一次扣一分，最高不超过5分	0	0
	3	值班	月	-10	①值班未在8:30之前，开启2扇卷帘门的，直接扣5分 ②早上9点还未开门，影响正常上班的，直接扣10分 ③忘记关门，直接扣10分 ④关门时未按规定检查关灯，关空调的，直接扣5分 ⑤未及时将钥匙交接给下一个值班人的，直接扣5分 最高不超过10分	0	0
最终得分						90	90
评分等级						A	A

图 9-12　个人 9 月度考核表

项目经理通过月度考核表得到所有项目成员 9 月绩效评价如表 9-7 所示。

表 9-7　9 月绩效评价表

9 月绩效评价							
项目名称：招投标管理系统							
估算日期：2016 年 9 月 01 日							
小组成员绩效测评							
组员	基础分	工作完成情况	工作能力	纪律性	加分项	扣分项	总分
关亮	30	18	24	8	10	0	90
赵宇	30	21	30	8	0	0	89
黄宇	30	22	29	8	0	0	89
庞宏	30	19	28	6	0	0	83
张汉	30	20	29	8	0	0	87

在团队的形成阶段和震荡阶段（塔克曼阶梯理论），可以适当提高个人绩效考评分以稳定民心。当团队稳定后可按实际情况做出考评。如果项目持续时间较长，按周、月考评时要注意根据团队成员的具体表现灵活调整考评分数，例如：团队成员张汉积极性不高时，可以在保持大体公平的情况下适当提高其分数，鼓励其积极性；当团队成员黄宇连续绩效考评分数较高时，可以适当下压分数，避免成员滋生骄傲心理。具体如何操作，由项目经理控制，以提高工作积极性和工作效率为前提，保持整体公平性。

9.6.4　管理项目团队案例分析

以"招投标管理系统"为例，某公司 2016 年 5 月中标该项目，甲单位要求"招投标管理系统"必须在 2016 年 12 月之前投入使用。曹元伟作为项目经理，并且刚成功地领导一个 5 人的项目团队完成了一个类似的项目，因此某公司派曹元伟带领原来的团队负责该项目。

曹元伟带领原来的项目团队结合以往经验顺利完成了需求分析、项目范围说明书等前期工作，并通过于审查，得到甲方的确认。由进度紧张，曹元伟又从公司申请调来了 2 个开发人员进入项目团队。

项目开始实施后，项目团队原成员和新加入的成员之间经常发生争执，对发生的错误相互推诿。项目团队原成员认为新加入的成员效率低下，延误项目进度；新加入成员则认为项目团队原成员不好相处，不能有效沟通。曹元伟认为这是正常的项目团队磨合过程，没有过多的干预。同时，批评新加入的成员效率低下，认为项目团队原成员更有经验，要求新加入成员要多向原成员虚心请教。

项目实施 2 个月之后，曹元伟发现大家汇报的进度言过其实，进度没有达到计划目标。

通过案例分析，造成该项目上述问题的可能原因有：

（1）曹元伟没能很好地处理项目团队组建过程中的震荡阶段产生的问题。

（2）沟通管理存在问题，新老成员没有较好的沟通渠道，未能很好地进行沟通，与项目经理曹元伟也没有有效地进行沟通。

（3）曹元伟未能秉公对待新老成员之间的冲突，对新成员的批评加剧了新老成员之间的矛盾；冲突管理处理不妥。

（4）曹元伟未对项目成员进行绩效考核，对项目成员的工作进度与绩效缺乏监控与管理。

（5）曹元伟对项目进度控制的力度不够，未能及时发现进度延误。

项目经理曹元伟采用以下手段进行团队的建设和管理，情况有所好转：

（1）团队建设活动。比如组织一次团队短期旅游或者拔河等有凝聚力的活动。

（2）绩效考核与激励。每周、月进行定期的项目成员考评，以多鼓励、多激励为主。

（3）集中安排，加强交流。

（4）培训提高团队技能。组织团队内部技术交流会，提高项目成员技能。

（5）每天开展项目晨会，对项目成员每天任务跟踪到位，及时发现问题、了解问题和解决问题，形成问题日志。

9.7　本章小结

　　人力资源是软件项目开发中的重要智力资源，必须要做好软件项目人力资源的管理。本章主要过程包括：规划人力资源管理、组建项目团队、建设项目团队、管理项目团队和应用软件进行软件项目人力资源管理。

　　本章首先通过介绍了软件项目人力资源管理的过程，通过引入案例讲解了软件项目人力资源管理的重要性和必要性，之后然后介绍了规划人力资源管理的方法和成果物。之后，着重介绍了软件项目管理中的项目团队组建、建设和管理的相关知识，包括组建项目团队的方法和成果物，建设项目团队的原则、指南、方法和成果物，管理项目团队的方法、建议和成果物。最后，通过"招投标管理系统"项目人力资源管理案例具体讲解了人力资源管理理论的应用方式。

　　最后一部分介绍如何利用软件对组建项目团队、管理项目团队过程进行管理。

10　软件项目沟通管理

许多专家都认为，对任何项目，尤其是信息技术项目的成功来说，最大的威胁就是沟通失败。类似不确定的范围或不切实际的时间计划等出现在其他知识领域的问题，均是由沟通引起的。项目经理们及他们的团队，要像高层管理那样，优先考虑如何进行良好的沟通，特别是与关键的项目利益相关者。

项目沟通管理包括为确保项目信息及时且恰当地规划、收集、生成、发布、存储、检索、管理、控制、监督和最终处置所需的各个过程。有效的沟通在项目干系人之间架起一座桥梁，把具有不同文化和组织背景、不同技能水平、不同观点和利益的各类干系人联系起来。

沟通是人与人之间，人与群体之间思想与情感的相互传递、相互作用和反馈的过程。有效的沟通不是单方面的，是通过双方的合作互动来完成的。沟通的定义包含着两个方面，信息的传递与理解。有效的沟通不仅仅是传递信息，还包含着对其信息的理解。在项目管理中，有效的沟通有着重大作用。

沟通的作用有：

（1）提供信息。

事实——我们的开发成本控制在预算的 90%以内；

意见——为什么我们不采用模糊查询技术；

解释——我迟到的原因是时间变化没有人通知我；

感受——显而易见我们应该改善界面管理。

（2）获取信息。

提问——你用什么方法过滤掉作废的 IP 地址；

需求——我想知道你周三的安排；

表白——我很想听听你对我的看法。

项目沟通管理包括以下过程：

1.　规划沟通管理

根据干系人的信息需要和要求及组织的可用资产情况，制订合适的项目沟通方式和计划的过程。

2.　管理沟通

根据沟通管理计划，生成、收集、分发、储存、检索及最终处置项目信息的过程。

---

3. 控制沟通

在整个项目生命周期中对沟通进行监督和控制的过程，以确保满足项目干系人对信息的需求。

10.1 规划沟通管理

规划沟通管理是根据干系人的信息需要和要求及组织的可用资产情况，制订合适的项目沟通方式和计划的过程。它是识别和记录与干系人的最有效率且最有效果的沟通方式。

10.1.1 规划沟通管理的方法

1. 沟通需求分析

一种分析技术，通过访谈、研讨会或借鉴以往项目经验教训等方式，来确定项目干系人对信息的需求。通过沟通需求分析，确定项目干系人的信息需求，包括所需信息的类型和格式，以及信息对干系人的价值。

2. 沟通技术

用于项目干系人之间传递信息的特定工具、系统或计算机程序等。它采用各种技术在项目干系人之间传递信息。

3. 沟通模型

说明在项目中将如何开展沟通过程的描述、比喻或图形。它用于促进沟通和信息交换的沟通模型，可能因不同项目而异，也可能因同一项目的不同阶段而异。

4. 沟通方法

在项目干系人之间传递信息的系统化的程序、技术或过程。也可以使用多种沟通方法在项目干系人之间共享信息。

5. 会 议

需要与项目团队展开讨论和对话，以便确定最合适的方法，用于更新和沟通项目信息，以及回应各干系人对项目信息的相关请求。这些讨论和对话通常以会议的形式进行。会议可在不同的地点举行，如项目现场或客户现场，可以是面对面的会议或在线会议。

10.1.2 规划沟通管理的成果物

规划沟通管理的重要成果物为沟通管理计划。沟通管理计划是项目管理计划的组成部分，描述将如何对项目沟通进行规划、结构化和监控。它的典型信息有干系人的沟通需求、需要沟通的信息、发布所需信息的时限和频率、负责沟通相关信息的人员、将要接收信息的个人或小组、传递信息的技术或方法等。该计划包括：

（1）干系人的沟通需求。

（2）需要沟通的信息，包括语言、格式、内容、详细程度。

（3）发布信息的原因。

（4）发布信息及告知收悉或做出回应的实现和频率。

（5）负责沟通相关信息的人员。

（6）负责授权保密信息的个人或小组。

（7）传递信息的技术或方法，如备忘录、电子邮件或新闻稿。

（8）为沟通活动分配的资源，包括时间和预算。

（9）问题升级程序，用于规定下层员工无法解决问题时的上报时限和上报路径。

（10）随项目进展，对沟通管理计划进行更新与优化的方法。

（11）通用术语表。

（12）项目信息流向图、工作流程、报告清单、会议计划等。

（13）沟通制约因素，通常来自特定的法律法规、技术要求和组织政策等。

沟通管理计划还可包括关于项目状态会议、项目团队会议、网络会议和电子邮件信息等的指南和模板。沟通管理计划也应包含对项目所用网站和项目管理软件的使用说明。

制订沟通管理可能需要更新的项目文件有项目进度计划、干系人登记册。

10.2 管理沟通

在软件项目中，项目经理的绝大多数时间都在与团队成员和其他干系人沟通，这要求项目经理具备良好的沟通技巧，与具有不同文化和组织背景、不同技能水平、不同观点和利益的干系人实现沟通的有效性（说什么）、高效性（怎么说）、时效性（什么时候说），在这过程中还要控制自己的情绪表达，注意语气的轻重缓急，更要坚定自己的立场。当参与沟通的人越多，以上方面越难控制，但最重要的是要尊重和满足沟通参与者的需求（马斯洛的需求层次理论第四层需求）。

管理沟通是根据沟通管理计划，生成、收集、分发、储存、检索及最终处置项目信息的过程。本过程的主要作用是，促进项目干系人之间实现有效率且有效果的沟通。

10.2.1 管理沟通的方法

1. 沟通技术

采用各种技术在项目干系人之间传递信息。例如，从简短的谈话到冗长的会议，从简单的书面文件到可在线查询的广泛资料（如进度计划、数据库和网站），都是项目团队可以使用的沟通技术。

可能影响沟通技术选择的因素包括：

（1）信息需求的紧迫性。需要考虑信息传递的紧迫性、频率和形式，它们可能因项目而异，也可能因项目阶段而异。

（2）技术的可用性。需要确保沟通技术在整个项目生命周期中，对所有干系人，都具有兼容性、有效性和开放性。

（3）易用性。需要确保沟通技术适合项目参与者，并指定合理的培训计划（如果必要）。

（4）项目环境。需要确认团队将面对面工作或在虚拟环境下工作，成员将处于一个或多个时区，它们是否使用多种语言，以及是否存在影响沟通的其他环境因素，如文化。

（5）信息的敏感性和保密性。需要确定相关信息是否属于敏感或机密信息，是否需要采取特别的安全措施，并在此基础上选择最合适的沟通技术。

（6）选择沟通技术是管理沟通过程中的一项重要工作。由于不同项目所使用的沟通技术可能差别很大，在统一项目生命周期的不同阶段也可能差别很大，因此重点是确保所选择的沟通技术适合所需沟通的信息。

2．沟通模型

有效的沟通在项目干系人之间架起一座桥梁，把具有不同文化和组织背景、不同技能水平、不同观点和利益的各类干系人联系起来。这些干系人能影响项目的执行或结果。最简单的沟通模型就是一个人与另一个人的信息交换过程，这一过程可以简化为如图 10-1 所示的沟通模型。

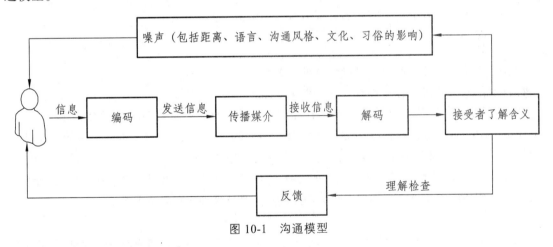

图 10-1　沟通模型

1）接收者和发送者

大部分情况下，参与者既发送信息，又接收反馈，是一体的。即信息的所有者在信息发送后希望能够得到相应的反馈。发送或接收方（Sender or Receiver）可以是个人、团体、企业、政府等。

2）信息（Message）

信息（Message）是指多个参与者（参与者内心的自省不在此例中）之间需要分享的内容，是表达思想和情感的组成物。在沟通过程中，信息的存在方式被定义为符号（Symbol），而符号分为语言符号和非语言符号两种。语言符号是用来描述具体实物的具体符号（Concrete

Symbol），如"桌子"。也可以是用来描述表达某种思想和情感的抽象符号（Abstract Symbol），如"崇拜"。非语言符号（Nonverbal Symbol）是指除语言符号之外的其他符号，比如在沟通过程中所产生的表情、姿势、语音、语气、语调、着装等，也同样在沟通的过程中传递着某些信息。

可以将管理沟通理解为保证沟通的有效性和高效性，将控制沟通理解为保证沟通的时效性。

管理沟通可以输出一份沟通管理计划。但在实际运用中，项目经理通常不会专门去编写这样一份计划，但要做到心中有数，记录下在什么时间，对什么人，要讲什么话，这可以算作一份非正式的沟通计划。控制沟通就是按照这份沟通管理计划进行沟通交流。

良好的沟通是情商高低的体现，需要理论但不局限于理论，而是要通过切身感受实际生活和工作中的人情世故去积累总结。

3）渠道

渠道（Channel）是指信息在参与者之间进行传递的途径，有的时候又被称为通道、媒介。要想达到沟通的目的，渠道的选择是非常重要的，需要沟通的参与者根据需要进行选择和决定。沟通的形式可以是口头的或者书面的，详细的或简略的，正式的或非正式的，在进行沟通时，参与者需要认真选择适合的沟通形式。有些信息，通过非正式面对面闲谈进行沟通比较合适；某些信息，通过纸质方式以文件的形式进行正式沟通比较适合；某些信息，通过采用正式会议的方式进行沟通比较适合。

沟通的参与者在沟通的过程中，由于参与者的数量不同，潜在的沟通渠道数量计算公式如下：

$$M = n(n-1)/2$$

其中，$n \geqslant 1$。

当 $n = 1$ 时，即参与者与自身进行沟通，$M = 0$。

当 $n = 2$ 时，也就是参与者有 2 人，即 2 个人面对面的交流，$M = 1$。

当 $n > 2$ 时，也就是参与者众多的环境，多人之间可能发生通过不同的渠道进行沟通，例如，当参与者 $n = 9$ 时，沟通渠道数量 $M = 36$ 条；当参与者 $n = 10$ 时，沟通渠道的数量 $M = 45$ 条。可以看出，增加一个参与者，就增加了 9 条潜在的沟通渠道。

可以看出，随着参与者的增加，沟通渠道的数量显著增加，增大了沟通成本。在进行沟通的时候，沟通规模的大小，参与者数量的多少，项目管理者应认真权衡。

4）反馈

反馈（Feedback）是参与者之间针对信息的反应过程。根据沟通的需要、参与者的意愿以及能力、其他限制条件等因素的影响，参与者需要选择不同程度的反馈。选择不同的反馈，达到的效果一也不同。参与者采用进行面对面的交谈方式，反馈就是及时、迅速的；远程的参与者通过信件进行交流时，反馈就是相对较慢的；利用邮件、传真等交流方式时，反馈的速度是不确定的。

5）噪音

凡是发生在参与者之间，能够干扰和阻碍理解和解释信息的因素，都是噪音（Noise）。噪音的存在有 3 种不同的形式：

（1）外部噪音。主要来自沟通环境，比如参与者在一个嘈杂的环境中进行交谈、其他人说话的声音、广播音响、汽车发动机的声音等都属于此类。

（2）内部噪音。来自参与者的头脑中，比如上课走神的学生，对人工智能有着排斥心理的企业工人等都属于此类。

（3）语义噪音。在不同文化背景、不同语言背景、不同宗教背景或不同阶层背景的人之间经常产生不利于理解沟通的情况。比如，不合时宜的低劣笑话，引入性别歧视、宗教纷争、政治观点等话题时，可能会引起不必要的沟通障碍。

6）环境

环境（Environment）就是以上因素的全部活动背景。不同的沟通所需要的沟通环境也是不同的，参与者要谨慎和仔细地选择适合的沟通环境，保证沟通正常进行。

选择沟通模型是本过程的一项重要工作。由于沟通模型中的各个要素都会影响到沟通的效率和效果，因此重点是要确保所选择的沟通模型适合正在开展的项目，确保识别出并管理好沟通模型中的任何障碍。

3. 沟通方法

可以使用多种沟通方式在项目干系人之间共享信息。这些方法可以大致分为：

（1）交互式沟通。在两方或多方之间进行信息交换。这是确保全体参与者对特定话题达成共识的最有效的方法，包括会议、电话、即时通信、视频会议等。

（2）推式沟通。把信息发送给需要接收这些信息的特定接收方。这种方式可以确保信息的发送，但不能确保信息送达者或被目标受众理解。推式沟通包括信件、备忘录、报告、电子邮件、传真、语音邮件、日志、新闻稿等。

（3）拉式沟通。用于信息量很大或手中很多的情况。要求接收者自主自行地访问信息内容。这种方法包括企业内网、电子在线课程、经验教训数据库、知识库等。

选择沟通方法是本过程的一项重要工作。由于在管理沟通过程中存在许多潜在的障碍和挑战，因此重点是要确保已创建并发布的信息能够被接收和理解，从而可以对该信息进行回应和反馈。

4. 沟通方式

在进行沟通的过程中，要根据沟通目标、参与者的特点选择适合的沟通方式。一般沟通过程所采用的方式分为以下 4 类：参与讨论方式、征询方式、推销方式（说明）、叙述方式，如图 10-2 所示。

图 10-2　沟通方式

以上 4 类沟通方式从参与者（发送信息方）的观点看，参与讨论方式的控制力最弱，随后逐步加强，以叙述方式的控制力最强。从参与者（发送信息方）的观点看，其他参与者的参与程度恰巧相反，也就是讨论方式下参与程度最高，然后逐步减弱，以叙述方式下参与程度最弱。

沟通方式的选择根据发送信息方的要求决定，沟通方式的选择基本上基于以下因素进行选择：

（1）掌握信息的能力。

（2）是否需要听取其他人的意见和想法。

（3）是否需要控制信息内容。

以信息的发布者角度看，沟通方式选择矩阵提供了沟通方式选择的对比，如表 10-1 所示。

表 10-1　沟通方式选择对比

沟通过程方式	掌握信息的能力	是否需要听取他人的意见和想法	是否需要控制信息内容	典型代表	控制强度	参与强度
讨论	1	是	否	头脑风暴	1	4
征询	2	是	否	调查问卷	2	3
推销	3	否	是	叙述解释	3	2
叙述	4	否	是	劝说鼓动	4	1

注：
1. 掌握信息的能力分为 4 个等级（1~4），"1"表示最弱，"4"最强；
2. 控制强度的能力分为 4 个等级（1~4），"1"表示最弱，"4"最强；
3. 参与强度的能力分为 4 个等级（1~4），"1"表示最弱，"4"最强。

首先，在发送方自认为已经掌握了足够的信息、有了自己的想法且不需要进一步听取多方意见时，往往选择控制力极强、参与程度最弱的"叙述方式"；其次，选择"推销方式"；最后，当自己掌握信息有限且没有完整成型的意见，需要更多的听取意见时，一般选择"讨论方式"或者"征询方式"。

5. 沟通渠道

不同的情况下，采取何种沟通渠道（媒介）是沟通的参与者需要特别注意的。合适的沟通渠道可以促进沟通过程的顺利进行，帮助沟通的各方达到沟通的目标；而不适合的沟通渠道可能会阻碍沟通过程的实现，起不到促进沟通目标的实现的作用。不同沟通渠道的特点如表 10-2 所示。

选择沟通渠道时，参与者应该根据以下因素进行多方面的考量：

（1）信息本身的特性。

（2）参与者的偏好。

（3）沟通的目的。

（4）参与者的熟练程度和理解能力。

可以选择的沟通渠道有：

1）纸质文档

纸质文档、电子邮件附件、传真都是纸质文档，能够提供详细的信息，阅读者可以选择仔细阅读还是简单浏览。

2）网页（网站、博客）

该渠道可以面向更多的沟通对象同时发布信息，而且不受地域的限制，更新速度相对较快。利于进行数据搜索，可以提供更广泛的使用，网站方式下信息发布方的控制力较强。

3）电子邮件

该渠道可以快速地进行交流，信件内容可繁可简，信息量可详细可简略，可以发送给特定人，也可以同时发送给多个接收对象。

表 10-2　沟通渠道及其特点

类型	高等：即时性强	中等：即时性中等	低等：即时性弱
文字	短信、即时通信	电子邮件、播客	纸质文档、网站、群发邮件
语言	电话、电话会议		语音邮件、播客
混合	面对面、参与度较高和控制力较低类型的会议、视频会议	演讲和发布会、网络直播	

4）博客

博客利用网络，信息的发布者可以与其他网络用户进行较强的互动，可以根据自己的想法组织文字，建立自己的群体，吸引志同道合者，易于个人维护。

5）短信

短信是利用手机直接进行快速的点对点通信的最好方式，还可以缩略语实现沟通，接受者开会、开车、睡觉时或者时间紧迫又不能采用语言交流的情况下采用短信方式最好。

6）即时通信

它可以在任何智能终端上使用，新型的即时通信软件可以做到计算机、手机、平板计算机上沟通信息的即时更新。信息发送可以进行加密发送，能够及时进行互动，可以传递包括文字内容（包括文件）、语音或视频等多媒体文件。可以利用网络同时与多人进行交流。

7）语音邮件

它属于电子邮件的一种，但是附加了语音附件，显得更加友好，使用成本较低，即时性较好。

8）播客

它利用网络进行语言直播，在没有管制的前提下自由性较强，基本上是单向的，可以建立自己的圈子。信息的接收者可以在任何地点，使用多种设备进行收听，而且成本较低。

9）电话

适合点对点的语言交流，私密性强，技术要求低，即时性强（接通情况下），发起人对时间的控制能力强，沟通成本适中（比起面对面的情况，更能够节约交通成本、时间成本以及其他费用，如不同城市的两个人打电话谈事比一起到咖啡馆喝着咖啡直接交流要节约费用和时间）。

10）电话会议

它是多人在不同地点针对同一信息进行交流较好的方式，可以跨地域、跨时区进行，费用适中，对于参与者的技术要求较低（会用电话就行）。但是电话会议也有一些缺点，如是否能够全部接入参与者是个未知数（如当时对方电话占线、电话被停机、突然外出等），也不能确认是否真正参加会议（如接通电话后在忙着手头的事，而没有认真加入会议）。

11）演讲和发布会

演讲和发布会一般是由权威部门或者个人发布正式信息的主要形式。信息的发布方可以选择发布的形式、时间、地点、材料形式等，同时能够及时获得参与者的反应和态度等。

12）网络直播

它可以用来在网络直播演讲和发布，提供有限的沟通机会（利用文字、电话等其他方式对信息的发布者进行提问）。最大的优势包括：可以大面积的传播会议内容而不受管制，可以管理发布的音视频以及文字资料的内容，费用适中，对信息的接收方技术要求较低（根据选择的网络和软件系统而定）。

13）面对面交谈

它是非常好的进行个人对个人的交流机会，能够促进建立良好的个人关系，交换信息、想法和情感，即时性强。

14）面对面的征询或参与性会议

对于收集信息，引导参会者提供想法和积极参与讨论时，是一种较好的方式。能够面对面的获得信息、想法，而且能够及时获得参与者的态度和反应，还可以与参与者建立良好的关系，解决一些群体性问题，达成一致意见，甚至取得统一的行动方案。

15）视频会议

同时进行多地域、多人的实时沟通会议（包括音频、视频、文字资料），能大幅节约会议费用（与传统会议形式相比，非本地参会者无需住宿费，参与者的交通费、会场租赁费等都不会产生），实时性较强。

以上每一种沟通渠道的选择都应该针对具体问题进行具体分析，在分析的基础上再选择合适的沟通渠道，在进行沟通的过程中，采用多种渠道的混合方式可能更好。不过在进行沟通的过程中，不同对象、不同阶段，可以选择不同的沟通渠道，或者有不同的侧重。

在所有的沟通渠道的选择上，会议方式是最为常见的一种（包括传统会议、电话会议、视频会议、混合型会议），需要特别注意，进行会议的时候，需要同时召集多人（或组织）针对某些特殊的信息进行交流，不论是在一个地点举行，还是通过电话或者网络召开异地会议，会议的管理和控制都是非常重要的。会前有准备：事前安排好参会人员、时间、地点、会议议程、相关资料发放，参会人员会前准备等；会中有控制：会议进行中，如无特殊原因，应如期召开，按照会议议程进行，会议有主持；会后有结论：会议结束后，有会议纪要发放，有讨论结论等。

6. 信息管理系统

用来管理和分发项目信息的工具有很多，包括：

（1）纸质文件管理，如信件、备忘录、报告和新闻稿。

（2）电子通信管理，如电子邮件、传真、语音邮箱、电话、视频和网络会议、网站和网络出版。

（3）项目管理电子工具，如基于网页界面的进度管理工具和项目管理软件、会议和虚拟办公支持软件、门户网站和协同工作管理工具。

7. 报告绩效

报告绩效是指收集和发布绩效信息，包括状况报告、进展测量结果及预测结果。应该定期收集基准数据与实际数据，进行对比分析，以便了解和沟通项目进展与绩效，并对项目结果做出预测。

需要向每位受众适度地提供信息。可以是简单的状态报告，也可以是详尽的分析报告；可以是定期编制的报告，也可以是异常情况报告。简单的状态报告可显示诸如"完成百分比"的绩效信息，或每个领域（即范围、进度、成本和质量）的状态指示图。较为详尽的报告可能包括：

（1）对归去绩效的分析。

（2）项目预测分析，包括时间与成本。

（3）风险和问题的当前状态。

（4）本报告期完成的工作。

（5）下个报告期需要完成的工作。

（6）本报告期被批准的变更的汇总。

（7）需要审查和讨论的其他相关信息。

10.2.2　管理沟通的成果物

1. 项目沟通

管理沟通过程包括创建、分发、接收、告知收悉和理解信息所需的活动。项目沟通可包括（但不限于）绩效报告、可交付成果物状态、进度进展情况和已发生的成本。受相关因素的影响，项目沟通可能会变动很大。这些因素包括（但不限于）信息的紧急性和影响、信息传递方法、信息机密程度。

2. 项目管理计划更新

项目基准及与沟通管理、干系人管理有关的信息

3. 项目文件更新

问题日志、项目进度计划、项目资金需求。

4. 组织过程资产更新

可能需要更新的组织过程资产包括（但不限于）：

（1）给干系人的通知：可向干系人提供有关已解决的问题、已批准的变更和项目总体状态的信息。

（2）项目报告：采用正式和非正式的项目报告来描述项目状态。项目报告包括经验教训总结、问题日志、项目收尾报告和出自其他知识领域的相关报告。

（3）项目演示资料：项目团队正式或非正式地向任一或全部干系人提供信息。所提供的信息和演示方式应该符合受众的需要。

（4）项目记录：包括往来函件、备忘录、会议纪要及描述项目情况的其他文件。应该尽可能整理好项目记录。项目团队成员也会在项目笔记本或记录本（纸质或电子）中记录项目情况。

（5）干系人的反馈意见：可以分发干系人对项目工作的意见，用于调整或提高项目的未来绩效。

（6）经验教训文档：包括对问题的起因、选择特定纠正措施的理由，以及有关沟通管理的其他经验教训。应该记录和发布经验教训，并在本项目和执行组织的历史数据库中收录。

10.3 控制沟通

控制沟通是在整个项目生命周期中对沟通进行监督和控制的过程，以确保满足项目干系人对信息的需求。本过程的主要作用是，随时确保所有沟通参与者之间的信息流动的最优化。

控制沟通过程可能引发重新开展规划沟通管理和/或管理沟通过程。这种重复体现了项目沟通管理各过程的持续性质。对某些特定信息的沟通，如问题或关键绩效指标（如实际进度、成本和质量绩效与计划要求的比较结果），可能立即引发修正措施，而对其他信息的沟通则不会。应该仔细评估和控制项目沟通的影响和对影响的反应，以确保在正确的时间把正确的信息传递给正确的受众。

10.3.1 控制沟通的方法

1. 信息管理系统

信息管理系统为项目尽力获取、储存和向干系人发布有关项目成本、进度进展和绩效等方面的信息提供了标准工具。项目经理可借助软件包来整合来自多个系统的报告，并向项目干系人分发报告。例如，可以用报表、电子表格和演示资料的形式分发报告。可以借助图标把项目绩效信息可视化。

2. 专家判断

项目团队经常依靠专家判断来评估项目沟通的影响、采取行动或进行干预的必要性、应该采取的行动、对这些行动的责任分配，以及行动时间安排。可能需要针对各种技术或管理细节使用专家判断。专家判断可以使用来自拥有特定知识或受过特定培训的小组或个人。之后，项目经理在项目团队的协作下，决定所需要采取的行动，以确保在正确的时间把正确的信息传递给正确的受众。

3. 会 议

通过会议可以确定最合适的方法，用于更新和沟通项目绩效，以及回应各干系人对项目信息的请求。会议形式可以是项目现场、客户现场、面对面的会议、在线会议。项目会议也包括与供应商、卖方和其他项目干系人的讨论与对话。

10.3.2 控制沟通的成果物

1. 工作绩效信息

工作绩效信息是对收集到的绩效数据的组织和总结。这些绩效数据通常根据干系人所要求的详细程度展示项目状况和进展信息。之后，需要相关的干系人传达工作绩效信息。

2. 变更请求

控制沟通过程经常导致需要进行调整、采取行动和开展干预，因此，就会生成变更请求这个输出。变更请求需通过实施整体变更控制过程来处理，并可能导致：

（1）新的或修订的成本估算、活动排序、进度日期、资源需求和风险应对方案分析。

（2）对项目管理计划和文件的调整。

（3）提出纠正措施，以使项目预期的未来绩效重新与项目管理计划保持一致。

（4）提出预防措施，降低未来出线不良项目绩效的可能性。

3. 项目管理计划更新

控制沟通过程可能引起对沟通管理计划及项目管理计划（如干系人管理计划和人力资源管理计划）其他组成部分的更新。

4. 项目文件更新

作为控制沟通过程的结果，有些项目文件可能需要更新。需要更新的项目文件可能包括（但不限于）：预测、绩效报告、问题日志。

5. 组织过程资产更新

可能需要更新的组织过程资产包括（但不限于）报告格式和经验教训文档。这些文档可成为项目和执行组织历史数据库的一部分，可能包括问题成因、采取特定纠正措施的理由和项目期间的其他经验教训。

10.4 应用软件进行软件项目沟通管理

项目沟通资源管理包括了规划沟通管理、管理沟通、控制沟通 3 个过程，通过线上线下结合，线上使用聊天软件、邮件的方式进行沟通（日常项目沟通使用 QQ 等通信软件，如会议纪要或比较重要的通知使用企业邮件），线下使用会议进行沟通。

10.4.1　产品计划会议

1. 会前准备

（1）由项目经理提前准备，告诉大家会议的具体的时间和地点。

（2）产品经理可以事先在项目管理软件上对需求做一个划分，将本期项目计划要实现的需求事先关联到项目中。

2. 会中（使用项目管理软件）

（1）由产品经理给大家做需求的讲解，与会的成员应当认真听讲，并提出自己的意见。

（2）每个需求讲解完毕之后，项目团队成员对需求的工作量进行估计，并根据需求的工作量确定每一个需求的优先级。

（3）按照需求优先级的高低以及工作量的大小，对关联到项目中的需求做调整：将不需要实现的移除，关联新的需求。

3. 会议产出物

项目管理软件上项目视图的需求列表。

10.4.2　跟踪会议

1. 晨　会

每天早上，按项目分组开会，由项目经理来召开晨会。

2. 周例会

每周五，按产品分组开会，由产品经理来召开会议，会前先将下周任务（计划）在项目管理软件上录入，开会时打开项目管理软件进行任务说明。

3. 月例会

每月底，部门经理召集本部门所有的项目负责人，召开部门月度会议。

10.5　"招投标管理系统"项目沟通管理案例分析

10.5.1　规划沟通管理案例分析

在项目中，只有具备合理的沟通管理计划，才能保证与项目干系人的沟通方式是最有效率且有效果的。有效果的沟通是指以正确的形式、在正确的时间把信息提供给正确的受众，并且使信息产生正确的影响。而有效率的沟通是指只提供所需要的信息。只有这样，才能使得整个项目的开发过程得以顺利进行，减少返工的必要，从而避免项目周期延长等风险。

招投标管理系统中，在规划沟通管理之前，做了以下4点准备。

（1）通过项目管理计划确定将要如何执行项目，如何对项目进行监控，以及项目什么时候结束等信息。

（2）通过干系人登记册了解到项目干系人的职位、项目角色、联系方式等相关信息。

（3）了解该项目的事业环境因素，规划沟通管理过程与事业环境因素有密切关系，因为组织结构对项目的沟通需求有重大影响，沟通需要适应项目环境，在不同的项目环境下要采取不同的沟通方法，比如项目经理在现场的情况下，遇到比较紧急的沟通需求信息，就可直接向项目的对接人现场交流，方便及时地反馈所遇到的问题；如果是在公司开发，那么遇到沟通需求，就可以通过电话或者邮件等方式进行沟通。

（4）通过组织过程资产，深入了解以往类似项目中的沟通决策及其实施结果，这有助于指导当前项目的沟通活动规划。

也就是说，首先要先确认项目的执行、监控、结束信息，其次是去了解该项目中参与干系人的角色、职位、联系方式等，然后，还需考虑项目所处的事业环境因素，最后再结合以往类似项目的沟通经验，来规划沟通管理，这些准备工作都是规划沟通管理过程中必不可少的。

规划沟通管理的最终成果物是沟通管理计划，招投标管理系统的沟通管理计划如表10-3所示。

表 10-3　沟通管理计划

项目名称：招投标管理系统					
项目利益相关者	沟通需求	信息搜集		信息归档	
	需求信息	搜集方式	收集人	归档格式	负责人
步子山	申报审核	口头沟通	关亮	Excel	关亮
步子山	发标	邮件	赵宇	Excel	赵宇
曹元伟	定标	会议	庞宏	Word	庞宏
张翼德	项目进度计划	邮件	严曼才	Excel	曹元伟
赵宇	招议标项目申报流程	会议	张汉、关亮、黄宇、赵宇、庞宏	PPT	赵宇
制订人：关亮　　　项目经理：曹元伟　　　批准人：刘德　　　批准日期：2016-04-04					

10.5.2　管理沟通案例分析

1. 相关干系人的沟通

招投标管理系统项目中，为了满足各干系人对信息的不同需要，项目经理（曹元伟）制订了不同的信息分发方法，以便更好地与各干系人建立起有效的沟通渠道，使项目干系人能够及时了解到自己需要的项目相关信息，具体如下：

（1）对于各协作单位，每周通过电子邮件向各干系人通报项目进展情况，并获取回执信息进行统计。

（2）对于最终客户，每周召开周例会，参会人员除项目组成员外还会邀请最终用户代表，通报项目绩效情况及下一步安排部署，并记录会议纪要。会议筹备如图 10-3 所示。

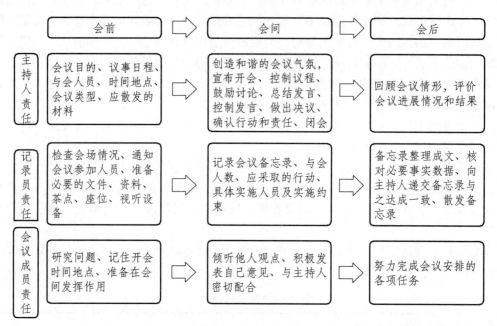

图 10-3　会议筹备与管理示例图

（3）在项目组内部，通过建立项目工作组 QQ 群，利用 QQ 群来实现项目组成员之间的即时性沟通，同时利用 QQ 的公告板功能，发布一些时限要求不高的公告。

（4）对于技术文档、管理文档等内部资料，则通过公司内部服务器进行共享，项目组成员依据其担任的角色和权限登录查看。将相关文档整理到公司 FTP 服务器上，以存档和方便项目组成员查看，如图 10-4 所示。

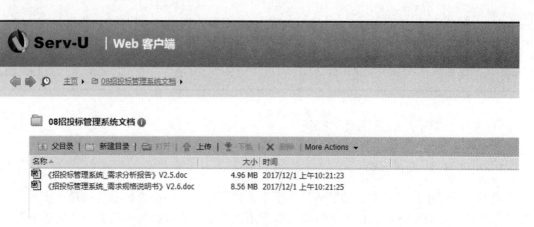

图 10-4　FTP 示例图

2. 通过会议来管理沟通

在本项目中，为了更好地对项目进行沟通管理，每天早上会举行晨会，了解每位成员的工作情况及任务完成度；每周会举行周例会，跟进项目的进度，从而更好地调整项目的进度计划及后续工作。

1）晨会

每天早上由项目经理组织项目组成员参加，汇报昨天的工作进度和今天的工作计划以及遇到的问题，时间大约为 10 分钟。

会议时间：每天早上 9 点开始。

会议目的：

（1）协调每日任务，记录遇到的问题，会后再讨论。

（2）了解前一天的项目任务整体完成情况以及安排当天的任务。

基本要求：

（1）项目组所有人员参加。

（2）每天 10 分钟。

会议输出：

（1）项目组成员彼此明确知道各自的工作以及最新的工作进度。

（2）将问题记录在《问题日志》中进行跟踪。

2）项目周例会

每周一由项目经理组织，全体项目组成员、相关干系人参加，用于向部门经理汇报项目每周进展情况的会议。

会议时间：每周周一早上 9 点开始。

会议目的：

（1）了解项目上周进度，讨论遇到的问题并提出解决方案。

（2）汇报项目本周的任务计划。

基本要求：

（1）项目组所有人员参加。

（2）每次 20 分钟。

会议输出：

（1）项目成员了解整体的项目进度。

（2）了解本周任务的计划及工作安排。

10.5.3　控制沟通案例分析

1. 项目信息沟通报告

控制沟通的作用是为了随时确保所有沟通参与者之间的信息流动的最优化，即是保证沟通信息的有用且有效率。

要保证每一次沟通都是有用且有效率的，那么就要规范沟通的流程，在招投标管理系统中，重要沟通都要形成正式的沟通信息报告表，对于沟通信息进行简要的说明，如表 10-4 所示是设计开发阶段的一个项目信息沟通报告。

表 10-4　项目信息沟通报告表

报告日期：自 2016 年 4 月 4 日至 2016 年 4 月 11 日
自上一次报告以来的主要成就：完成文件展示及上传下载功能模块开发。 项目实施的当前状态：设计开发。 进度执行情况：正常执行。 费用执行情况：正常执行。 质量执行情况：正常执行。 范围完成情况：正常完成。 上次报告会发现问题的解决情况：对上次会中提出的大文件下载问题已经得到解决。 项目当前出现或遇见可能出现的问题：文件展示形式统一问题。 解决这些问题的方案有哪些，计划采取的措施是什么：根据文件类型，按照原文件格式进行展示。 下次报告期拟实现的重大事项：系统优化

2. 项目沟通核查表

为了有效地控制监督沟通，每次沟通后，需要填写项目沟通核查表，招投标管理系统的部分项目沟通核查表如表 10-5 所示。

表 10-5　项目沟通核查表

沟通主题	沟通日期	沟通方向	目的	目标	对象	负责人	效果评判
发标功能	2016-04-04	功能需求	发标功能实现	完成文件发标功能模块开发	步子山	刘德	好
定标功能	2016-04-04	功能需求	定标功能实现	完成文件定标功能模块开发	步子山	赵宇	好
进度计划	2016-04-11	项目进度情况	项目进度情况汇报	汇报最近的项目情况，提出开发中出现的问题	张子纲	曹元伟	良

10.6　本章小结

沟通是项目成功的前提，确定谁需要信息，需要什么信息，何时需要信息，以及如何将信息分发给他们，是软件项目管理中必不可少的技能。本章主要过程包括：规划沟通管理、管理沟通、控制沟通和应用软件进行软件项目沟通管理。

本章节首先介绍了规划沟通管理的方法，沟通过程中需要用到的工具和技术，以及规划沟通管理的成果物；接着，介绍了管理沟通的相关知识，要求实现沟通的有效性、高效性和时效性，以具体沟通模型模拟了信息的交换过程，对交换过程中的关键点进行了讲解；最后，讲解了控制沟通的方式，包括讨论、征询、推销和叙述，并对各种沟通方式和渠道做出了比较。

最后一部分介绍如何利用软件通过线上线下相结合的方式进行软件项目沟通管理。

11 软件项目风险管理

项目风险管理既是一门艺术又是一门科学。它通过采用多种风险管理技术、方法和手段对风险实施有效控制，以尽可能少的风险管理成本保证项目目标的顺利实现。项目风险管理是指项目组织对项目生命周期内可能遇到的风险进行识别、量化和评价，并在此基础上提出风险应对方案，采取措施，有效地控制和监督风险，以最低成本实现最大安全保证，顺利实现项目目标的科学管理办法。

项目风险是一种不确定的事件或条件，一旦发生，就会对一个或多个项目目标造成积极或消极的影响，如范围、进度、成本和质量。风险可能有一种或多种起因，一旦发生就可能造成一项或多项影响。风险的起因可以是已知或潜在的需求、假设条件、制约因素或某种状况，可能引起消极或积极结果。

项目风险源于任何项目中都存在不确定性。已知风险是指已经识别并分析过的风险，可对这些风险规划应对措施。对于那些已知但又无法主动管理的风险，要分配一定的应急储备。未知风险无法进行主动管理，因此需要分配一定的管理储备。已发生的消极项目风险被视为问题。

单个项目风险不同于整体项目风险。整体项目风险代表不确定性对作为一个整体的项目的影响，它大于项目中单个风险之和，因为它包含了项目不确定性的所有来源。它代表了项目成果的变化可能给干系人造成的潜在影响，包括积极和消极的影响。

项目风险管理包括以下过程：

1. 规划风险管理

定义如何实施项目风险管理活动。

2. 识别风险

判断哪些风险可能影响项目并记录其特征。

3. 实施定性风险分析

评估并综合分析风险的发生概率和影响，对风险进行优先排序，从而为后续分析或行动提供基础。

4. 实施定量风险分析

就已识别风险对项目整体目标的影响进行定量分析。

5. 规划风险应对

针对项目目标，制订提高机会、降低威胁的方案和措施。

6. 控制风险

在整个项目中实施风险应对计划、跟踪已识别风险、监督残余风险、识别新风险，以及评估风险过程有效性。

11.1 规划风险管理

软件项目风险管理是漫长复杂的过程，只有在项目启动阶段就做出周密、详细的规划，才能保证在执行过程中很好地进行风险管理。风险管理规划是风险管理的一整套计划，主要包括定义项目组及成员风险管理的行动方案及方式、选择合适的风险管理计划、确定风险判断依据等，也包括对风险管理活动的计划和实践进行决策，是软件项目生命周期内风险管理的战略性行动纲领。

规划风险管理是定义如何实施项目风险管理活动的过程。本过程的主要作用是确保风险管理的程度、类型和可见度与风险及项目对组织的重要性相匹配。

仔细周密地规划将提高其他风险管理过程的成功率。规划风险管理的重要性还在于为风险管理活动安排充足的资源和时间，并为评估风险奠定一个共同认可的基础。规划风险管理过程在项目构思阶段就应开始，并在项目规划阶段的早期完成。

11.1.1 规划风险管理的方法

1. 分析技术

分析技术用来理解和定义项目的总体风险管理环境。风险管理环境是基于项目总体情况的干系人风险态度和项目战略风险敞口的组合，例如，可以通过干系人风险资料的分析，确定干系人的风险偏好和承受力的等级与性质。其他技术有战略风险计分表、定性风险分析（11.3 节）、定量风险分析（11.4 节）。

2. 专家判断

为了编制全面的风险管理计划，应该征求那些具备特定培训经历或专业知识的小组或个人的意见。

3. 会　议

项目团队举行规划会议，来制订风险管理计划。参会者可包括项目经理、选定的项目团队成员和干系人、组织中负责管理风险规划和应对活动的任何人员，以及需要参加的其他人员。

会议确定实施风险管理活动的总体计划；确定用于风险管理的成本种类和进度活动，并分别将其纳入项目预算和进度计划中；建立或评审风险应急储备使用方法；分配风险管理职责；根据具体项目的需要，裁剪组织中有关风险类别的术语定义等的通用模板，如风险级别、不同风险的概率、对不同目标的影响，以及概率和影响矩阵。如果组织中缺乏可供风险管理其他步骤使用的模板，会议中可能也要制订这些模板。这些活动的输出将汇总在风险管理计划中。

11.1.2 规划风险管理的成果物

风险管理计划是项目管理计划的组成部分，描述将如何安排与实施风险管理活动。风险管理计划包括以下内容：

（1）方法论。确定项目风险管理将使用的方法、工具及数据来源。

（2）角色与职责。确定每个风险管理活动的领导者、支持者和参与者，并明确它们的职责。

（3）预算。根据分配的资源估算所需资金，并将其纳入成本基准，指定应急储备和管理储备的使用方法。

（4）时间安排。确定在项目生命周期中实施风险管理过程的时间和频率，指定进度应急储备的使用方案，确定风险管理活动并纳入项目进度计划中。

（5）风险类别。规定对潜在风险成因的分类方法。有几种方法可以使用，例如基于项目目标的分类方法。风险分级结构（RBS）有助于项目团队在识别风险的过程中发现有可能引起风险的多种原因。不同的 RBS 适用于不同类型的项目。组织可使用预先准备好的分类框架，可以是简易的分类清单或结构化的风险分解结构。

（6）风险概率和影响的定义。为了确保风险分析的质量和可信度，需要对项目环境中特定的风险概率和影响的不同层次进行定义。在规划风险管理过程中，应根据具体项目的需要，裁剪通用的风险概率和影响定义，供后续过程使用。

（7）概率和影响矩阵。概率和影响矩阵是把每个风险的概率和对项目目标产生的影响映射起来的表格。根据风险可能对项目目标产生的影响，对风险进行优先排序。进行排序的典型方法是使用查询表或概率和影响矩阵。通常由组织来设定概率和影响的各种组合，并据此设定高、中、低风险级别。

（8）修订的干系人承受力。可在规划风险管理过程中对干系人的承受力进行修订，以适应具体项目的情况。

（9）报告格式。规定将如何记录、分析和沟通风险管理过程的结果，规定风险登记册及其他风险报告的内容和格式。

（10）跟踪。规定将如何记录风险活动，促进当前项目的开展，以及将如何审计风险管理跟踪。

11.2　识别风险

识别风险是判断哪些风险可能影响项目，并将这些风险的特性记录整理成文档。风险识别是风险分析和风险应对的基础，只有全面地识别风险，风险分析以及风险应对才有意义。风险识别是不断反复的过程，因为在项目进行过程中，新的风险可能产生或为人所知。本过程的主要作用是，对已有风险进行文档化，并为项目团队预测未来事件积累知识和技能。

11.2.1 识别风险的方法

项目团队常常是这样来开始风险识别的工作的：审读项目相关文件、最近的或以前的有关组织的信息，以及一些可能影响项目的假定。团队成员和外部专家常召开会议来讨论这些信息，如果它们与风险有关就会提出一些相关的重要问题。经过这些初始会议的风险识别之后，项目团队会使用不同的工具与技术来进一步识别风险。包括文档审查、图解技术、核对单分析、假设分析、类比法和信息采集技术。

1. 文档审查

是一个收集一些特定的信息并加以审查，以确定其准确性和完整性的过程。值得注意的是，项目计划的质量，以及这些计划与项目需求和假设之间的匹配程度，都可能是项目的风险指示器。

2. 图解技术

用逻辑链接来呈现信息以辅助理解的方法。

（1）因果图。又称石川图或鱼骨图，用于识别风险的起因。

（2）系统或过程流程图。显示系统各要素之间的相互联系及因果传导机制。

（3）影响图。用图形方式表示变量与结果之间的因果关系、事件时间顺序及其他关系。图 11-1 所示为图解技术-影响图。

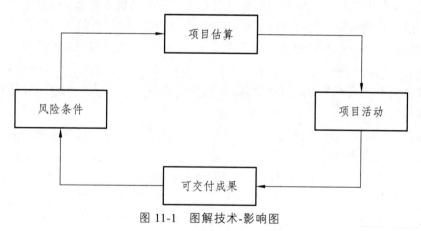

图 11-1   图解技术-影响图

3. 核对单分析

可以根据以往类似项目和其他来源的历史信息与知识编制风险识别核对单。核对单是在收集数据时用作查对清单的计数表格。表 11-1 所示为一个核对单的样例。

表 11-1　风险识别核对单

风险识别核对表					
评审对象（项目名称）			项目经理		
序号	检查项	是	否	影响评估	备注
01 需求					
01 稳定性	a 需求是否不稳定？				
	b 外部接口是否变化？				
02 完整性	a 需求规格中是否还有待确定的？				
	b 是否还有你知道的必须在需求规格中的需求还没有列出？				
	b.a 如果是，那么在系统中是否不能获得它们？				
	c 是否还有未成文或者期待的需求？				
	c.a 如果是，那么是否没有办法捕捉它们？				如果对于这些问题中的任何一个答案是肯定的，则需要进行进一步的调研，以评估潜在的风险。
	d 外部接口是否没有被完全定义？				
03 明确性	a 是否不能完全理解所写的需求？				
	a.a 如果是，那么含糊的地方是否不能满意的解决？				
	a.b 如果否，那么是否有解决含糊或者其他问题？				
04 正确性	a 这些需求是否有客户不想要的需求？				
	b 你和客户是否对需求理解不一致？				
	c 是否没有过程来确定需求？				
05 可行性	a 是否有需求在技术上难以实现？				
	a.a 如果是，那么这些需求是否都没有做可行性研究？				
	a.b 如果否，那么你对自己所做的可行性研究是否不自信？				

4．假设分析

探讨假设的准确性，并识别因其中的不准确、不一致或不完整而导致的项目风险的一种技术。

5．类比法

该方法通过获取公司知识库中《风险登记册》和历史类似项目积累的风险数据《项目风险登记册》来识别风险。在《风险登记册》中，按类别列出了在组织范围内与项目有关的所有可能风险描述，使得项目经理集中来识别常见的、已知的、可预测的风险，如产品规模风险、人力资源风险、需求风险、管理风险及技术风险等。同时《风险登记册》列出针对每个风险的缓解措施建议，可以指导项目经理制订相应的风险缓解措施。

项目组根据本项目的特点，获取类似项目的《项目风险登记册》，结合公司知识库中《风险登记册》的内容进行完善后，形成本项目的《项目风险登记册》。

类比法的优点是它使风险识别能按照系统化、规范化的要求去识别风险，且简单易行。

6. 常用的 5 个信息采集技术

头脑风暴法、德尔菲法、访谈法、根本原因分析法和 SWOT 分析法。

1）头脑风暴法（Brain Storming）

利用这种方法，一群人通过收集本能产生的和未加判断的想法，试图形成看法或者找到具体问题的解决途径。这种方法可以帮助群体更多地找出可能的风险，以供随后的定性和定量分析来处理。有经验的主持人应该会保证头脑风暴法的顺利进行，并引入一些新的潜在风险类型来激发出参与者的想法。在收集了这些意见之后，主持人可以对其进行分门别类以便做进一步分析，但千万不要滥用或误用头脑风暴法。虽然企业都广泛应用头脑风暴法来寻求创新想法，但是有心理学的资料表明，各人单独行动产生的想法总数要比同样的人一起进行头脑风暴法产生的想法数要稍多一些。像害怕别人指责、权威层级的压力和一两个能说会道的人左右了会议等，这样的群体效应常常阻碍了参与者众多时意见的产生。头脑风暴法会议实施步骤：

（1）会前准备：参与人、主持人和课题任务应落实，必要时可进行柔性训练。

（2）设想开发：由主持人公布会议主题并介绍与主题相关的参考情况；突破思维惯性，主持人控制好时间，力争在有限的时间内获得尽可能多的创意性设想。

（3）设想的分类与整理：一般分为实用型和幻想型两类。前者是指如今技术工艺可以实现的设想，后者指如今的技术工艺还不能完成的设想。

（4）完善实用型设想：对实用型设想，再用脑力激荡法去进行论证、二次开发，进一步扩大设想的实现范围。

（5）幻想型设想再开发：对幻想型设想，再用脑力激荡法进行开发，通过进一步开发，就有可能将创意的萌芽转化为成熟的实用型设想。这是脑力激荡法的一个关键步骤，也是该方法质量高低的明显标志。

2）德尔菲法（Delphi Technique）

是一种可以防止头脑风暴法中出现的一些负面群体效应的信息采集方法。德尔菲法的基本含义是用于在专家团体中达成一致意见的方法，从而对将来的发展做出预测。这种方法是在 20 世纪 60 年代晚期由兰德公司为美国空军首创的，是一种在对未来事件的预测进行独立且匿名地输入信息的情况下，系统性的、交互性的预测方法。德尔菲法通过重复多次的提问和回答，其中包括对前一轮的反馈，来利用群体的输入信息，而避免了在小组口头讨论中可能产生偏见的情况。使用德尔菲法时，你必须挑选一组擅长某个领域的专家。德菲尔法实施步骤：

（1）组织者使用调查问卷就重要的项目风险征询意见，项目风险专家匿名参与。

（2）组织者对专家的答卷进行归纳，并把结果反馈给专家做进一步评论。

（3）反复这个过程，达成统一意见。

3）访谈法（Interviewing）

通过面谈、电话、电子邮件或即时信息交流来收集信息的一种实情调查方法。对有类似项目经验的人进行访谈是识别风险的一种重要途径。又如，如果一个新项目要用到一种特殊的硬件或软件，那么近来有过使用这种硬件或软件经验的人就能描述出他或她在过去项目中遇到的问题。如果有人和一个特殊的顾客工作过，他或她就会向你提供和这种顾客群体打交道的建议。做好如何引导访谈过程的准备工作不容忽视，先做出问题的提纲，往往有助于引导好访谈过程。访谈法实施步骤：

（1）先做出问题提纲。

（2）通过面谈、电话、电子邮件或即时信息交流对有类似项目经验的人进行访谈。

4）根本原因分析法（RCA）

是一项结构化的问题处理法，用以逐步找出问题的根本原因并加以解决，而不是仅仅关注问题的表征。根本原因分析是一个系统化的问题处理过程，包括确定和分析问题原因，找出问题解决办法，并制订问题预防措施。在组织管理领域内，根本原因分析能够帮助利益相关者发现组织问题的症结，并找出根本性的解决方案。根本原因分析法最常见的一项内容是，提问为什么会发生当前情况，并对可能的答案进行记录。然后，再逐一对每个答案问一个为什么，并记录下原因。根本原因分析法的目的就是要努力找出问题的作用因素，并对所有的原因进行分析。这种方法通过反复问一个为什么，能够把问题逐渐引向深入，直到发现根本原因。根本原因分析法实施步骤：

（1）提问为什么会发生当前情况，并对可能的答案进行记录。

（2）逐一对每个答案问一个为什么，并记录下原因。

（3）反复提问，直到发现根本原因。

5）SWOT分析法（优势、劣势、机会和威胁）

这种方法常用于战略规划中，但它也能在识别风险时让项目团队关注项目在更广阔角度上的潜在风险。

SWOT分析法，即态势分析，就是将与研究对象密切相关的各种主要内部优势、劣势和外部的机会和威胁等，通过调查列举出来，并依照矩阵形式排列，然后用系统分析的思想，把各种因素相互匹配起来加以分析，从中得出一系列相应的结论，而结论通常带有一定的决策性。

如图11-2所示，横坐标的左边代表内因，右边代表外因；纵坐标的上端表示积极因素，下端表示消极因素。

于是构成了4个象限：

左上角第Ⅰ象限为内部积极因素，为自身优势（Strength）；

左下角第Ⅱ象限为内部消极因素，为自身劣势（Weakness）；

右上角第Ⅲ象限为外来积极因素，即外部机会（Opportunity）；

右下角第Ⅳ象限为外来消极因素，即外部威胁（Threat）。

在承接一个项目之前，以项目团队为中心进行SWOT分析有助于提高决策的理性，减少决策的失误。

图 11-2　SWOT 分析

其方法是：

首先列出团队自身的优势，填入第一象限，然后列出团队自身弱势，填入第二象限，再将所有外来机会填入第三象限，最后将所有外来威胁填入第四象限。

现实中，无论优势还是劣势都是相对的，都需要有参照物作为评估标准。这个参照物的水平，就构成了坐标的圆心。

一般情况，SWOT 分析都是以本项目所处行业的平均水平作为圆心的，有时也可以用项目团队的现状，或者以竞争对手的现状作为参照物。

参照物设置不同，将会在很大程度上影响到优势和劣势的判断。

11.2.2　识别风险的成果物

识别风险过程的主要输出就是风险登记册中的最初内容，风险登记册会记录风险分析和风险应对规划的结果。风险登记册的编制始于识别风险过程，然后供其他风险管理过程和项目管理过程使用。风险登记册就是一份文档，包含了各种风险管理过程的输出，通常以表格或电子数据表格的形式出现。它是一种把潜在风险事件和相关信息文档化的工具。表 11-2 所示为风险登记册的样例。

表 11-2　风险登记册

招投标管理系统风险登记册				
编号	类别	风险描述	可能造成的危害	识别时间
1	需求	需求描述不清晰或比较粗略，可能引起二义性	对设计和实现的影响，可能理解有误，产生较多缺陷	2016/9/4
2	设计	设计人员经验不足，可能设计不够细致	难于实现，影响编码的进度	2016/9/20

在识别风险之后，下一步就是通过进行定性风险分析去找出哪些风险是最重要的。

11.3 实施定性风险分析

实施定性风险分析是评估并综合分析风险的概率和影响，对风险进行优先排序，从而为后续分析或行动提供基础的过程。本过程的主要作用是，使项目经理能够降低项目的不确定性级别，并重点关注高优先级的风险。

11.3.1 风险概率和影响评估

风险概率评估旨在调查每个具体风险发生的可能性。风险影响评估旨在调查风险对项目目标（如进度、成本、质量或性能）的潜在影响，既包括威胁所造成的消极影响，也包括机会所产生的积极影响。

对已识别的每个风险都要进行概率和影响评估。可以选择熟悉相应风险类别的人员，以访谈或会议的形式进行风险评估，评估每个风险的概率级别及其对每个目标的影响。还应记录相应的说明性细节，例如，确定风险级别所依据的假设条件。具有低级别概率和影响的风险，将列入风险登记册的观察清单之中，以供将来监测。

11.3.2 用概率与影响矩阵估算风险因子

项目经理可以在概率与影响矩阵里面把风险的概率和影响描绘出来。概率与影响矩阵在矩阵的一边或轴上标出风险发生的相对概率，在另一边或轴上标出风险的相对影响。许多项目团队都得益于用这个简便的方法来确定需要注意的风险。项目干系人用这种方法来列出认为会在项目里发生的风险，然后从风险事件发生的概率和事件发生后的影响两方面来给每个风险评级，并标注为高、中和低 3 个等级。项目经理接着就把结果总结在概率与影响矩阵中，如图 11-3 所示。例如，团队把所有的风险绘制在一个矩阵或图表里，合并同类的风险，并决定哪些风险应该放于矩阵的哪个位置。然后团队就可以集中关注那些在矩阵里概率和影响都处于高位的风险了。又如，风险 3 和风险 4 在概率和影响上都是高的；风险 1 的概率高，但影响小；风险 2 的概率高，而影响是中等。团队根据概率与影响矩阵讨论如何应对风险。

图 11-3 影响与概率矩阵的例子

　　分别为负风险和正风险单独制作概率与影响矩阵，将有助于确保把这两种风险都处理好。一些项目团队也通过参照是正面还是负面影响范围、时间和成本目标，基于风险的概率和影响来收集数据。通常定性风险分析可以很快就做完，因此，项目团队必须决定哪种方法对项目最有帮助。

　　有些项目团队通过简单地把概率的得分值乘以影响的得分，从而得到一个风险的唯一得分。估算风险因子则是一种更结构化地利用概率与影响矩阵的方法。为了将风险的概率和影响定量化，美国国防系统管理学院（DSMC）开发了一种估算风险因子（Risk Factor）方法，能算出一个基于风险发生概率和其发生后的影响而代表特定事件的整体风险的数字。这种方法就利用了列出风险发生概率及其发生后的影响的概率与影响矩阵。

　　图 11-4 给出了如何利用风险因子用图表绘制出建议采用的技术失败的概率和后果，图的作者在这个研究课题中帮助设计一个性能更可靠的航天器。图中根据失败的概率和后果把潜在的技术风险（即图中的圆点）分为高、中和低风险 3 类。课题的研究者极力推荐美国空军投资于由低到中等风险的技术，而建议不要追求高风险的技术。相比于简单地陈述风险概率或结果是高、中或低，使用概率与影响矩阵和风险因子所具有的严格性使其更有说服力。

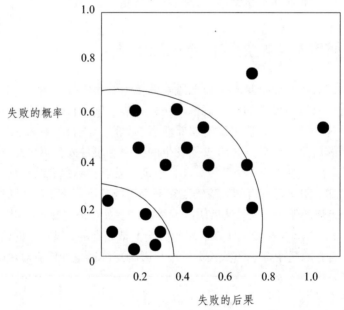

图 11-4　高、中、低风险技术显示图

11.3.3　风险数据质量评估

　　风险数据质量评估是评估风险数据对风险管理的有用程度的一种技术。它考察人们对风险的理解程度，以及考察风险数据的准确性、质量、可靠性和完整性。

　　使用低质量的风险数据，可能导致定性风险分析起不到应有的作用。如果数据质量无法接受，就可能需要收集更好的数据。收集相关风险信息经常比较困难，要消耗比原计划更多的时间和资源。

11.3.4 风险紧迫性评估

审查和确定那些比其他风险更早发生的风险的行动时间。需要注意的是，风险的可监测性、风险应对的时间要求、风险征兆和预警信号以及风险等级等，都是确定风险优先级应考虑的指标。在某些定性分析中，可以综合考虑风险的紧迫性及从概率和影响矩阵中得到的风险等级，从而得到最终的风险严重性级别。

11.3.5 其他风险评估方法

1. 风险概率

风险概率指的是风险实际发生的可能性。可以用自然语言术语来映射数字概率范围。表11-3列出了7段概率分级中自然语言术语和数字概率范围映射关系。注意，用来计算的概率值等于概率范围的中间值取整。有了映射表格的帮助，可以通过自然语言表达来在下表中选择每个风险概率范围以及概率值。

表 11-3　7 段概率分级表

概率范围	用来计算的概率值	自然语言表达
1%～14%	10%	非常不可能
15%～28%	20%	低
28%～42%	35%	不太可能
43%～57%	50%	一半一半
58%～72%	65%	可能
73%～86%	80%	非常可能
87%～99%	90%	几乎肯定

2. 风险影响

风险的影响通过设置 5 级风险影响等级值来衡量，通过风险发生后对项目目标（成本增加、进度增加和技术方面）的影响进行判断，如表 11-4 所示。

表 11-4　5 级风险影响

等级	风险影响值	成本增加	进度增加	技术
低	1	低于 1%	<1 周或<1%	对性能有轻微影响
中	2	低于 5%	<2 周或<5%	对性能有中等影响
较高	3	低于 10%	<0.5 月或<10%	对性能有较大影响
很高	4	低于 20%	<1 月或<20%	对性能有严重影响
危急	5	超过 20%	超过 1 月或>20%	可能无法完成任务

如果对成本、进度和技术多方面都有影响，先分别从多方面判断风险影响值，最终取多个值中的最大值。

3．风险值

风险值 = 风险概率 × 风险影响。

4．风险阈值

风险阈值是风险控制点，对于达到该阈值的风险，需要制订风险缓解措施。风险阈值定义为1.5。风险管理区域表示如表11-5所示。

表11-5　风险管理区域表示

概率\n影响	1\n（10%）	2\n（20%）	3\n（35%）	4\n（50%）	5\n（65%）	6\n（80%）	7\n（90%）
1	0.1	0.2	0.35	0.5	0.65	0.8	0.9
2	0.2	0.4	0.7	1.0	1.3	1.6	1.8
3	0.3	0.6	0.9	1.5	1.95	2.4	2.7
4	0.4	0.8	1.2	1.6	2.6	3.2	3.6
5	0.5	1.0	1.5	2.5	3.25	3.0	4.5

说明：
（1）当风险值≥1.0时，制订缓解措施；
（2）风险值≥风险阈值（1.5）时，执行缓解措施并制订应急措施。

11.3.6　实施定性风险分析的成果物

定性风险分析的主要成果物是风险登记册和假设条件日志的更新。

1. 风险登记册

随着定性风险评估产生的新信息而更新风险登记册。更新的内容包括对每个风险的概率和影响评估、风险评级和分值、风险紧迫性或风险分类，以及低概率风险的观察清单或需要进一步分析的风险。

2. 假设条件日志

随着定性风险评估产生出新信息，假设条件可能发生变化。需要根据这些新信息来调整假设条件日志。假设条件可包含在项目范围说明书中，也可记录在独立的假设条件日志中。

11.4　实施定量风险分析

在定性风险分析之后往往就是定量风险分析，而这两个过程既可以一起进行，也可以分别进行。定量风险分析是对每一个已识别风险因素发生的概率及其对软件开发带来的损失进行量化，同时应用于量化项目总体的风险度。通过量化各个风险对项目总风险的相应贡献，分析出最需要关注的风险，找出可实现的成本、进度计划及工作范围目标。

实施定量风险分析是就已识别风险对项目整体目标的影响进行定量分析的过程。本过程的主要作用是产生量化风险信息来支持决策制订，降低项目的不确定性。

11.4.1　数据收集和展示技术

1. 访　谈

访谈技术利用经验和历史数据，对风险概率及其对项目目标的影响进行量化分析。所需的信息取决于所用的概率分布类型。例如，有些常用分布要求收集最乐观（低）、最悲观（高）与最可能情况的信息。在风险访谈中，应该记录风险区间的合理性及其所依据的假设条件，以便洞察风险分析的可靠性和可信度。

2. 概率分布

在建模和模拟中广泛使用的连续概率分布，代表着数值的不确定性，如进度活动的持续时间和项目组成部分的成本不确定性。不连续分布用于表示不确定性事件，如测试结果或决策树的某种可能情景等。图 11-5 所示显示了广泛使用的两种连续概率分布。这些分布的形状与量化风险分析中得出的典型数值相符。如果在具体的最高值和最低值之间，没有哪个数值的可能性比其他数值更高，就可以使用均匀分布，如在早期的概念设计阶段。

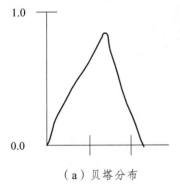
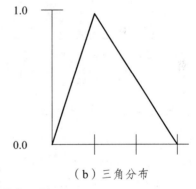

（a）贝塔分布　　　　　　　　　　　　（b）三角分布

图 11-5　常用概率分布示例

贝塔分布和三角分布常用于定量风险分析。图 11-5（a）中的贝塔分布是由两个"形状参数"决定的此类分布族的一个例子。其他常用的分布包括均匀分布、正态分布和对数分布。图中的横轴表示时间或成本的可能值，而纵轴表示相对概率。

11.4.2　定量风险分析和建模技术

常用的技术有面向事件和面向项目的分析方法，包括敏感性分析、预期货币价值分析和建模和模拟。

1. 敏感性分析

敏感性分析有助于确定哪些风险对项目具有最大的潜在影响。它有助于理解项目目标的变化与各种不确定因素的变化之间存在怎样的关联。把所有其他不确定因素固定在基准值，考察每个因素的变化会对目标产生多大程度的影响。敏感性分析的典型表现形式是龙卷风图，龙卷风图是在敏感性分析中用来比较不同变量的相对重要性的一种特殊形式的条形图，用于比较很不确定的变量与相对稳定的变量之间的相对重要性和相对影响。在龙卷风图中，Y 轴代表处于基准值的各种不确定因素，X 轴代表不确定因素与所研究的输出之间的相关性。图中每种不确定因素各有一根水平条形，从基准值开始向两边延伸。这些条形按延伸长度递减垂直排列。图 11-6 所示为一个龙卷风图的例子。

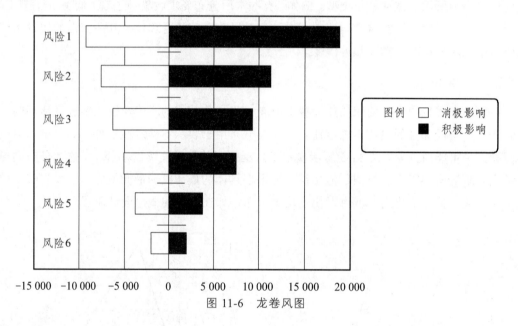

图 11-6　龙卷风图

2. 决策树和期望货币价值

决策树（Decision Tree）是一种形象化的图表分析方法，提供项目所有可供选择的行动方案以及行动方案之间的关系、行动方案的后果以及发生的概率，为项目经理提供选择最佳方案的依据。决策树分析法一般会涉及计算期望货币价值。

期望货币价值（EMV）是当某些情况在未来可能发生或不发生时，计算平均结果的一种统计方法（不确定性下的分析）。机会的 EMV 通常表示为正值，而威胁的 EMV 则表示为负值。EMV 是建立在风险中立的假设之上的，既不避险，也不冒险。把每个可能结果的数值与其发生的概率相乘，再把所有乘积相加，就可以计算出项目的 EMV。图 11-7 所示是一个典型的决策树图。从这个风险分析来看，实施计划后有 70%的成功概率，30%的失败概率。而成功后有 30%的概率是项目有高性能的回报 outcome = 550 000，同时有 70%概率是亏本的回报 outcome = - 100 000，这样的项目成功的 EMV =（550 000 × 30% - 100 000 × 70%）× 70% = 66 500，项目失败的 EMV = 60 000（概率为 30%），则实施后的 EMV = 66 500 - 60 000 = 6 500，而不实施此计划的 EMV = 0。通过比较，应该实施这个计划。

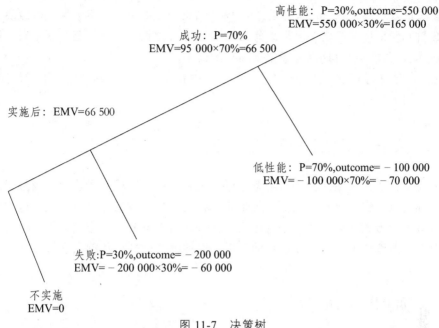

图 11-7　决策树

3．模拟法和蒙特卡洛分析法

模拟法是一种更复杂的定量风险分析方法。模拟法用系统的一个模型来分析这个系统的期望行为或绩效，大部分模拟法是建立在蒙特卡洛分析法的基础上的。蒙特卡洛分析法（Monte Carlo Analysis）通过多次模拟模型的结果来为所计算的结果提供统计分布。蒙特卡洛法能确定一个项目将在某一日期完成的概率只有 10%，将在另外一个日期完成的概率有 50%。换句话说，蒙特卡洛分析法能预测在某一日期完成的概率，或是成本等于或少于某个值的概率。

在进行蒙特卡洛分析时，你可以用好几种不同的分布函数。蒙特卡洛分析法的基本步骤如下：

（1）估计所考虑变量的范围。也就是说，为模型中的变量找到最有可能性、最乐观和最悲观的估计。例如，如果你正在试图确定达到项目进度目标的可能性，那么项目网络图就可以作为需要模型。你可以为每个任务做出最有可能性、最乐观和最悲观的时间估计。

（2）确定每个变量的概率分布。变量落在最乐观和最大可能估计值之间的概率是多少？例如，如果一个被分配承担某个任务的专家给出了一个 10 周完工的最大可能估计、一个 8 周的最乐观估计和一个 15 周的最悲观估计，然后求在 8 周和 10 周之间完成任务的概率是多少。专家会回答有 20%的概率。

（3）为每个变量，如一个任务的时间估计，根据变量发生的概率分布选择一个随机的值。例如，同样是上面的情况，你会有 20%的概率随机选到一个在 8~10 周的值，而有 80%的概率随机选到一个 10~15 周的值。

（4）利用每个变量所选值的组合进行一次确定性分析，或贯穿整个模型的分析。例如，上述的那个任务可以在第一轮取到 12 这个值，所有其他的任务都会在第一轮取到一个随机的值，这也是根据他们的估计和概率分布进行的。

（5）多次重复步骤（3）和（4），以获得模型结果的概率分布。重复的次数取决于结果所需的变量数目和置信度，但是一般都会落在 100～1 000 之间。就拿项目进度来看，最后的模拟结果将让你看到在一定时期内完成整个项目的概率。

微软 Excel 是进行定量风险分析的常用工具。微软还在它的网站上提供了如何使用 Excel 来进行蒙特卡洛模拟的例子。

11.4.3　实施定量风险分析的成果物

定量风险分析的主要成果物是风险登记册的更新，如重新检查风险的等级排列或这些排列后面的详细信息。定量分析还提供了关于完成特定项目目标的高一级信息。这些信息可能会导致项目管理者做出变更应急储备的建议。在一些情况下，基于定量分析，项目还可能重新定向或取消，或者还可能导致新项目的诞生，以辅助当前的项目顺利进行。

11.5　规划风险应对

在实施定量风险分析（如已使用）之后开展规划风险应对过程。制订风险应对措施需要理解风险处理机制，这是一种可据此分析风险应对计划是否正在发挥应有作用的机制，其中包括确定和分配某个人（风险应对责任人）来实施已获同意和资金支持的风险应对措施。风险应对措施必须与风险的重要性相匹配，能经济有效地应对挑战，在当前项目背景下现实可行，能获得全体相关方的同意，并由一名责任人具体负责。经常需要从几个备选方案中选择最佳的风险应对措施。

规划风险应对计划是针对项目目标，制订提高机会、降低威胁的方案和措施的过程。本过程的主要作用是，根据风险的优先级来制订应对措施，并把风险应对所需的资源和活动加进项目的预算、进度计划和项目管理计划中。

11.5.1　应对负面、消极风险的方法和策略

通常用回避、转移、缓解这 3 种策略来应对威胁或可能给项目目标带来消极影响的风险。还有第 4 种策略，即接受，既可用来应对消极风险或威胁，也可用来应对积极风险或机会。每种风险应对策略对风险状况都有不同且独特的影响。要根据风险的发生概率和对项目总体目标的影响选择不同的策略。回避和缓解策略通常适用于高影响的严重风险，而转移和接受则更适用于低影响的不太严重威胁。下面进一步讨论这 4 种策略。

（1）风险回避，即通过消除风险的条件来消除一个特定的威胁。当然，不是所有的风险都能被消除，但就特定的风险事件而言还是可以的。例如，一个项目团队会决定继续在项目上使用某种硬件或软件，因为他们熟悉这些硬件或软件。其他产品用在项目里也是可以的，但如果项目团队对它们不熟悉，就会引发巨大的风险，使用熟悉的硬件或软件就可以消除这些风险。

（2）风险接受，即一旦风险发生，应承担其产生的后果。例如，一个项目团队在筹备一个大型项目评审会议，而申请在一个特定地点开会是有可能得不到批准的，那么项目团队可以通过准备应急或退路计划以及应急储备，积极主动地面对这类风险。另一方面，可以以积极的态度，接受组织提供的任何场所。

（3）风险转移，即把管理的风险和责任转移给第三方。例如，风险转移常用来应付金融风险的爆发。项目团队可为一个项目所需的硬件购买特定的保险或担保，如果硬件出故障的话，保险公司必须在约定的时间内更换它。

（4）风险缓解，即通过降低风险事件发生的概率，从而降低风险事件的影响。风险缓解的例子包括：使用经证明可用的技术；拥有有竞争力的项目人力资源；使用不同的分析和确认方法；从转包商那里购买维护或服务协议。

这几种策略的对比如表 11-6 所示。

表 11-6　消极风险或威胁的应对策略对比表

风险应对策略	特点	适用情景
风险回避	改变计划或范围	去掉 WBS 中有风险的工作包 或由第三方来消除
风险转移	转给第三方	购买保险或第三方担保
风险缓解	降低概率或后果	雇佣有经验的雇员
积极接受	准备备用计划 准备应急储备金	有风险不能回避和减轻，准备备用计划
被动接受	什么都不做	无法找到任何良策

11.5.2　应对正面、积极风险的方法和策略

以下 4 种策略中，前 3 种是专为对项目目标有潜在积极影响的风险而设计的。第 4 种策略，即接受，既可用来应对消极风险或威胁，也可用来应对积极风险或机会。下面对这些策略进行讨论，包括开发、共担、增大和接受策略。

（1）风险开发，即竭尽所能促使积极的风险发生。例如，假定一个 IT 公司发起了一个项目，为附近一个贫困的学校提供新的计算机教室。项目经理会组织对项目的新闻报道，写一条新闻发布信息，或进行一些其他的公关行为，来确保这个项目能为公司带来良好的公共影响，这样就有希望带来更多的生意。

（2）风险共担，即把风险的所有权分配给其他部分。还是看一下提供新的计算机教室的例子，项目经理可以和学校的校长、学校董事会和家长教师联合会建立伙伴关系，以共担项目的责任，建立良好的公共关系；或者公司可以和当地的培训公司合作，就如何使用新计算机，由培训公司来负责为所有的老师提供免费的培训。

（3）风险增大，即通过识别和最大化正面风险的关键动因来改变风险发生的概率。例如，为计算机教室项目建立良好公共关系的一个重要动因是让学生、家长和老师都能意识到，并为这个项目感到高兴。接着可以做一些正式和非正式的广告，宣传这个项目和公司，这样就可以引起其他组织的注意并能带来更多的业务。

（4）风险接受，也可以用来应对正风险，这种适合在项目团队不能或没有选择对风险采取任何行动时的情况。例如，计算机教室项目的管理者可以认为，如果不采取任何额外的行动，项目也可以为公司带来良好的公共关系。

风险应对计划的主要输出包括与风险相关的合同协议、项目管理计划的更新和风险登记册的更新。风险应对战略还通过描述风险应对、风险责任人和状态信息来为风险登记册带来更新信息。

11.6　控制风险

控制风险是在整个项目中实施风险应对计划、跟踪已识别风险、监督残余风险、识别新风险，以及评估风险过程有效性的过程。本过程的主要作用是，在整个项目生命周期中提高应对风险的效率，不断优化风险应对。

风险控制在规划风险应对的基础上进行，一旦监视到风险，就采取合理措施进行风险规避，可以从改变风险性质、改变风险发生的概率、改变风险影响的大小等多方面着手。软件项目全过程风险控制活动模型如图 11-8 所示。

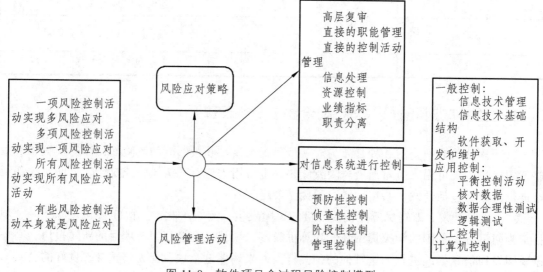

图 11-8　软件项目全过程风险控制模型

风险控制活动有很多类型，图 11-8 所列的控制活动表达了控制活动的范围和多样性，并不代表任何特定的分类。控制活动一般包括两个要素，即确定应该做什么计划，以及实现计划的程序。计划必须认真地、有意识地、持续地执行，还要根据实际情况进行适当的矫正。由于信息系统是运用在软件项目开发过程中的，必须对信息系统进行控制，将一般控制、应用控制、计算机控制、人工控制等结合起来共同发挥作用，以确保信息的完整性、准确性和有效性。

应该在项目生命周期中，实施风险登记册中所列的风险应对措施，还应该持续监督项目工作，以便发现新风险、风险变化和过时风险。

风险登记册中记录了已识别的风险、风险责任人、商定的风险应对措施、评估应对计划有效性的控制行动、风险应对措施、具体的实施行动、风险征兆和预警信号、残余风险和次生风险、低优先级风险观察清单，以及时间和成本应急储备。

整个项目周期中要不断地进行风险再评估和风险审计，对发现的风险及时提出变更请求。

11.6.1 控制风险的方法

1. 风险再评估

项目团队应定期安排进行项目风险再评估，举行风险再评估会议的议程中应包括项目风险管理的内容。重复的内容和详细程度取决于项目相对于目标的进展情况。例如，如果出现了风险登记册未预期的风险，或其对目标的影响与预期的影响不同，规划的应对措施可能将无济于事，则此时需要进行额外的风险应对规划以对风险进行控制。

2. 风险审计

风险审计在于检查并记录风险应对策略处理已识别风险及其根源的效力以及风险管理过程的效力。

3. 变差和趋势分析

应通过绩效信息对项目实施趋势进行审查。可通过实现价值分析与项目变差和趋势分析的其他分析方法，对项目总体绩效进行监控。分析的结果可以揭示项目完成时在成本与进度目标方面的潜在偏离。与基准计划的偏差可能表明威胁或机会的潜在影响。

4. 技术绩效衡量

技术绩效衡量将项目执行期间的技术成果与项目计划中的技术成果进度进行比较。如出现偏差，例如在某里程碑处未实现计划规定的功能，有可能意味着项目范围的实现存在风险。

5. 储备金分析

在项目实施过程中可能会发生一些对预算或进度应急储备金造成积极或消极影响的风险。储备金分析是指在项目的任何时间点将剩余的储备金金额与剩余风险量进行比较，以确定剩余的储备金是否仍旧充足。

6. 状态审查会

项目风险管理可以是定期召开的项目状态审查会的一项议程。该议程项目所占用的会议时间可长可短，这取决于已识别的风险、风险优先度以及应对的难易程度。风险管理开展得越频繁，"状态审查会"方法的实施就越加容易。经常就风险进行讨论，可促使有关风险（特别是威胁）的讨论更加容易、准确。

综上所述，风险监控的关键在于培养敏锐的风险意识，建立科学的风险预警系统，从"救火式"风险监控向"消防式"风险监控发展，从"挽狂澜于既倒"向"防患于未然"发展。

11.6.2　控制风险的成果物

1．工作绩效信息

作为控制风险的输出，工作绩效信息提供了沟通和支持项目决策的机制。

2．变更请求

实时应急计划或权变措施会导致变更请求。变更请求要提交给实时整体变更控制过程审批。变更请求也可包括推荐的纠正措施和预防措施。

3．项目管理计划更新

如果经批准的变更请求对风险管理过程有影响，则应修改并重新发布项目管理计划中的相应组成部分，以反映这些经批准的变更。项目管理计划中可能需要更新的内容与规划风险应对过程相同。

11.7　应用软件进行软件项目风险管理

项目风险管理包括了规划风险管理、识别风险、实施定性风险分析、实施定量风险分析、规划风险应对和控制风险 6 个过程。使用项目管理软件可以对其中的识别风险进行管理，其他的几个过程在线下进行，相应的文档上传到项目管理软件的项目库中，本小节将以"招投标管理系统"为例介绍如何使用项目管理软件进行风险管理。

项目经理在线下识别出风险后，在线上使用公司自主研发的协同办公软件对项目风险进行记录，如图 11-9 所示。

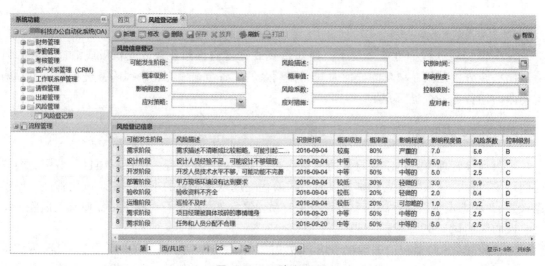

图 11-9　风险登记册

11.8　"招投标管理系统"项目风险管理案例分析

11.8.1　规划风险管理案例分析

为了确保风险管理的程度、类型和可见度与风险及项目对组织的重要性相匹配，项目经理刘德拿到项目前期的项目管理计划、项目章程、干系人登记册、事业环境因素和组织过程资产，采用会议的形式，召集项目团队一起商讨，制订风险管理计划。

经会议商讨后形成的"招投标管理系统"《风险管理计划》的目录如下所示。

图 11-10 为《风险管理计划》的风险分解结构（RBS）。

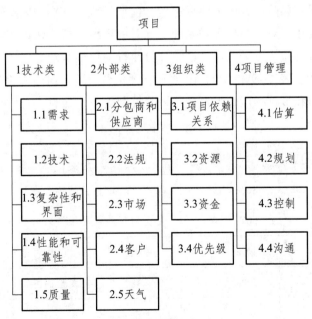

图 11-10　风险分解结构（RBS）

11.8.2 识别风险案例分析

为了降低项目中消极事件的概率和影响，提高项目中积极事件的概率和影响，项目经理需要在各阶段制作风险登记册。项目经理曹元伟在"招投标管理系统"项目计划阶段，根据前期的成本管理计划、进度管理计划和范围基准、干系人登记册等制作了风险登记册，如表11-7所示。

表 11-7　项目计划阶段识别的风险登记册

编号	类别	风险描述	可能造成的危害	识别时间
1	需求	需求描述不清晰或比较粗略，可能引起二义性	对设计和实现的影响，可能理解有误，产生较多缺陷	2016/9/4
2	设计	设计人员经验不足，可能设计不够细致	难于实现，影响编码的进度	2016/9/4
3	开发	开发人员技术水平不够，可能功能不完善	影响开发进度	2016/9/4
4	部署	甲方现场环境没有达到要求	影响安装部署进度	2016/9/4
5	验收	验收资料不齐全	影响验收进度，不能及时验收项目	2016/9/4
6	运维	巡检不及时	系统发生故障不能及时发现，影响公司声誉	2016/9/4

11.8.3 实施定性风险分析案例分析

项目经理根据识别风险阶段的风险登记册、前期的范围基准和风险管理计划，采用风险概率和影响评估的方法，对"招标管理系统"项目的风险进行评估，综合分析风险的概率和影响，并对风险进行优先排序，从而为后续分析或行动提供基础。

首先依据表11-8、表11-9和表11-10所示，评估各个阶段风险发生的概率和影响程度，再根据风险发生概率和影响程度的数值计算风险控制等级，如表11-11所示。

表 11-8　风险发生概率

序号	概率级别	范围值	说　明
1	极高	80%~99%	基本上可以认为一定会发生
2	较高	60%~80%	发生的可能性很大，只有少数情况可能不发生
3	中等	40%~60%	有可能发生，且发生的可能较大
4	较低	20%~40%	有可能发生，但发生的可能性较小
5	极低	0%~20%	几乎不太可能会发生

表 11-9 风险影响程度等级对照表

序号	影响程度	范围值	说　明
1	灾难性的	8.0～10	会导致整个公司或项目彻底失败
2	严重的	6.0～8.0	对公司或项目的整体目标会造成较大影响
3	中等的	4.0～6.0	对公司或项目的整体目标会产生影响，但是仍在可以接受的范围内
4	轻微的	2.0～4.0	对公司或项目某些次要目标会产生一定影响
5	可忽略的	0～2.0	对公司或项目目标影响不明显，几乎察觉不到

表 11-10　风险控制级别划分标准

序号	控制级别	风险系数	说　明
1	A	6.4～10	需公司高层介入控制
2	B	3.6～6.4	需公司中层介入控制
3	C	1.6～3.6	基层主管或项目经理控制即可
4	D	0.4～1.6	项目子系统负责人或者骨干员工控制即可
5	E	0.0～0.4	可以不采取控制措施

注：风险系数＝风险发生概率值×风险影响程度值

表 11-11 所示，概率级别和概率值是参照表 11-8 得到，影响程度、影响程度值是参照表 11-9 得到，风险系数＝概率值×影响程度值，参照表 11-10 得到控制级别。可以看出编号为 1 的风险的控制级别最高，需要公司中层介入控制。

表 11-11　实施定性风险分析的风险登记册

编号	可能发生阶段	风险描述	概率级别	概率值	影响程度	影响程度值	风险系数	控制级别
1	需求阶段	需求描述不清晰或比较粗略，可能引起二义性	较高	80%	严重的	7.0	5.6	B
2	设计阶段	设计人员经验不足，可能设计不够细致	中等	50%	中等的	5.0	2.5	C
3	开发阶段	开发人员技术水平不够，可能功能不完善	中等	50%	中等的	5.0	2.5	C
4	部署阶段	甲方现场环境没有达到要求	较低	30%	轻微的	3.0	0.9	D
5	验收阶段	验收资料不齐全	较低	20%	轻微的	2.0	0.4	D
6	运维阶段	巡检不及时	较低	20%	可忽略的	1.0	0.2	E

11.8.4　规划风险应对案例分析

项目经理根据实施定性风险分析阶段的风险登记册和前期的风险管理计划，根据每个风险的缓解方式对各个风险制订确切的风险避免/减缓计划，完善定性风险分析阶段风险登记册，如表 11-12 所示。

表 11-12　规划风险应对阶段风险登记册

编号	可能发生阶段	风险描述	识别时间	概率级别	概率值	影响程度	影响程度值	风险系数	控制级别	应对策略	应对措施	应对者
1	需求阶段	需求描述不清晰或比较粗略,可能引起二义性	2016/9/4	较高	80%	严重的	7.0	5.6	B	缓解	加强需求描述的检查	张汉
2	设计阶段	设计人员经验不足,可能设计不够细致	2016/9/4	中等	50%	中等的	5.0	2.5	C	缓解	进行必要的技能培训	黄宇
3	开发阶段	开发人员技术水平不够,可能功能不完善	2016/9/4	中等	50%	中等的	5.0	2.5	C	缓解	进行必要的技能培训	赵宇
4	部署阶段	甲方现场环境没有达到要求	2016/9/4	较低	30%	轻微的	3.0	0.9	D	转移	与甲方协商,若环境未达到要求,进度拖延由甲方负责	曹元伟
5	验收阶段	验收资料不齐全	2016/9/4	较低	20%	轻微的	2.0	0.4	D	缓解	制订验收清单,每个阶段进行检查	曹元伟
6	运维阶段	巡检不及时	2016/9/4	较低	20%	可忽略的	1.0	0.2	E	缓解	加强内部管理	曹元伟

11.8.5　控制风险案例分析

在风险识别和分析之后,需要对风险进行控制、跟踪,并不断监督剩余风险和识别新的风险。

1. 风险再评估

项目经理采取风险再评估的方法。项目团队定期举行风险再评估会议,讨论对已有风险的跟踪和监督情况,并讨论是否出现了风险登记册未预期的风险,或其对目标的影响与预期的影响不同,导致规划的应对措施可能将无济于事,则此时需要进行额外的风险应对规划以对风险进行控制。表 11-13 所示是项目团队在需求阶段进行风险再评估后更新的风险登记册。

表 11-13　需求阶段更新后的风险登记册

编号	可能发生阶段	风险描述	识别时间	概率级别	概率值	影响程度	影响程度值	风险系数	控制级别	应对策略	应对措施	应对者
1	需求阶段	需求描述不清晰或比较粗略,可能引起二义性	2016/9/4	较高	80%	严重的	7.0	5.6	B	缓解	加强需求描述的检查	张汉
2	设计阶段	设计人员经验不足,可能设计不够细致	2016/9/4	中等	50%	中等的	5.0	2.5	C	缓解	进行必要的技能培训	黄宇

编号	可能发生阶段	风险描述	识别时间	概率级别	概率值	影响程度	影响程度值	风险系数	控制级别	应对策略	应对措施	应对者
3	开发阶段	开发人员技术水平不够，可能功能不完善	2016/9/4	中等	50%	中等的	5.0	2.5	C	缓解	进行必要的技能培训	赵宇
4	部署阶段	甲方现场环境没有达到要求	2016/9/4	较低	30%	轻微的	3.0	0.9	D	转移	与甲方协商,若环境未达到要求,进度拖延由甲方负责	曹元伟
5	验收阶段	验收资料不齐全	2016/9/4	较低	20%	轻微的	2.0	0.4	D	缓解	制订验收清单,每个阶段进行检查	曹元伟
6	运维阶段	巡检不及时	2016/9/4	较低	20%	可忽略的	1.0	0.2	E	缓解	加强内部管理	曹元伟
7	需求阶段	项目经理被具体琐碎的事情缠身	2016/9/20	中等	50%	中等的	5.0	2.5	C	缓解	将事情分派出去	曹元伟
8	需求阶段	任务和人员分配不合理	2016/9/20	中等	50%	中等的	5.0	2.5	C	缓解	分配任务时尽可能考虑个人能力	张汉

2. 风险监控记录

在控制过程将风险监控的记录在表 11-14 中。

表 11-14　风险监控表

风险 ID	是否发生	应对措施	残留风险	次生风险	进一步措施
1	已发生	加强需求描述的检查	无	无	无
2	已发生	将事情分派出去	无	无	无
3	已发生	分配任务时尽可能考虑个人能力	无	无	无

11.9　本章小结

项目风险是一种不确定事件或状况，一旦发生，会对至少一个项目目标产生积极或消极影响。项目由于其独特的性质必定涉及风险。许多组织都没能做好项目风险管理，而一个成功的组织必须明白做好项目风险管理的价值。本章主要过程包括：规划风险管理、识别风险、实施定性风险分析、实施定量风险分析、规划风险应对、控制风险和应用软件进行软件项目风险管理。

　　风险管理是一门投资，是因为识别和分析风险，建立应对这些风险的计划，这些都将带来成本。这些成本都将包括在成本、进度和资源计划中。

　　风险可以进行定性和定量分析。定性风险分析的工具与技术包括概率与影响矩阵、用概率与影响矩阵估算风险因子、风险数据质量评估和风险紧迫性评估。定量风险分析的工具和技术包括数据收集和展示技术、敏感性分析、决策树和蒙特卡罗模拟法。期望货币值（EMV）是使用决策树去做基于潜在风险的预期值的评估。模拟法是一个更复杂的做估算的方法，它能帮助确定能实现特定项目进度或成本目标的概率。敏感性分析用来表述改变一个或多个变量对结果产生的影响。

　　4个负风险的基本应对战略是回避、接受、转移和缓解。风险回避涉及消除一个特定的威胁或风险；风险接受是指一旦风险发生，应承担其产生的后果；风险转移是将管理的风险和责任转向第三方；风险缓解是指通过降低风险事件发生的概率，从而降低风险事件的影响。4个正风险的基本应对战略是风险开发、风险分担、风险增大和风险接受。

　　最后一部分介绍如何利用软件记录已识别的风险，进行软件项目风险管理。

12　软件项目采购管理

采购（Procurement）意味着从外界来源获得商品或者服务。项目采购管理包括从项目团队外部采购或获得所需产品、服务或成果的各个过程。项目组织既可以是项目产品、服务或成果的买方，也可以是卖方。

项目采购管理包括合同管理和变更控制过程。通过这些过程，编制合同或订购单，并由具备相应权限的项目团队成员签发，然后再对合同或订购单进行管理。

项目采购管理过程围绕包括合同在内的协议来进行。协议是买卖双方之间的法律文件。合同是对双方都有约束力的协议，规定卖方有义务提供有价值的东西，如规定的产品、服务或成果，买方有义务支付货币或其他有价值的补偿。

项目采购管理包括以下过程：

（1）规划采购管理。

记录项目采购决策、明确采购方法、识别潜在卖方。

（2）实施采购。

获取卖方应答、选择卖方并授予合同。

（3）控制采购。

管理采购关系、监督合同执行情况，并根据需要实施变更和采取纠正措施。

（4）结束采购。

完结单次项目采购的过程。

12.1　规划采购管理

规划采购管理涉及分析项目的哪些需求最好是通过使用外部的产品或者服务来满足。本过程的主要作用是，确定是否需要外部支持，如果需要，则还要决定采购什么、如何采购、采购多少，以及何时采购。一项外购或者自制的决策就是组织需要考虑自己生产某个产品或者自己提供某种服务是否是最好的方式，或者从外部组织购买这些是否更好一些。如果没有必要从外部组织购买产品或者服务，那么也就没有任何必要执行任何采购管理的程序了。

项目进度计划对规划采购管理过程中的采购策略制订有重要影响。制订采购管理计划时所做出的决定，又会影响项目进度计划。应该把这些决定与制订进度计划、估算活动资源和自制或外购分析的决策整合起来。

规划采购管理过程包括评估与每项自制或外购决策有关的风险，还包括审查拟使用的合同类型，以便规避或减轻风险，或者向卖方转移风险。

12.1.1 规划采购管理的方法

1. 制订计划

1）制造、采购分析

一般而言，在采购之前首先要做制造、采购分析，以决定是否要采购、怎样采购、采购什么以及何时采购等。

在制造、采购分析中，主要对采购可能发生的直接成本、间接成本、自行制造能力、采购评标能力等进行分析比较，并决定是否从单一的供应商或从多个供应商采购所需的全部或部分货物和服务，或者不从外部采购而自行制造。

2）合同类型的选择

当决定需要采购时，合同类型的选择成为买卖双方关注的焦点，因为不同的合同类型决定了风险在买方和卖方之间分配。买方的目标是把最大的实施风险放在卖方，同时维护对项目经济、高效执行的奖励；卖方的目标是把风险降到最低，同时使利润最大化。常见的合同可分为以下 5 种，不同合同类型适用于不同的情形，买方可根据具体情况进行选择。一般来说，其适用情况如下：

（1）成本加成本百分比（CPPC）合同：由于不利于控制成本，目前很少采用。

（2）成本加固定费用（CPFF）合同：适合于研发项目。

（3）成本加奖励费（CPIF）合同：适用于长期的、硬件开发和试验要求多的合同。

（4）固定价格加奖励费用（FPI）合同：长期的高价值合同。

（5）固定总价（FFP）合同：买方易于控制总成本，风险最小；卖方风险最大而潜在利润可能最大，因而最常用。

3）采购计划编制

根据项目需要，采购管理计划可以是正式、详细的，也可以是非正式、概括的。采购管理计划是项目管理计划的组成成分之一，描述了项目团队如何执行组织外部采购物品或服务。它描述了将如何管理采购的各个方面，它的典型信息包括：

（1）合同类型。

（2）采购的角色、职责和职权。

（3）采购的标准文件。

（4）采购制约因素和假设条件。

（5）担保和保险需求。

（6）工作需求和陈述。

（7）合格卖方清单。

（8）选择标准。

（9）合同绩效测量指标。

根据制造、采购分析的结果和所选择的合同类型编制采购计划，说明如何对采购过程进行管理。具体包括：合同类型、组织采购的人员、管理潜在的供应商、编制采购文档、制订评价标准等。

2. 过程管理

1）询价（Solicitation）

询价就是从可能的卖方那里获得谁有资格完成工作的信息，该过程的专业术语叫供方资格确认（Source Qualification）。获取信息的渠道有：招标公告、行业刊物、互联网等媒体、供应商目录、约定专家拟定可能的供应商名单等。通过询价获得供应商的投标建议书。

2）供方选择（Source Selection）

这个阶段根据既定的评价标准选择一个承包商。评价方法有以下几种：

（1）合同谈判：双方澄清见解，达成协议。这种方式也叫"议标"。

（2）加权方法：把定性数据量化，将人的偏见影响降至最低程度。这种方式也叫"综合评标法"。

（3）筛选方法：为一个或多个评价标准确定最低限度履行要求，如最低价格法。

（4）独立估算：采购组织自己编制"标底"，作为与卖方的建议比较的参考点。

一般情况下，要求参与竞争的承包商不得低于 3 个。选定供方后，经谈判，买卖双方签订合同。

3）合同管理

合同管理是确保买卖双方履行合同要求的过程，一般包括以下几个层次的集成和协调。

（1）授权承包商在适当的时间进行工作。

（2）监控承包商成本、进度计划和技术绩效。

（3）检查和核实分包商产品的质量。

（4）变更控制，以保证变更能得到适当的批准，并保证所有应该知情的人员获知变更。

（5）根据合同条款，建立卖方执行进度和费用支付的联系。

（6）采购审计。

（7）正式验收和合同归档。

12.1.2 规划采购管理的成果物

规划采购管理过程的成果物主要为采购管理计划和采购工作说明书。

1. 采购管理计划

采购管理计划是一份用来描述如何管理采购过程的文件，从为外部采购和获取制订文档到终结合同。像其他的项目计划一样，根据项目的不同，项目管理计划的内容也有所不同。采购管理计划包括如下内容：

（1）在不同的情况之下使用不同种类的合同的指南。

（2）如果适用，可以采用的标准采购文件或者模板。

（3）创建工作结构分解、工作说明以及其他采购文件的指南。

（4）项目团队以及相关部门的角色和责任，例如采购部和法律部。

（5）对供应者进行独立评估的指导方针。

（6）管理多个供应商的建议。

（7）将采购决策（如采购或者自制决策）与其他项目领域（如进度安排和绩效报告）相协调的过程。

（8）与采购和获取相关的约束和假设。

（9）采购和获取的提前期。

（10）采购和获取的风险缓解策略，比如保险合同和债券。

（11）辨识预审合格的卖方或者组织偏爱的卖方的指导方针。

（12）用来帮助衡量供应商和管理合同的采购矩阵。

2. 采购工作说明书

依据项目范围基准，为每次采购编制工作说明书（SOW），对将要包含在相关合同中的那一部分项目范围进行定义。采购 SOW 应该详细描述拟采购的产品、服务或成果，以便潜在卖方确定他们是否有能力提供这些产品、服务或成果。至于应该详细到何种程度，会因采购品的性质、买方的需要或拟用的合同形式而异。工作说明书中可包括规格、数量、质量、性能参数、履约期限、工作地点和其他需求。

采购 SOW 应力求清晰、完整和简练。它也应该说明任何所需的附带服务，如绩效报告或项目后的运营支持等。某些应用领域对采购 SOW 有特定的内容和格式要求。每次进行采购，都需要编制SOW。不过，可以把多个产品或服务组合成一个采购包，由一个 SOW 全部覆盖。

在采购过程中，应根据需要对采购 SOW 进行修订和改进，直到成为所签协议的一部分。

12.2　实施采购

实施采购是获取卖方应答、选择卖方并授予合同的过程，可以理解为签订采购合同前的准备工作。该过程的主要作用是，通过达成协议，使内部和外部干系人的期望协调一致。

在实施采购过程中，项目团队将会收到投标书或建议书，并按照事先拟定的选择标准，选择一个或多个有资格履行工作且可接受的卖方。

12.2.1　实施采购的方法

1. 投标人会议

投标人会议（又称承包商会议、供货商会议或投标前会议）就是在投标书或建议书提交之前，在买方和所有潜在卖方之间召开的会议。会议的目的是保证所有潜在卖方对采购要求都有清楚且一致的理解，保证没有任何投标人会得到特别优待。为公平起见，买方必须尽力确保每个潜在卖方都能听到任何其他卖方所提出的问题，以及买方所做出的每个回答。可以运用相关技术来促进公平，例如，在召开会议之前就收集投标人的问题或安排投标人考察现场。要把对问题的回答，以修正案的形式纳入采购文件中。

2. 建议书评价技术

对于复杂的采购，如果要基于卖方对既定加权标准的响应情况来选择卖方，则应该根据买方的采购政策，规定一个正式的建议书评审流程。在授予合同之前，建议书评价委员会将做出选择，并报管理层批准。

3. 独立核算

对于许多采购，采购组织可以自行编制独立估算，或者邀请外部专业估算师做出成本估算，并将此作为标杆，用来与潜在卖方的应答做比较。如果两者之间存在明显差异，则可能表明采购工作说明书存在缺陷或不明确，以及潜在卖方误解了或未能完全响应采购工作说明书。

4. 专家判断

专家判断可用来评价卖方建议书。可以组建一个多学科评审团队对建议书进行评价。团队中应包括采购文件和相应合同所涉及的全部领域的专家。可能需要各职能领域的专业人士，如合同、法律、财务、会计、工程、设计、研究、开发、销售和制造。

5. 广 告

在大众出版物（如报纸）专业出版物上刊登广告，往往可以扩充现有的潜在卖方名单。有些组织使用在线资源招揽供应商。对于某些类型的采购，政府机构可能要求公开发布广告；对于政府采购，大部分政府机构都会要求公开发布广告，或者在互联网上公布采购信息。

6. 分析技术

在采购中，应该以合理的方式定义需求，以便卖方能够通过要约为项目创造价值。分析技术有助于组织了解供应商提供最终成果的能力，确定符合预算要求的采购成本，以及避免因变更而造成成本超支，从而确保需求能够并得以满足。通过审查供应商以往的表现，项目团队可以发现风险较多、需要密切监督的领域，以确保项目的成功。

7. 采购谈判

采购谈判是指在合同签署之前，对合同的结构、要求及其他条款加以澄清，以取得一致意见。最终的合同措辞应该反映双方达成的全部一致意见。谈判的内容应包括责任、进行变更的权限、适用的条款和法律、技术和商务管理方法、所有权、合同融资、技术解决方案、总体进度计划、付款和价格等。谈判过程以形成买卖双方均可执行的合同文件而结束。

对于复杂的采购，合同谈判可以是一个独立的过程，有自己的输入（如各种问题或待决事项清单）和输出（如记录下来的决定）。对于简单的采购，合同的条款和条件可能是以前就已确定且不需要谈判的，只需要卖方接受。

项目经理可以不是采购谈判的主谈人。项目经理和项目管理团队的其他人员可以出席谈判会议，以便提供协助，并在必要时澄清项目的技术、质量和管理要求。

12.2.2 实施采购的成果物

1．选定的卖方

根据建议书或投标书评价结果，那些被认为有竞争力并且已与买方商定了合同草案（在授予之后，该草案就成为正式合同）的卖方，就是选定的卖方。对于较复杂、高价值和高风险的采购，在授予合同前需要得到组织高级管理层的批准。

2．协议合同

采购合同中包括条款和条件，也可包括其他条目，如买方就卖方应实施的工作或应交付的产品所做的规定。在遵守组织的采购政策的同时，项目管理团队必须确保所有协议都符合项目的具体需要。因应用领域不同，协议也可称作谅解、合同、分包合同或订购单。无论文件的复杂程度如何，合同都是对双方具有约束力的法律协议。它强制卖方提供指定的产品、服务或成果，强制买方给予卖方相应补偿。合同是一种可诉诸法院的法律关系。

3．资源日历

在资源日历中记载签约资源的数量和可用性，以及每个特定资源或资源群的工作日或休息日，一般需提交资产管理部门备案。

4．变更请求

采购过程中出现的不满足预先计划、确需变更的内容，应提交实施整体变更控制过程审查与处理。

5．项目管理计划更新

项目管理计划中可能需要更新的内容包括（但不限于）成本基准、范围基准、进度基准、沟通管理计划、采购管理计划。

6．项目文件更新

可能需要更新的项目文件包括（但不限于）需求文件、需求跟踪文件、风险登记册、干系人登记册。

12.3 控制采购

控制采购是管理采购关系、监督合同执行情况，并根据需要实施变更和采取纠正措施的过程。本过程的主要作用是，确保买卖双方履行法律协议，满足采购需求。可理解为签订采购合同之后具体的采购行为。

在控制采购过程中，需要把适当的项目管理过程应用于合同关系，并把这些过程的输出整合进项目的整体管理中。如果项目有多个卖方，涉及多个产品、服务或成果，这种整合就经常需要在多个层次上进行。需要应用的项目管理过程包括（但不限于）：

（1）指导与管理项目工作。授权卖方在适当时间开始工作。

（2）控制质量。检查和核实卖方产品是否符合要求。

（3）实施整体变更控制。确保合理审批变更，以及干系人员都了解变更的情况。

（4）控制风险。确保减轻风险。

12.3.1 控制采购的方法

1. 合同变更控制系统

合同变更控制系统规定了修改合同的过程。它包括文书工作、跟踪系统、争议解决程序，以及各种变更所需的审批层次。合同变更控制系统应当与整体变更控制系统整合起来。

2. 采购绩效审查

采购绩效审查是一种结构化的审查，依据合同来审查卖方在规定的成本和进度内完成项目范围和达到质量要求的情况。包括对卖方所编文件的审查、买方开展的检查，以及在卖方实施工作期间进行的质量审计。绩效审查的目标在于发现履约情况的好坏、相对于采购工作说明书的进展情况，以及未遵循合同的情况，以便买方能够量化评价卖方在履行工作时所表现出来的能力。这些审查可能是项目状态审查的一个部分。在项目状态审查时，通常要考虑关键供应商的绩效情况。

3. 检查与审计

在项目执行过程中，应该根据合同规定，由买方开展相关的检查与审计，卖方应对此提供支持。通过检查与审计，验证卖方的工作过程或可交付成果对合同的遵守程度。如果合同条款允许，某些检查与审计团队中可以包括买方的采购人员。

4. 报告绩效

根据协议要求，评估卖方提供的工作绩效数据和工作绩效报告，形成工作绩效信息，并向管理层报告。报告绩效为管理层提供关于卖方正在如何有效实现合同目标的信息。

5. 支付系统

通常，先由被授权的项目团队成员证明卖方的工作令人满意，再通过买方的应付账款系统向卖方付款。所有支付都必须严格按照合同条款进行并加以记录。

6. 索赔管理

如果买卖双方不能就变更补偿达成一致意见，甚至对变更是否已经发生都存在分歧，那么被请求的变更就成为有争议的变更或潜在的推定变更。有争议的变更也称为索赔、争议或诉求。在整个合同生命周期中，通常应该按照合同规定对索赔进行记录、处理、监督和管理。如果合同双方无法自行解决索赔问题，则需要按照合同中规定的替代争议解决（ADR）程序进行处理。谈判是解决所有索赔和争议的首选方法。

7. 记录管理系统

项目经理采用记录管理系统来管理合同、采购文档和相关记录。它包含一套特定的过程、相关的控制功能，以及作为项目管理信息系统一部分的自动化工具。该系统中包含可检索的合同文件和往来函件档案。

12.3.2 控制采购的成果物

1. 工作绩效信息

工作绩效信息为发现当前或潜在问题提供依据，来支持后续索赔或开展新的采购。通过报告供应商的绩效情况，项目组织能够加强对采购绩效的认识，从而有助于改进预测、风险管理和决策。绩效报告还有助于处理与供应商之间的纠纷。

工作绩效信息中包括合同履约信息，便于采购组织预计特定可交付成果的完成情况，追踪特定可交付成果的接收情况。合同履约信息有助于改进与供应商的沟通，使潜在问题得到迅速处理，令各方都满意。

2. 变更请求

在控制采购过程中，可能提出对项目管理计划及其子计划和其他组成部分的变更请求，如成本基准、进度基准和采购管理计划。应该由实施整体变更控制过程对变更请求进行审查和批准。

已提出而未解决的变更，可能包括买方发出的指令或卖方采取的行动，而对方认为该指令或行动已构成对合同的推定变更。由于双方可能对推定变更存在争议并可能引起一方向另一方索赔，所以通常应该在项目往来函件中对推定变更进行专门识别和记录。

3. 项目管理计划更新

项目管理计划中可能需要更新的内容包括（但不限于）：

（1）采购管理计划：更新采购管理计划，已反映影响采购管理的、已批准的变更请求，及其对成本或进度的影响。

（2）进度基准：当发生对整体项目绩效有影响的进度延误时。

（3）成本基准：当发生了影响整个项目成本的变更时。

4. 项目文件更新

可能需要更新的项目文件包括（但不限于）采购文档。采购文档可包括采购合同，以及起支持作用的全部进度文件、已提出但未批准的合同变更和已批准的变更请求。采购文档还包括任何由卖方编制的技术文档和其他工作绩效信息，如可交付成果、卖方绩效报告、担保文件、财务文件（含发票和付款记录）、与合同相关的检查结果等。

5. 组织过程资产更新

可能需要更新的组织过程资产包括（但不限于）：

（1）往来函件。合同条款和条件往往要求买方与卖方之间的某些沟通采用书面形式，例如，对不良绩效提出警告，提出合同变更请求，或者进行合同澄清等。往来函件中可包括关于买方审计与检查结果的报告，该报告指出了卖方需纠正的不足之处。除了合同规定应保留的文档外，双方还应完整、准确地保存关于全部书面和口头沟通及全部行动和决定的书面记录。

（2）支付计划和请求。所有支付都应按合同条款和条件进行。

（3）卖方绩效评估文件：由买方编制，记录卖方继续执行现有合同工作的能力，为以后卖方的选择作参考；这些文件可成为提前终止合同、收缴合同罚款，或者支付合同费用和奖金的依据；这些绩效评估的结果也应纳入相关的合格卖方清单中。

12.4　结束采购

结束采购是完结单次项目采购的过程。本过程的主要作用是：把合同和相关文件归档以备将来参考。

结束采购过程还包括一些行政工作，例如，处理未决索赔、更新记录以反映最后的结果，以及把信息存档供未来使用等。需要针对项目或项目阶段中的每个合同，开展结束采购过程。在多阶段项目中，合同条款可能仅适用于项目的某个特定阶段。这种情况下，结束采购过程就只能结束该项目阶段的采购。

合同提前终止是结束采购的一个特例。合同可由双方协商一致而提前终止，或因一方违约而提前终止，或者为买方的便利而提前终止（合同中有这种规定）。

12.4.1　结束采购的方法

1. 采购审计

采购审计是指对从规划采购管理过程到控制采购过程的所有采购过程进行结构化审查。其目的是找出合同准备或管理方面的成功经验与失败教训，供本项目其他采购合同或执行组织内其他项目的采购合同借鉴。

2. 采购谈判

在所有采购关系中，一个重要的目标是通过谈判公正地解决全部未决事项、索赔和争议。如果通过直接谈判无法解决，则可以尝试替代争议解决（ADR）方法，如调解或仲裁。如果所有方法都失败了，就只能选择向法院起诉的方法了。

12.4.2 结束采购的成果物

1. 结束的采购

买方（通常是其授权的采购管理员）向卖方发出关于合同已经完成的正式书面通知。对正式结束采购的要求，通常已在合同条款和条件中定义，并包括在采购管理计划中。

2. 组织过程资产更新

可能需要更新的组织过程资产包括（但不限于）：

（1）采购档案。一套完整的、带索引的合同文档（已结束的合同）。采购档案应该纳入最终的项目档案中。

（2）可交付成果验收。组织可能要求保存对卖方完成的可交付成果的正式验收文件。结束采购过程必须确保这一要求得到满足。

（3）经验教训文档。应该编制经验教训总结、工作体会和过程改进建议，作为项目档案的一部分，以改进未来的采购。

12.5 本章小结

采购项目必需的资源是项目成功开展的基础，在这个过程中必须要做好合理的采购分析，以控制项目的成本。本章主要过程包括：规划采购管理、实施采购、控制采购和结束采购。

本章节介绍了采购的规划、实施、控制和结束的相关知识。规划采购管理介绍了采购前的分析方法和合同类型选择，以及对采购过程的规划（询价、供方选择、合同管理）；实施采购介绍了签订具体采购合同前的准备工作；控制采购介绍了如何管理采购关系、监督合同执行情况；结束采购介绍了如何结束采购合同以及遗留问题的处理。

13 软件项目干系人管理

项目干系人管理用于包括识别能影响项目或受项目影响的全部人员、群体或组织，分析干系人对项目的期望和影响等工作的各个过程。制订合适的管理策略来有效调动干系人参与项目决策和执行。干系人管理还关注与干系人的持续沟通，以便了解干系人的需要和期望，解决实际发生的问题，管理利益冲突，促进干系人合理参与项目决策和活动。项目干系人管理包括以下过程：

1. 识别干系人

识别能影响项目决策、活动或结果的个人、群体或组织，以及被项目决策、活动或结果所影响的个人、群体或组织，并分析和记录相关信息的过程。这些信息包括他们的利益、参与度、相互依赖、影响力及对项目成功的潜在影响等。

2. 规划干系人管理

基于对干系人需要、利益及对项目成功的潜在影响的分析，制订合适的管理策略，以有效调动干系人参与整个项目生命周期的过程。

3. 管理干系人参与

在整个项目生命周期中，与干系人进行沟通和协作，以满足其需要与期望，解决实际出现的问题，并促进干系人合理参与项目活动的过程。

4. 控制干系人参与

全面监督项目干系人之间的关系，调整策略和计划，以调动干系人参与的过程。

13.1 识别干系人

项目干系人是能影响项目决策、活动或结果的个人、群体或组织，以及会受或自认为会受项目决策、活动或结果影响的个人、群体或组织。项目干系人是积极参与项目，或其利益可能受到项目实施或完成的积极或消极影响的个人和组织，他们也可能对项目及其可交付成果施加影响。干系人可能来自组织内部的不同层级，具有不同级别的职权；也可能来自项目执行组织的外部。

在项目或阶段的早期就识别干系人，并分析他们的利益层次、个人期望、重要性和影响力，对项目成功非常重要。项目经理应该按干系人的利益、影响力和参与项目的程度对其进行分类，并注意到有些干系人可能直到项目或阶段的较晚时期才对项目产生影响或显著影响。通过分类，项目经理就能够专注于那些与项目成功密切相关的重要关系。

识别干系人是识别能影响项目决策、活动或结果的个人、群体或组织，以及被项目决策、活动或结果影响的个人、群体或组织，并分析和记录他们的相关信息的过程。这些信息包括他们的利益、参与度、相互依赖、影响力及对项目成功的潜在影响等。本过程的主要作用是，帮助项目经理建立对各个干系人或干系人群体的适度关注。

13.1.1　干系人分析

干系人分析是系统地收集和分析各种定量与定性信息，以便确定在整个项目中应该考虑哪些人的利益。通过干系人分析，识别出干系人的利益、期望和影响，并把他们与项目的目的联系起来。干系人分析也有助于了解干系人之间的关系（包括干系人与项目的关系，干系人相互之间的关系），以便利用这些关系来建立联盟和伙伴合作，从而提高项目成功的可能性。在项目或阶段的不同时期，应该对干系人之间的关系施加不同的影响。

干系人分析通常遵循 3 个步骤，如图 13-1 所示。

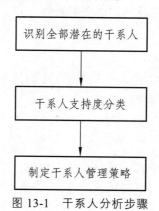

图 13-1　干系人分析步骤

（1）识别全部潜在的项目干系人及其相关信息，如干系人的角色，部门、利益、知识、期望和影响力。关键干系人通常很容易识别，包括所有受项目结果影响的决策者或管理者，如项目发起人，项目经理和主要客户。通常可对已识别的干系人进行访谈，来识别其他干系人，扩充干系人名单，直至列出全部潜在的干系人。

（2）分析每个干系人可能的影响或支持，并把干系人分类，以便制订管理策略。在干系人很多的情况下，就必须对干系人进行排序，以便有效分配精力，来了解和管理干系人的期望。

（3）评估关键干系人对不同情况可能做出的反应或应对，以便策划如何对他们施加影响，提高他们的支持，减轻他们的潜在负面影响。

有多种分类模型可用于干系人分析，如：

（1）权力/利益方格。根据干系人的职权（权力）大小及对项目结果的关注（利益）程度进行分类，这个矩阵指明了项目需要建立的与各干系人之间的关系的种类。

如图 13-2 所示，首先关注处于 B 区的干系人，他们对项目有很高的权力，也很关注项目的结果，项目经理应该"重点管理，及时报告"，应采取有力的行动让 B 区干系人满意。项目的客户和项目经理的主管领导，就是这样的项目干系人。

尽管 C 区干系人权力低，但关注项目的结果，因此项目经理要"随时告知"项目状况，以维持 C 区的干系人的满意程度。如果低估了 C 区干系人的利益，可能产生危险的后果，可能会引起 C 区干系人的反对。大多数情况下，要全面考虑到 C 区干系人对项目可能的、长期的以及特定事件的反应。

处于 C 区的干系人，项目经理应该"随时告知他们项目的状态，保持及时的沟通"。

方格区域 A 的关键干系人具有"权力大、对项目结果关注度低"的特点，因此争取 A 区干系人的支持，对项目的成功至关重要，项目经理对 A 区干系人的管理策略应该是"令其满意"。

最后，还需要正确地对待 D 区中的干系人的需要，D 区干系人的特点是"权力低、对项目结果的关注度低"，因此项目经理主要是通过"花最少的精力来监督他们"即可。但有些 D 区的干系人可以影响更有权力的干系人，他们对项目发挥的是间接作用，因此对这些干系人的态度也应该"要好一些"，以争取他们的支持，降低他们的敌意。

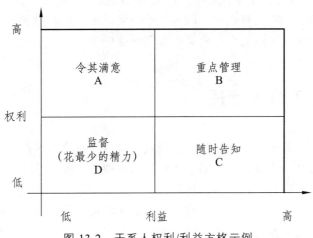

图 13-2   干系人权利/利益方格示例

（2）权力/影响方格。根据干系人的职权（权力）大小及主动参与（影响）项目的程度进行分类。

（3）影响/作用方格。根据干系人主动参与（影响）项目的程度及改变项目计划或执行的能力（作用）进行分类。

（4）凸显模型。根据干系人的权力（施加自己意愿的能力）紧急程度（需要立即关注）和合法性（有权参与），对干系人进行分类。

13.1.2   专家判断

为确保识别和列出全部干系人，应向受过专门培训或具有专业知识的小组或个人寻求专家判断和意见，例如：

（1）高级管理人员。

（2）组织内部的其他部门。

（3）已识别的关键干系人。

（4）在相同领域的项目上工作过的项目经理（直接或间接的经验教训）。

（5）相关业务或项目领域的主题专家（SME）。

（6）行业团体和顾问。

（7）专业和技术协会，立法机构和非政府组织（NGO）。

13.1.3　干系人登记册

干系人登记册是识别干系人过程的主要产出物，用于记录已识别的干系人的所有详细信息，包括（但不限于）：

（1）基本信息：姓名、职位、地点、项目角色、联系方式。

（2）评估信息：主要需求、主要期望、对项目的潜在影响、与生命周期的哪个阶段最密切相关。

（3）干系人分类：内部/外部、支持者/中立者/反对者等。

应定期查看并更新干系人登记册，因为在整个项目生命周期中干系人可能发生变化，也可能识别出新的干系人。干系人登记册见本章案例分析。

13.2　规划干系人管理

规划干系人管理是基于对干系人需要、利益及对项目成功的潜在影响的分析，制订合适的管理策略，以有效调动干系人参与整个项目生命周期的过程。目的是为与项目干系人的互动提供清晰且可操作的计划，以支持项目利益。

这个过程将产生干系人管理计划，它是关于如何实现干系人有效管理的详细计划。随着项目的进展，干系人及其参与项目的程度可能发生变化，因此，规划干系人管理是一个反复的过程，应由项目经理定期开展。

13.2.1　规划干系人管理的方法

1．专家判断

基于项目目标，项目经理应使用专家判断方法，来确定每位干系人在项目每个阶段的参与程度。

为了创建干系人管理计划，应该向受过专门培训、具有专业知识或深入了解组织内部关系的小组或个人寻求专家判断和专业意见。

2．会　议

应该与相关专家及项目团队举行会议，以确定所有干系人应有的参与程度。这些信息可用来准备干系人管理计划。

3. 分析技术

根据可能的项目或环境变量变化及它们与其变量之间的关系，对潜在后果进行评估、分析和预测的各种技术。应该比较所有干系人的当前参与程度与计划参与程度（为项目成功所需的）。通过分析，识别出当前参与程度与所需参与程度之间的差距。表 13-1 是对干系人参与程度分析的一个事例。

表 13-1　干系人参与程度分析

干系人	不知晓	抵制	中立	支持	领导
干系人 1	C			D	
干系人 2			C	D	
干系人 3				DC	

注：干系人的参与程度：C 表示当前参与程度，D 表示所需参与程度。
不知晓：对项目和潜在影响不知晓。
抵制：知晓项目和潜在影响，抵制变更。
中立：知晓项目，既不支持，也不反对。
支持：知晓项目和潜在影响，支持变更。
领导：知晓项目和潜在影响，积极致力于保证项目成功。

13.2.2　规划干系人管理的成果物

1. 干系人管理计划

干系人管理计划是项目管理计划的组成部分，为有效调动干系人参与而规定所需的管理策略。

除了干系人登记册中的资料，干系人管理计划通常还包括：
（1）关键干系人的所需参与程度和当前参与程度。
（2）干系人变更的范围与影响。
（3）干系人之间的相互关系和潜在交叉。
（4）项目现阶段的干系人沟通需求。
（5）需要分发给干系人的信息，包括语言、格式、内容和详细程度。
（6）分发相关信息的理由，以及可能对干系人参与产生的影响。
（7）向干系人分发所需信息的时限和频率。
（8）随着项目的进展，更新和优化干系人管理计划的方法。

项目经理应该意识到干系人管理计划的敏感性，并采取恰当的预防措施。例如，有关那些抵制项目的干系人的信息，可能具有潜在的破坏作用，因此对于这类信息的发布必须特别谨慎。更新干系人管理计划时，应审查所依据的假设条件的有效性，以确保该计划的准确性和相关性。

2. 项目文件更新

可能需要更新的项目文件包括（但不限于）：项目进度计划和干系人登记册。

13.3　管理干系人参与

管理干系人参与是在整个项目生命周期中，与干系人进行沟通和协作，以满足其需要与期望，解决实际出现的问题，并促进干系人合理参与项目活动的过程，以帮助项目经理提升来自干系人的支持，并把干系人的抵制降到最低，从而显著提高项目成功的机会。

通过管理干系人参与，确保干系人清晰地理解项目目的、目标、收益和风险，提高项目成功的概率。这不仅能使干系人成为项目的积极支持者，而且还能使干系人协助指导项目活动和项目决策。通过预计人们对项目的反应，可以事先采取行动来赢得支持或降低负面影响。

干系人对项目的影响能力通常在项目启动阶段最大，而后随着项目的进展逐渐降低。主动管理干系人参与可以降低项目不能实现其目的和目标的风险。

13.3.1　管理干系人参与的方法

1.　沟通方法

在管理干系人参与时，应该使用在沟通管理计划中确定的针对每个干系人的沟通方法。基于干系人的沟通需求，项目经理决定在项目中如何使用、何时使用及使用哪种沟通方法。

2.　人际关系技能

项目经理应用人际关系技能来管理干系人的期望。例如：
（1）建立信任。
（2）解决冲突。
（3）积极倾听。
（4）克服变更阻力。

3.　管理技能

是指对个人或群体进行规划、组织、指导和控制，以实现特定目标的能力。项目经理应用管理技能来协调各方以实现项目目标。例如：
（1）引导各方对项目目标达成共识。
（2）施加影响，使干系人支持项目。
（3）通过谈判达成共识，以满足项目要求。
（4）调整组织行为，以接受项目成果。

13.3.2　管理干系人参与的成果物

1.　问题日志

在管理干系人参与过程中，可以编制问题日志。问题日志应随新问题的出现和老问题的解决而动态更新。

2．变更请求

在管理干系人参与过程中，可能对产品或项目提出变更请求。变更请求可能包括针对项目本身的纠正或预防措施，以及针对与相关干系人的互动的纠正或预防措施。

3．项目管理计划更新

项目管理计划中可能需要更新的内容包括（但不限于）干系人管理计划。当识别出新的干系人需求，或者需要对干系人需求进行修改时，就需要更新该计划。

4．项目文件更新

可能需要更新的内容包括（但不限于）干系人管理计划。干系人登记册因下列情况而更新：干系人信息变化、识别出新干系人、原有干系人不再参与项目。当识别出新的干系人需求，或者需要对干系人需求进行修改时，就需要更新该计划。

13.4　控制干系人参与

控制干系人参与是指全面监督项目干系人之间的关系，根据项目管理计划和问题日志分析问题，调整策略和计划，以调动干系人参与项目，随着项目进展和环境变化，维持并提升干系人参与活动的效率和效果。

在干系人管理计划中列出干系人参与活动，并在项目生命周期中加以执行。应该对干系人参与进行持续控制。

13.4.1　控制干系人参与的方法

1．信息管理系统

信息管理系统为项目经理获取、储存和向干系人发布有关项目成本、进展和绩效等方面的信息提供了标准工具。它也可以帮助项目经理整合来自多个系统的报告，便于项目经理向项目干系人分发报告。

2．专家判断

为确保全面识别和列出新的干系人，应对当前干系人进行重新评估。应该向受过专门培训或具有专业知识的小组或个人寻求输入。可通过单独咨询（如一对一会谈、访谈等）或小组对话（如焦点小组、调查等），获取专家判断。

3．会　议

可在状态评审会议上交流和分析有关干系人参与的信息。

13.4.2　控制干系人参与的成果物

1．工作绩效信息

工作绩效信息是从各控制过程收集，并结合相关背景和跨领域关系进行整合分析，而得到的绩效数据。这样，工作绩效数据就转化为工作绩效信息。数据本身不用于决策，因为其意思可能被误解。但是，工作绩效信息考虑了相互关系和所处背景，可以作为项目决策的可靠基础。

工作绩效信息通过沟通过程进行传递。绩效信息可包括可交付成果的状态、变更请求的落实情况及预测的完工估算。

2．项目管理计划更新

随着干系人参与项目工作，要评估干系人管理策略的整体有效性。如果发现需要改变方法或策略，那么就应该更新项目管理计划的相应部分，以反映这些变更。

3．项目文件更新

可能需要更新的项目文件包括（但不限于）：

（1）干系人登记册。干系人登记册因下列情况而更新：干系人信息变化，识别出新干系人，原有干系人不再参与项目，原有干系人不再受项目影响或者特定干系人的其他情况变化。

（2）问题日志。随新问题的出现和老问题的解决而更新。

13.5　"招投标管理系统"项目干系人管理案例分析

13.5.1　识别干系人案例分析

识别干系人是识别所有受项目影响的人员或组织，并记录其利益、参与情况和对项目成功的影响的过程，这个识别过程贯穿整个项目的始终。

通过对干系人分析能够系统地收集和分析各种定量与定性信息，以便确定在整个项目中应该考虑哪些人的利益，接着经过专家判断可初步得到干系人。而干系人登记册作为识别干系人过程的主要呈现物，能够让相关干系人明确自己利益与义务。

具体以"招投标管理系统"项目为例，通过3步识别项目干系人。

1．识别全部潜在的项目干系人

识别全部潜在的项目干系人及其相关信息，如他们的角色，部门、利益、知识、期望和权力。分别从甲方和本公司识别与项目有关及对项目关注的人员，如表13-2所示。

表 13-2　项目干系人列表

姓名	项目角色	职务	项目期望	分类	利益	权力
孙伟	甲方客户代表	部门经理	项目可以按时完成，并且质量有所保障	外部	高	高
刘德	乙方领导	总经理	成功交付	内部	高	高
曹元伟	乙方项目经理	项目经理	成功交付	内部	低	高
张汉	项目组成员	高级研发工程师	质量、双方协调、业务	内部	低	低
关亮	项目组成员	中级研发工程师	完成任务；获得荣誉	内部	低	低
黄宇	项目组成员	中级研发工程师	完成任务；获得荣誉	内部	低	低
赵宇	项目组成员	中级研发工程师	完成任务；获得荣誉	内部	低	低
庞宏	项目组成员	中级研发工程师	完成任务；获得荣誉	内部	低	低

2. 干系人支持度分类

分析每个干系人可能的影响或支持，并把干系人分类，以便制订管理策略。

不同的立场，最终将体现在对项目的支持程度上，支持程度一般分为领导、中立、支持、抵制。如下所示：

（1）领导：指引和影响项目团队，实现项目目标。

（2）支持：对项目保持赞同鼓励态度。

（3）中立：对项目采取既不成支持也不反对的态度。

（4）抵制：对项目保持反对，不支持项目继续或立项。

本项目中所有项目干系人都对项目支持，不存在反对和中立的干系人，如表 13-3 所示。

表 13-3　干系人支持度分类

姓名	项目角色	职务	支持程度	分类
孙伟	甲方客户代表	部门经理	支持	外部
刘德	乙方领导	总经理	支持	内部
曹元伟	乙方项目经理	项目经理	领导	内部
张汉	项目组成员	高级研发工程师	支持	内部
关亮	项目组成员	中级研发工程师	支持	内部
黄宇	项目组成员	中级研发工程师	支持	内部
赵宇	项目组成员	中级研发工程师	支持	内部
庞宏	项目组成员	中级研发工程师	支持	内部

3. 制订干系人管理策略

通过权力/利益方格将表 13-2 中的干系人划分到方格中，如图 13-3 所示。

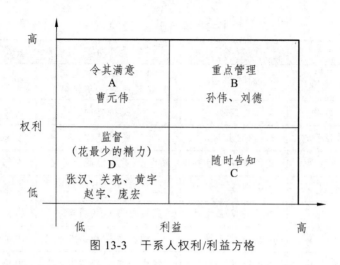

图 13-3　干系人权利/利益方格

通过上面的干系人权利/利益方格，可以制订如表 13-4 所示的管理策略。

表 13-4　干系人管理策略

姓名	项目角色	职务	管理策略	分类
孙伟	甲方客户代表	部门经理	重点管理	外部
刘德	乙方领导	总经理	重点管理	内部
曹元伟	乙方项目经理	项目经理	令其满意	内部
张汉	项目组成员	高级研发工程师	监督	内部
关亮	项目组成员	中级研发工程师	监督	内部
黄宇	项目组成员	中级研发工程师	监督	内部
赵宇	项目组成员	中级研发工程师	监督	内部
庞宏	项目组成员	中级研发工程师	监督	内部

通过以上方法最终得到的"招投标管理系统"项目干系人登记册如表 13-5 所示。

表 13-5　干系人登记册

干系人登记册											
一、基本项目情况											
项目名称	招投标管理系统			项目编号		SS-2016-ZZ-ZTB					
制作人	曹元伟			审核人		刘德					
项目经理	曹元伟			制作日期		2016/8/23					
二、项目干系人成员											
姓名	项目角色	所在单位及部门	职务	电话	支持程度	参与阶段	项目期望	分类	利益	权力	管理策略
孙伟	甲方客户代表	甲方公司	部门经理	69123	支持	里程碑节点	项目可以按时完成，并且质量有所保障	外部	高	高	重点管理

姓名	项目角色	所在单位及部门	职务	电话	支持程度	参与阶段	项目期望	分类	利益	权力	管理策略
		干系人登记册									
		二、项目干系人成员									
刘德	乙方领导	总经办	总经理	69125	支持	里程碑节点	成功交付	内部	高	高	重点管理
曹元伟	乙方项目经理	研发中心	项目经理	69124	领导	全程	成功交付	内部	低	高	令其满意
张汉	项目组成员	研发中心	高级研发工程师	69126	支持	全程	质量、双方协调、业务	内部	低	低	监督
关亮	项目组成员	研发中心	中级研发工程师	69127	支持	全程	完成任务；获得荣誉	内部	低	低	监督
黄宇	项目组成员	研发中心	中级研发工程师	69128	支持	全程	完成任务；获得荣誉	内部	低	低	监督
赵宇	项目组成员	研发中心	中级研发工程师	69129	支持	开发	完成任务；获得荣誉	内部	低	低	监督
庞宏	项目组成员	研发中心	中级研发工程师	69130	支持	设计	完成任务；获得荣誉	内部	低	低	监督

13.5.2 规划干系人案例分析

规划干系人的主要成果物是干系人管理计划，招投标管理系统的干系人管理计划如表13-6所示。

表 13-6 干系人管理计划

序号	任务名称	外部干系人	完成时间	完成标准	姓名	联系方式
1	客户关系	跨组	项目验收完成时间	保证与用户沟通的畅通	孙伟	69123
2	获取需求	项目组	项目验收完成时间	捕捉到用户的新需求	曹元伟	69124
3	需求调研	客户	需求调研完成	完成需求调研	曹元伟	69124
4	项目管理	项目组	项目验收完成时间	项目成功实施	曹元伟	69124
5	关系协调	领导	项目验收完成时间	项目组内、项目组与组外工作协调一致	张汉	69126
6	版本控制	项目组	项目验收完成时间	版本正确	关亮	69127
7	质量保证	项目组	项目验收完成时间	保证项目质量	张汉	69126
8	项目验收	客户	项目验收完成时间	完成项目验收	曹元伟	69124

13.5.3 管理干系人案例分析

以下是"招投标管理系统"管理干系人的成果物。

1. 问题日志

在管理干系人过程中对干系人提出和发现的问题，以问题日志的方式进行记录，从而了解到干系人具体关注的一些内容。问题日志应随新问题的出现和老问题的解决而动态更新，如表 13-7 所示。

表 13-7　问题日志

问题日志					
时间	问题描述	提出人	责任人	计划解决时间	备注
2016.09.21	招标模块设计问题	曹元伟	曹元伟	2017.09.24	紧急
2016.09.25	投标页面报错	关亮	曹元伟	2017.09.26	紧急

2. 变更日志

变更日志用于记录项目期间发生的变更。应该与适当的干系人就这些变更及其对项目时间、成本和风险等的影响进行沟通，如表 13-8 所示为招投标系统变更日志的部分内容。

表 13-8　变更日志

变更日志						
项目名称：招投标管理系统				时间：2016-09 至 2016-10		
变更编号	分类	变更描述	申请人	申请日期	状态	处理方式
001	功能修改	招标模块操作方式修改	张汉	2016.09.21	申请中	领导审核后确认修改
002	功能新增	新加评标模块功能	张汉	2016.10.26	申请中	领导审核后确认新增

3. 需求评审会

通过召开项目需求评审会议，将项目干系人召集一起参加，让项目干系人对需求进行确认，并且提出自己的疑问，解决需求中的问题，最终将需求规则说明书中的内容，一起达成一致，保证项目设计阶段按照需求中来进行，如表 13-9 所示展示的是需求评审会议提纲。

表 13-9　招投标系统需求评审会议提纲

招投标系统需求评审会议提纲	
会议主题：招投标系统需求评审会议	
主持人：曹元伟	记录人：关亮
会议时间：2016-9-15 10：00：00	会议地点：小会议室
参会人员： 曹元伟、关亮、张汉、庞宏	
会议目的： 评审招投标系统需求	
会议议程： 1. 项目经理汇报需求中相关内容； 2. 项目干系人确定需求是否合理（不合理，修改内容）	
使用设备：投影仪	

需求评审会议后，会议记录人将记录会议纪要，以邮件的方式发送给参会人员查阅和确认。

13.5.4 控制干系人参与案例

在项目进展到各个阶段时，定期评估梳理项目相关参与的干系人资料，并整理为更新后的项目干系人登记册，如招投标系统在项目设计阶段时，新增加了前端设计人员诸葛天，甲方客户新增加了孙权来对接前端数据格式，修改后的干系人登记册如表 13-10 所示。

表 13-10 干系人登记册

干系人登记册											
一、基本项目情况											
项目名称	招投标管理系统				项目编号		SS-2016-ZZ-ZTB				
制作人	曹元伟				审核人		刘德				
项目经理	曹元伟				制作日期		2016/9/30				
二、项目干系人成员											
姓名	项目角色	所在单位及部门	职务	电话	支持程度	参与阶段	项目期望	分类	利益	权力	管理策略
孙伟	甲方客户代表	甲方公司	部门经理	69123	支持	里程碑节点	项目可以按时完成，并且质量有所保障	外部	高	高	重点管理
孙权	甲方客户代表	甲方公司	部门助理	69121	支持	设计	项目可以按时完成，并且质量有所保障	外部	低	高	令其满意
刘德	乙方领导	总经办	总经理	69125	支持	里程碑节点	成功交付	内部	高	高	重点管理
曹元伟	乙方项目经理	研发中心	项目经理	69124	领导	全程	成功交付	内部	低	高	令其满意
张汉	项目组成员	研发中心	高级研发工程师	69126	支持	全程	质量、双方协调、业务	内部	低	低	监督
关亮	项目组成员	研发中心	中级研发工程师	69127	支持	全程	完成任务；获得荣誉	内部	低	低	监督
黄宇	项目组成员	研发中心	中级研发工程师	69128	支持	全程	完成任务；获得荣誉	内部	低	低	监督
赵宇	项目组成员	研发中心	中级研发工程师	69129	支持	开发	完成任务；获得荣誉	内部	低	低	监督
庞宏	项目组成员	研发中心	中级研发工程师	69130	支持	设计	完成任务；获得荣誉	内部	低	低	监督
诸葛天	项目组成员	研发中心	中级研发工程师	69131	支持	设计	完成任务；获得荣誉	内部	低	低	监督

同时定期向项目干系人发布项目进展情况，如每周给客户发送项目周报信息，让干系人随时了解项目进展情况。

13.6　本章小结

识别项目干系人、确定如何管理干系人也是软件项目是否能够顺利开展和交付的关键。本章主要过程包括：识别干系人、规划干系人管理、管理干系人参与和控制干系人参与。

本章节首先介绍了干系人的识别和分析方法，制订干系人登记册；接着介绍了规划干系人管理，管理和控制干系人参与。干系人管理实际上是一个反复沟通的过程，以维护关系人关系和了解各种干系人的需求并制订合理的解决方案，这个过程需要用到沟通管理章节的相关知识。

参考文献

[1]　施瓦尔贝. IT 项目管理. 杨坤，译. 5 版. 北京：机械工业出版社，2008.

[2]　吉多，克莱门斯. 成功的项目管理. 张金成，译. 2 版. 北京：机械工业出版社，2004.

[3]　杰罗特. 软件项目管理实践. 施平安，译. 北京：清华大学出版社，2003.

[4]　琼斯. 软件工程最佳实践. 无舜贤，杨传辉，韩生亮，译. 北京：机械工业出版社，2013.

[5]　斯里格. 软件项目管理与敏捷方法. 李晓丽，等，译. 北京：机械工业出版社，2010.

[6]　谭志彬，柳纯录. 系统集成项目管理工程师教程. 2 版. 北京：清华大学出版社，2016.

[7]　罗斯曼. 项目管理修炼之道. 郑柯，译. 北京：人民邮电出版社，2009.

[8]　博克顿. 项目管理之美. 李桂杰，黄明军，译. 北京：机械工.业出版社，2009.

[9]　项目管理协会. 项目管理知识体系指南：PMBOK 指南. 许江林，等，译. 5 版. 北京：电子工业出版社，2013.

[10]　聂南. 软件项目管理配置技术. 北京：清华大学出版社，2014.

[11]　秦航. 软件项目管理原理与实践. 北京：清华大学出版社，2015.

[12]　任永昌. 软件项目管理. 北京：清华大学出版社，2012.

[13]　韩万江，姜立新. 软件项目管理案例教程. 3 版. 北京：机械工业出版社，2015.

[14]　柳纯录. 系统集成项目管理工程师教程. 北京：清华大学出版社，2009.